HISTOIRE

NATURELLE

DES INSECTES.

TOME VI.

COLÉOPTÈRES.

III.

PARIS. — IMPRIMERIE D'AD. MOESSARD, RUE DE FURSTEMBERG, N.º 8 BIS.

HISTOIRE

NATURELLE

DES INSECTES,

TRAITANT

DE LEUR ORGANISATION ET DE LEURS MOEURS
EN GÉNÉRAL,

Par M. V. AUDOUIN,

PROFESSEUR-ADMINISTRATEUR AU MUSÉUM D'HISTOIRE NATURELLE
DE PARIS, CHEVALIER DE LA LÉGION D'HONNEUR, ETC.;

et comprenant

TION

manque Planches 1 –17 · 21 –24 · 26 · 27

——— · ——— ,

AIDE-NATURALISTE AU MUSÉUM, CHEVALIER DE LA LÉGION
D'HONNEUR ET DE L'ORDRE GREC DU SAUVEUR, ETC. :

Le tout accompagné de Planches gravées sur acier, d'après des peintures
exécutées pour cette édition sur la collection
du Muséum de Paris.

A PARIS,

CHEZ F. D. PILLOT, ÉDITEUR,
RUE SAINT-MARTIN, N.° 173.

1837.

PARIS. — IMPRIMERIE D'AD. MOESSARD, RUE DE FURSTEMBERG, N.° 8 BIS.

HISTOIRE

NATURELLE

DES INSECTES,

TRAITANT

DE LEUR ORGANISATION ET DE LEURS MOEURS
EN GÉNÉRAL,

Par M. V. AUDOUIN,

PROFESSEUR-ADMINISTRATEUR AU MUSÉUM D'HISTOIRE NATURELLE
DE PARIS, CHEVALIER DE LA LÉGION D'HONNEUR, ETC.;

et comprenant

LEUR CLASSIFICATION ET LA DESCRIPTION
DES ESPÈCES,

Par M. A. BRULLÉ,

AIDE-NATURALISTE AU MUSÉUM, CHEVALIER DE LA LÉGION
D'HONNEUR ET DE L'ORDRE GREC DU SAUVEUR, ETC.:

Le tout accompagné de Planches gravées sur acier, d'après des peintures
exécutées pour cette édition sur la collection
du Muséum de Paris.

A PARIS,

CHEZ F. D. PILLOT, ÉDITEUR,
RUE SAINT-MARTIN, N.º 173.

1837.

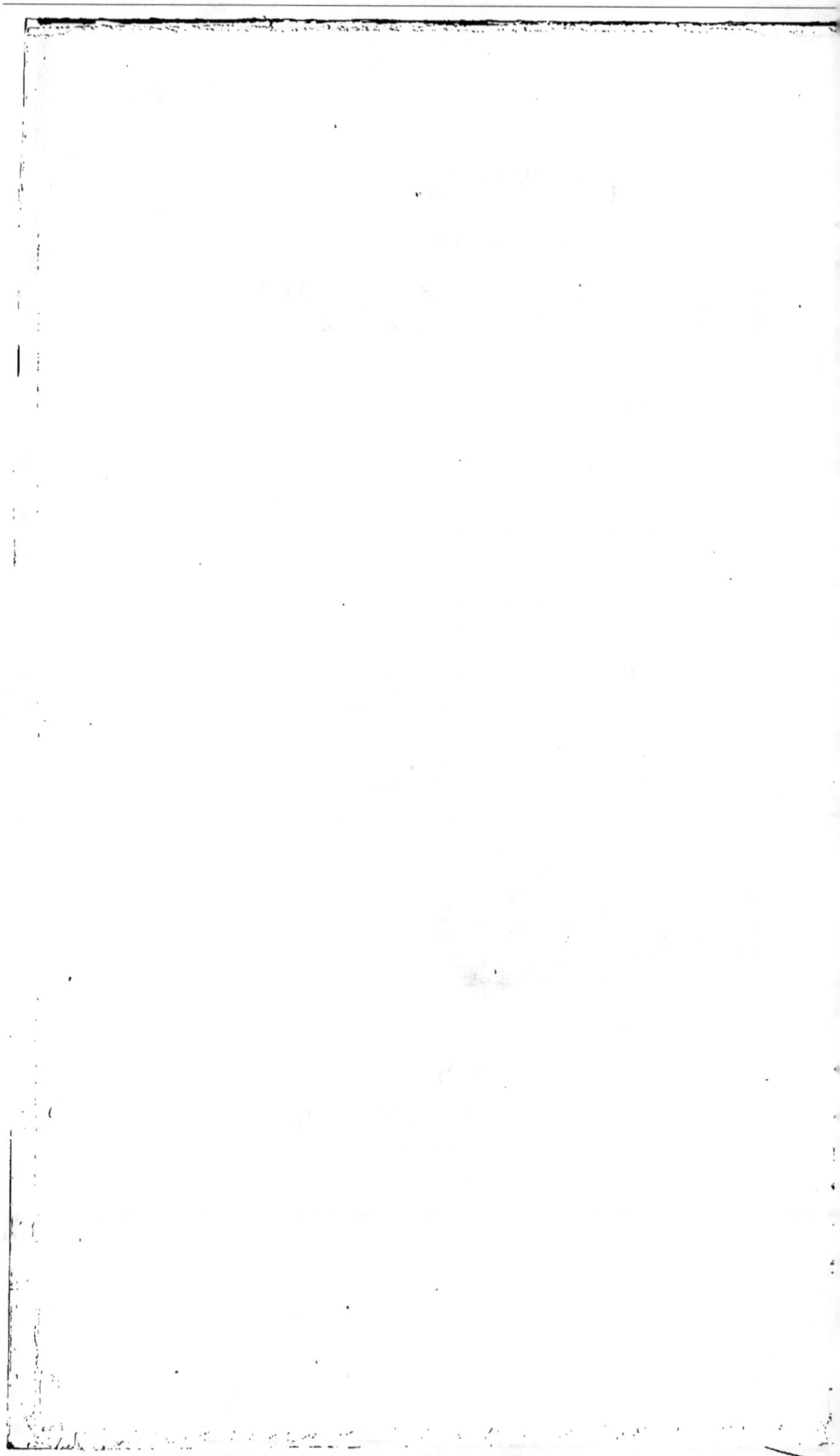

HISTOIRE

NATURELLE

DES INSECTES.

TOME VI

(BIS.)

COLÉOPTÈRES.

III.

PARIS. — IMPRIMERIE D'AD. MOËSSARD, RUE DE FURSTEMBERG, N.º 8 BIS.

HISTOIRE

NATURELLE

DES INSECTES,

TRAITANT

DE LEUR ORGANISATION ET DE LEURS MOEURS
EN GÉNÉRAL,

Par M. V. AUDOUIN,

PROFESSEUR-ADMINISTRATEUR AU MUSÉUM D'HISTOIRE NATURELLE
DE PARIS, CHEVALIER DE LA LÉGION D'HONNEUR, ETC.;

et comprenant

LEUR CLASSIFICATION ET LA DESCRIPTION
DES ESPÈCES,

Par M. A. BRULLÉ,

AIDE-NATURALISTE AU MUSÉUM, CHEVALIER DE LA LÉGION
D'HONNEUR ET DE L'ORDRE GREC DU SAUVEUR, ETC.:

Le tout accompagné de Planches gravées sur acier, d'après des peintures
exécutées pour cette édition sur la collection
du Muséum de Paris.

A PARIS,

CHEZ F. D. PILLOT, ÉDITEUR,

RUE SAINT-MARTIN, N.º 173.

1837.

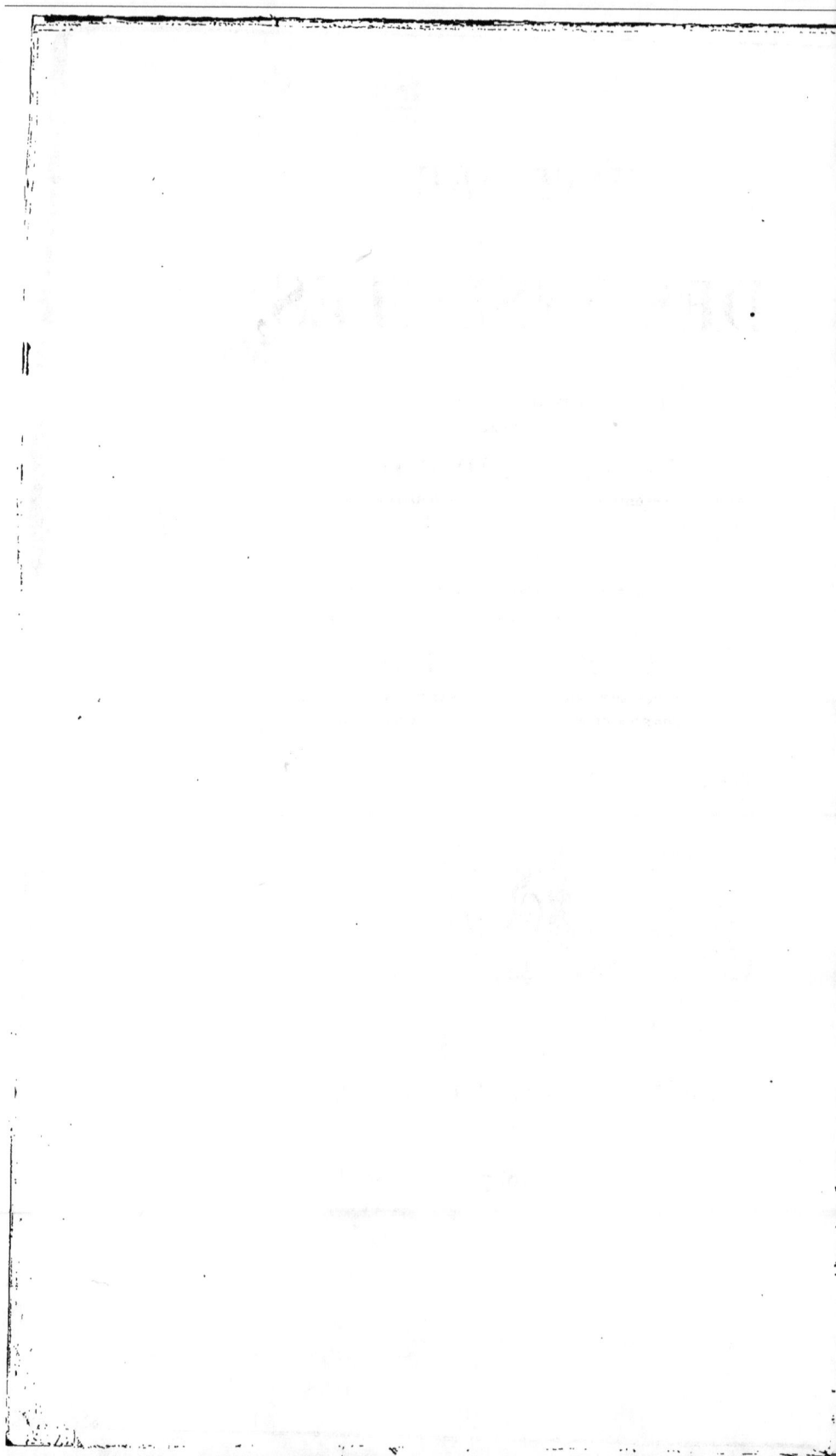

HISTOIRE

NATURELLE

DES INSECTES,

COMPRENANT

LEUR CLASSIFICATION, LEURS MŒURS,
ET LA DESCRIPTION DES ESPÈCES;

Par M. Aug. BRULLÉ.

SUITE DE LA TROISIÈME TRIBU DES CLAVICORNES.

SIXIÈME FAMILLE.

LES SILPHIENS.

Le secret de l'industrie souvent merveilleuse des insectes, ou le but auquel tendent constamment leurs manœuvres, c'est la ponte de leurs œufs. Pressés par leur instinct de placer dans les circonstances les plus favorables les œufs d'où sortiront leurs petits, ils savent y parvenir avec une adresse qui tient quelquefois du prodige. Rien ne le prouve mieux que l'étude de cette famille, dont quelques insectes ont reçu le nom de *fossoyeurs*, traduit par les naturalistes, dans leur langage scientifique, en celui de *Nécrophore*, c'est-à-dire *porte-morts*. On peut juger par le fait suivant si ce nom est bien mérité. Quand un animal de petite taille, tel qu'une taupe, une grenouille ou autre semblable, abandonné sur la terre, commence à se décomposer, les miasmes qui se répandent attirent bientôt les Nécrophores; c'est même un moyen de se les procurer dans les jardins et autres lieux où ils ne se rencontreraient pas, et l'on y réussit également avec un morceau de chair de quelque gros animal. Réunis au nombre de plusieurs individus, ils font le tour du cadavre ou du morceau de chair, comme pour en prendre les dimensions; puis, se glissant dessous, ils commencent à creuser à l'aide de leurs pattes de devant, et continuent leur ouvrage jusqu'à ce que la fosse soit assez profonde pour l'y enterrer à plusieurs pouces au dessous de la surface. Mais s'il se trouve quelque pierre à l'endroit où gît le corps de l'animal, nos insectes réunissant leurs efforts, le soulèvent et le portent sur leur dos jusqu'à ce qu'ils aient trouvé un endroit convenable. On a même prétendu, sans doute pour embellir leur histoire, qu'une taupe fut un jour fixée à terre à l'aide d'un bâton qui la traversait; les Nécrophores qui survinrent bientôt, ne la sentant pas descendre à mesure qu'ils creusaient la terre au dessous, après plusieurs essais infructueux, s'aperçurent de la ruse et s'occupèrent alors à dégager le bâton de la terre qui l'environnait, après quoi ils enterrèrent ensemble la taupe et le bâton. Mais comme aucun garant ne se présente pour soutenir ce fait, nous le livrons aux amis du merveilleux.

Il faut, comme on le pense bien, plusieurs heures à ces Nécrophores, pour enterrer leur cadavre; il paraît qu'ils le font descendre jusqu'à plus d'un pied sous la

terre, et jamais ils ne se réunissent, pour cette opération, qui leur demande au moins vingt-quatre heures,
qu'au nombre de quatre ou cinq. C'est alors que les
mâles recherchent leurs femelles, et que bientôt
après celles-ci s'enfoncent en terre, et vont pondre
leurs œufs dans le corps de l'animal qui vient d'y être
enfoui. Les larves ne tardent pas à sortir de ces œufs ;
elles se nourrissent de la charogne qui les entoure,
et ne la quittent que pour se transformer en nymphe.

Les Nécrophores, à l'état parfait, se nourrissent aussi
de substance animale putréfiée, mais ils la trouvent
partout, et ne se donnent la peine de l'enterrer que
pour la soustraire à d'autres insectes également avides
de la même proie, tels que les Dermestes, les Histers,
dont nous avons déjà parlé, et les Silphes, qui donnent leur nom à toute cette famille. Semblables dans
leurs habitudes aux Dermestes et aux Histers, les Silphes n'enterrent pas les charognes ; ils se contentent
de pondre leurs œufs au dessous, et les larves qui en
proviennent y restent jusqu'à leur transformation.
Aussi les larves des Silphes sont-elles plus fréquentes
que celles des Nécrophores, qui sortent rarement de
leur retraite, et dont rien ne fait soupçonner la présence dans le sein de la terre.

Les Nécrophores et les Silphes sont les deux genres
principaux dont se compose la famille des Silphiens ; le
dernier seul se divise en quelques sous-genres. On
reconnaît les insectes de cette famille à leur corps
aplati, souvent muni d'une gouttière ou d'un rebord
sur les côtés, ce qui leur avait fait donner par Geoffroy
le nom de *Peltis*, en français *bouclier*. Dans le plus
grand nombre d'entre eux, les mâles ont les tarses

des deux ou des quatre pattes de devant élargis et
velus ; quelques-uns cependant font exception à cette
règle. Les antennes sont terminées dans les Nécrophores par une massue feuilletée, assez analogue à
celle que nous décrirons dans la tribu des Lamellicornes ; les Silphes, au contraire, ont cette massue formée par la figure globuleuse ou en grain de ces mêmes
articles. Comme ils affectent, dans ce dernier genre,
une disposition différente suivant les espèces, on avait
essayé d'asseoir sur ces modifications des caractères de
genres qui ne sont point admissibles.

Les Silphiens sont répandus sur toute la surface
de la terre, mais les mêmes espèces ne se retrouvent
pas dans des contrées fort éloignées entre elles. Quelques-unes sont propres à l'Europe et au nord de l'Afrique ; elles s'étendent même sur les bords de la Mé-
diterranée, mais on ne les retrouve pas ailleurs.
L'Amérique septentrionale est le pays qui offre le plus
de Nécrophores et la plus grande espèce de ce genre
est originaire de cette partie du monde. Enfin, l'Europe est, au contraire, la patrie des insectes de cette
famille que nous décrirons sous les noms de *Sphérites,*
de *Nécrophiles* et d'*Agyrtes.*

Nous donnons dans le tableau suivant les caractères
qui distinguent les genres et les sous-genres de la famille des Silphiens :

TABLEAU DE LA DIVISION DE LA FAMILLE DES SILPHIENS,

EN GENRES ET EN SOUS-GENRES.

PALPES à dernier article

- conique; massue des antennes
  - feuilletée, composée
    - de quatre articles............... NECROPHORUS.
    - de cinq articles............... *NECROPHILUS.*
  - non feuilletée............... SILPHA.
- renflé; antennes
  - s'élargissant peu à peu............... *AGYRTES.*
  - en masse solide............... *SPHERITES.*

Genre NÉCROPHORE.

NECROPHORUS. Fabricius[1].

C'est Fabricius qui le premier nomma systémati-
quement ces insectes, dont une espèce avait reçu tout
simplement le nom de *Vespillo* que lui donna Gléditsch lorsqu'il en découvrit les singulières habitudes.
D'autres espèces vinrent se placer à côté de celle-ci,
que nous décrirons sous son premier nom, et l'on en
connaît aujourd'hui plus de vingt, tant dans l'ancien
que dans le nouveau continent. Il est cependant
digne de remarque que l'Asie, l'Afrique et l'Océanie
n'en ont encore offert aucune; il faut en excepter la
Sibérie où l'on en a observé dernièrement. Les Nécrophores se reconnaissent à leurs élytres en carré
long, plus courtes que l'abdomen; quelquefois leur
couleur est toute noire, mais plus souvent elle offre
des bandes transversales fauves. Leurs pattes sont fortes, leurs jambes postérieures arquées dans quelques
espèces; les autres jambes se terminent quelquefois
en une épine assez forte. Les quatre tarses antérieurs
sont élargis et velus dans les mâles; mais ce qui fait
surtout distinguer des Silphes les Nécrophores, c'est la
massue ou le bouton de leurs antennes (*pl.* 1, *fig.* 1, *a*),
qui est presque globuleux et composé de quatre articles aplatis, en forme de feuillets ou de lamelles. Pour

---

1. Étym. νεκρός, mort; φέρω, je porte. — Syn. *Silpha*, Linné, de Géer ;
Dermestes, Geoffroy.

compléter les caractères extérieurs des Nécrophores, ajoutons que leur corselet est presque orbiculaire, qu'il avance en arrière sur les élytres, et que leur tête pendante est armée de fortes mandibules.

Les larves des Nécrophores vivent dans la terre comme nous l'avons dit plus haut. Elles sont alongées, blanchâtres et revêtues, sur les trois segmens pourvus de pattes, d'une plaque solide et fauve obscure. Leur dernier segment porte deux appendices carrés, entre lesquels se laisse voir le tube saillant où s'ouvre l'anus; enfin, le corps a six pattes. Quelquefois on distingue une tache orangée sur chacun des segmens de leur corps, qui sont en outre armés de plusieurs épines; telle est en particulier la larve du *Vespillo*. Pour passer à l'état de nymphe, elles abandonnent leur retraite pour s'enfoncer plus avant dans la terre; elles se façonnent alors une loge ovalaire, la tapissent à l'aide d'une substance gluante qu'elles y dégorgent et qui se durcit beaucoup, et restent là pendant trois semaines environ, que dure leur état d'inertie. Ces larves, et les insectes qui en proviennent, répandent une forte odeur de musc; plusieurs autres genres et espèces qui vivent de matières animales en putréfaction, ont aussi cette propriété.

Nous allons donner la description de l'espèce observée par Gléditsch et de celles que l'on rencontre en France; Linné et de Géer les avaient considérées comme appartenant au genre des Silphes, et Geoffroy en avait fait des Dermestes.

LE NÉCROPHORE FOSSOYEUR. (Pl. 1, fig. 1.)

Necrophorus vespillo. LIN.[1]

Cet insecte est noir, avec les trois derniers articles des antennes rougeâtres. Ses élytres sont d'une couleur orangée, et traversées par deux larges bandes noires qui n'atteignent pas le bord extérieur; leur suture est noire dans toute sa longueur, et leur extrémité offre aussi une bande noire, très étroite, qui s'élargit auprès de la suture. Le caractère particulier de cette espèce est d'avoir les jambes postérieures arquées dans les deux sexes, et les hanches de ces mêmes pattes terminées par une épine.

On trouve cette espèce dans presque toute l'Europe. Elle a de six à huit lignes de long, sur trois et demie à quatre de large.

Observation. On est convenu d'appliquer le nom de *vespillo* à l'espèce que nous venons de décrire, bien que Linné l'ait confondue avec la suivante, qui a reçu celui de *vestigator* [2]. Cette dernière ne se distingue du *vespillo* que par ce qu'elle a les jambes postérieures droites, et les hanches tronquées ou échancrées. Tantôt la deuxième bande noire des élytres est interrompue; tantôt elle est presque réunie à la bande de l'extrémité. — Une autre espèce, qui ressemble aux deux précédentes par les couleurs, mais qui est un peu moins grande, est le *N. mortuorum,* Fab. Elle a les antennes entièrement noires,

---

1. Faun. Suec., n.º 444. — Oliv. Ent., t. II, n.º 10, pag. 5, pl. 1, fig. 1.
2. Herschell, in Illig. Mag., t. VI, pag. 274.

et la deuxième bande des élytres réunie sur les côtés
à celle de l'extrémité. — Le *N. Germanicus*, Lin.,
est une grande espèce toute noire, avec le bord
latéral des élytres rougeâtre. —Enfin, le *N. humator*,
Goeze, Oliv., etc., est un peu plus grand que le *vespillo*, noir comme le *Germanicus* dont il se distingue
par la couleur rougeâtre des trois derniers articles de
ses antennes[1].

Ici doit probablement se placer le singulier insecte
décrit par M. Desmarest, sous le nom de *Hypocephalus*,
qui veut dire tête renversée[2]. Il n'a pas l'aspect d'un
Nécrophore, mais ses cuisses postérieures très grosses,
et ses jambes arquées l'en rapprochent cependant. Ses
antennes paraissent filiformes; ses palpes sont terminées par un article renflé au bout. Ses élytres sont
alongées, ovalaires et pointues à l'extrémité. Il faut
voir, pour plus de détails, le Mémoire de M. Desmarest[3].

<hr>

GENRE SILPHE.

SILPHA. LINNÉ.[4]

Les Silphes forment un genre bien distinct, à cause
de leur forme ovalaire et de leur corps bordé sur les

---

1. Voyez, pour les autres espèces de ce genre, outre les ouvrages de
Fabricius, d'Olivier et de Herbst, le Zoological Miscellany de Leach, t. II;
— les Horæ Entomologiæ de M. Charpentier; — le Zoological Miscellany
de M. Gray;—les ouvrages anglais de MM. Curtis et Stephens;—le tom. IV
des Annales de la Soc. Entom. de France.

2. Etym. ὑπο, sous; κεφαλὴ, tête.

3. Dans le Magasin de Zoologie de M. Guérin, t. II, n.º 24.

4. Etym. nom employé chez les auteurs anciens. — Syn. *Peltis*, Geof-

côtés et comparable à un bouclier; cependant leurs
élytres sont quelquefois tronquées en arrière et plus
courtes alors que le ventre; quelquefois elles sont
échancrées au bout, dans le voisinage de la suture,
ce qui se voit dans quelques femelles, dont les mâles
ont ordinairement les élytres tronquées. Mais ce qui
fait surtout distinguer les mâles des femelles, c'est
qu'ils ont les deux et quelquefois les quatre tarses de
devant élargis et velus en dessous, d'une manière
moins remarquable, il est vrai, que dans les Nécrophores, mais cependant facile à apprécier : néanmoins
les dernières espèces présentent à peine ce caractère.
Les antennes des Silphes sont différentes de celles des
Nécrophores, et varient même dans la série des espèces. Elles se terminent par une massue assez lâche,
formée de quelques articles plus gros, quelquefois
arrondis ou en grains de colliers, quelquefois un peu
plus larges que longs; mais jamais ces articles ne sont
aplatis en feuillets (*pl.* 1, *fig.* 5, *a*).

Les larves des Silphes sont ovalaires et plus larges
que celles des Nécrophores. Ce qui les rend surtout
remarquables, c'est l'angle saillant que forme en arrière chacun des anneaux de leur corps. Ces anneaux
sont tous de consistance solide et amincis sur les côtés;
ils forment ainsi un large rebord dans toute la longueur du corps de la larve. Le dernier porte deux
appendices cylindriques entre lesquels on voit le tube
anal. La tête offre deux antennes composées de trois
articles assez grands, et les trois segmens qui la suivent portent chacun une paire de pattes, terminées

froy ; *Necrodes, Oiceptoma* (pour *OEceptoma*). *Thanatophilus*, *Phos-
phuga*, *Silpha*, Leach (Zoological Miscellany, t. III).

par un crochet assez court. Nous donnons la figure d'une de ces larves sous le n.° 2 de la planche 1.

Pour subir leurs métamorphoses, les larves des Silphes s'enfoncent en terre à la manière de celles des Nécrophores, et n'en sortent qu'à l'état parfait. On ignore le temps qu'elles mettent à y parvenir, mais il ne doit pas être fort long, si l'on en juge par analogie avec le genre précédent.

Les espèces de Silphes connues aujourd'hui sont au delà de trente, et la plupart se trouvent même en France. On les rencontre ordinairement sous les cadavres d'animaux en putréfaction, mais souvent aussi on les voit à terre, où elles courent avec agilité. Elles répandent par la bouche, lorsqu'on les inquiète, une liqueur noirâtre, semblable à celle des Carabiques; c'est pour elles un instrument de défense et peut-être même d'attaque, car plusieurs dévorent, dit-on, les limaçons. En général, elles répandent une odeur fétide.

Nous indiquerons, en décrivant les espèces, les divisions que l'on a établies parmi les Silphes, et que l'on ne peut raisonnablement pas regarder comme des sous-genres.

α. LES NÉCRODES.

Ils ont le corselet arrondi, les élytres alongées et tronquées au bout, et les antennes composées d'articles qui grossissent d'une manière insensible. Les quatre tarses antérieurs sont larges dans les mâles, et garnis en dessous de poils très serrés. Cette division est peu nombreuse en espèces; elle renferme,

1. LE SILPHE DES RIVAGES. (Pl. 1, fig. 3.)

Silpha littoralis. Lin.[1]

C'est un insecte noir et brillant, qui a les trois derniers articles des antennes rougeâtres. Les côtés de
son corselet sont couverts de petits points très nombreux; le milieu n'offre que des points plus rares et à
peine visibles. Ses élytres sont parsemées de points
nombreux, et présentent trois côtes longitudinales
entre lesquelles on remarque deux séries de points
écartés et un peu plus gros que les autres; un tubercule, placé vers le tiers postérieur des élytres, entre
la seconde et la troisième côte, fait dévier ces deux
côtes, qui se dirigent vers la première. Les jambes
postérieures sont un peu arquées dans le mâle.

La longueur de cette espèce est de six à huit lignes,
et sa largeur de trois à quatre. Elle se trouve dans
toute l'Europe.

Observation. On a distingué, sous le nom de *clavipes*[2], une espèce qui est d'un tiers plus grande que le
littoralis, et dont le mâle a les cuisses postérieures
très grosses, dentées en dessous, vers l'extrémité, et
les jambes postérieures arquées et presque coudées
avant leur milieu.

---

1. Fauna Suec., n.° 450. — Oliv. Ent., t. II, n.° 11, pag. 6, pl. 1, fig. 8
b. (La figure 8, *a*, est celle du *S. clavipes*, que les auteurs ont long-temps
confondu avec le *S. littoralis*.

2. Sulzer, Hist. des Insectes, t. II, fig. 14.

β. LES ŒCEPTOMES.

Ces insectes ont le corps alongé, mais ovalaire; leurs élytres sont souvent tronquées et présentent quelquefois dans les femelles des échancrures que n'offrent pas les mâles. Leur corselet est plus large que long, tronqué en avant et en arrière, mais ses bords sont sinueux. Les trois derniers articles de leurs antennes sont ordinairement plus gros que les précédens. Les mâles ne se distinguent guère des femelles que par les deux tarses antérieurs qui sont plus larges que les autres; ils sont tous velus dans les deux sexes.

2. LE SILPHE A QUATRE POINTS. (Pl. 1, fig. 4.)

Silpha quadripunctata. Lin.[1]

Cette jolie espèce est jaune sur le corselet et les élytres, avec le reste du corps noir. Le milieu de son corselet est de cette dernière couleur, et chaque élytre est marquée de deux points noirs, dont l'un se trouve à la base, et l'autre vers les deux tiers postérieurs. Tout son corps est couvert d'un grand nombre de points enfoncés, et ses élytres sont surmontées de trois côtes peu saillantes.

On trouve quelquefois cet insecte sur les arbres. Sa longueur est d'environ six lignes, et sa largeur de trois. Il se rencontre d'ailleurs dans toute l'Europe.

Observations. Le *S. thoracica*, de la même division, est plus rare que le précédent. On le reconnaît aisé-

---

1. Faun. Suec., n.º 453. — Oliv. Ent. t. II, n.º 11, pag. 10, pl. 1, fig. 7.

ment à la couleur ferrugineuse de son corselet. Tout
le reste de son corps est noir et des poils couchés et
nombreux lui donnent un aspect velouté. Ses élytres
ont trois côtes, dont la dernière seule est saillante, et
se termine à un gros tubercule placé avant le bout de
l'élytre.

' M. Leach a distingué sous le nom de *Thanatophi-
les*, les espèces dont la femelle a les élytres échancrées
au bout ; cette division ne peut être maintenue. En
effet, le *Silpha rugosa,* que l'auteur rapporte aux vrais
OEceptomes, ne peut se distinguer d'une espèce de Barbarie, dont la femelle a les élytres échancrées. C'est un
insecte noir et remarquable par les tubercules ou élé-
vations transversales qui se voient entre les côtes de
ses élytres. Le *S. sinuata* est de cette même division. Sa
couleur est d'un noir terne ; ses élytres ont trois côtes
saillantes et sont parsemées de points fort petits ;
un tubercule se remarque en arrière, entre la seconde et la troisième strie.

γ. LES SILPHES proprement dits.

Ils ont le corps ovale comme la plupart des précédens, le corselet tronqué et sinueux en arrière,
mais quelquefois presque entier et arrondi au bord
antérieur. Leurs élytres ne sont pas échancrées. Leurs
antennes grossissent insensiblement vers le bout. Les
mâles ont les quatre tarses antérieurs larges et garnis
de poils en dessous, tandis que tous les tarses sont nus
et étroits dans les femelles.

3. LE SILPHE OBSCUR.

Silpha obscura. Lin.[1]

Cet insecte est d'un noir terne en dessus, mais brillant en dessous. Sa tête et son corselet sont couverts de points si serrés qu'ils ont un aspect rugueux lorsqu'on les regarde à la loupe. Ses élytres sont parsemées de points plus gros, plus écartés, oblongs, et présentent trois côtes peu saillantes, en dehors desquelles les points sont moins gros et plus nombreux.

C'est une des espèces les plus répandues. Elle a six lignes de longueur et trois et demie de largeur. On la trouve dans toute l'Europe.

Observation. Une espèce non moins commune est le *S. levigata*, ainsi nommée parce qu'elle ne présente ni tubercules, ni côtes sur les élytres. Elle est d'un noir assez brillant et entièrement couverte de points enfoncés qui sont plus gros et plus écartés sur les élytres.

♂ LES PROSPHUGES.

Leur forme est la même que celle des précédens, mais leurs antennes sont terminées par trois articles plus gros, et surtout plus écartés que les autres et presque globuleux; tel est,

4. LE SILPHE NOIRCI.

Silpha atrata. Lin.[2]

Il est d'un noir brillant, et se fait remarquer par un rebord saillant qui entoure son corselet de tous côtés,

---

1. Faun. Succ., n.º 457.—Oliv., Ent., t. II, n.º 11, pag. 15, pl. 2, fig. 18.
2. *Ibid.*, n.º 451. — *Ibid.*, pag. 16, pl. 1, fig. 4.

excepté en arrière. Sa tête et son corselet sont couverts de points nombreux. Ses élytres offrent des points plus gros, mais surtout plus irréguliers, ce qui leur donne un aspect rugueux ; elles sont surmontées de trois côtes lisses qui ne vont pas jusqu'à l'extrémité.

Cet insecte atteint environ six lignes de longueur, et trois et demie de largeur. Il est moins commun que le précédent.

Les trois sous-genres qui se placent auprès des Silphes sont :

1.° LES NÉCROPHILES. — *Necrophilus*. Latr.[1]

Ce sous-genre ne renferme qu'une seule espèce dont l'aspect est le même que celui de la division des *Phosphuges* parmi les Silphes. Ses *antennes* terminées par cinq articles plus gros et qui forment une massue perfoliée, le distinguent de ce genre ; leur troisième article est plus long que le précédent. Les quatre jambes de derrière sont arquées dans les mâles, qui ont de plus les quatre tarses antérieurs élargis et velus en dessous.

— Voyez, pour les autres espèces de Silphes, le Zoological Journal, t. I ; — le Magasin d'Entomologie de M. Germar, t. IV ; — les Actes de la Soc. Roy. des Sciences d'Upsal, t. IV et VIII, où les espèces décrites n'appartiennent pas toutes à ce genre ; — la Dissertation de Quensel ; — les Mém. de l'Acad. des Sc. de Stockholm, ann. 1792 ; — les Insectorum Spec. nov. de M. Germar ; — les Trans. de la Soc. Linnéenne de Londres, t. VI ; — le Journal de l'Acad. des Sc. nat. de Philadelphie ; — le Zool. Miscellany de M. Gray ; — l'Expédition scientifique de Morée ; — le Bulletin de la Soc. des Naturalistes de Moscou, t. VI ; — et enfin le t. IV des Annales de la Société Entomologique de France.

1. Étym. νεκρὸς, mort ; φιλέω, j'aime. — Syn. *Silpha*, Illiger. Type : *Silpha subterranea*, Illig. Magasin, t. VI. pag. 362.

2.° LES AGYRTES. — *Agyrtes*. FRŒHLICH.[1]

Leur corps est ovalaire, muni d'un rebord très étroit ; leurs mandibules sont arquées et aiguës, sans dents ; leurs *antennes* sont épaisses, avec les deux premiers articles plus gros que les autres : les cinq derniers deviennent de plus en plus larges jusqu'à l'extrémité. Tous les tarses sont velus en dessous.

3.° LES SPHÉRITES. — *Sphœrites*. DUFT.[2]

Ils sont les seuls de cette famille qui aient les *tarses* simples. Leurs mandibules sont arquées et très saillantes ; leurs élytres tronquées, plus courtes que l'abdomen ; la massue de leurs *antennes* est ovalaire, solide, formée par les trois derniers articles (*pl.* 1, *fig.* 5, *a*), et non pas, comme le dit Latreille, par les quatre derniers. On a pendant long-temps confondu ces insectes avec les Histers ; mais ils n'ont guère de rapport ni avec ces insectes, ni avec les Silphes, et seraient beaucoup mieux placés parmi les Nitidules, comme l'avait pensé M. Gyllenhall. La seule espèce connue est :

1. Etym.? ἀγυρέω, rassembler.—Syn. *Mycetophagus*, Fabricius. Type : *Mycetophagus castaneus*, Fab. Ent. Syst., 1, 2, pag. 499, figuré dans la Faune allemande de Panzer, fasc. XXIV, n.° 20, sous le nom de *Mycetophagus spinipes*.

2. Etym. σφαιρίτης, sphérique. — Syn. *Sarapus*, Fischer ; *Hister*, Fabricius ; *Nitidula*, Gyllenhall.

LE SPHÉRITE LISSE. (Pl. 1, fig. 5.)

Sphœrites glabratus. FAB. [1]

C'est un insecte en forme de carré long, d'un vert métallique en dessus et d'un noir luisant en dessous. Ses pattes sont aussi de cette dernière couleur. Son corselet offre un bourrelet étroit sur les côtés et ses élytres présentent plusieurs rangées régulières de petits points. Toute la surface de son corps en dessous et ses pattes sont fortement ponctuées.

On le rencontre dans une grande partie de l'Allemagne. Il est long de deux lignes et demie, et large d'une ligne et demie.

SEPTIÈME FAMILLE.

LES SCAPHIDIENS.

Cette petite famille de Clavicornes se reconnaît à la forme pointue du dernier article de ses palpes (*pl. 1, fig. 6, a*). Elle se compose d'insectes qui se rencontrent à l'état parfait, sous l'écorce des arbres cariés, sous le chapeau des champignons et autres endroits analogues, ce qui fait présumer que leurs larves se nourrissent de ces mêmes substances. Leurs

---

1. *Hister glabratus*, Ent. Syst., 1, pag. 73; figuré dans la Faune allemande de M. Sturm, tom. I, pl. 20.

habitudes sont du reste fort peu connues. Les Scaphi-
diens doivent leur nom à la forme ovale et alongée de
leur corps, que l'on a comparée à une sorte de barque
(*scapha*). Ils ont quelques rapports avec les insectes
de la famille précédente, par la forme en massue alongée de leurs antennes, qui grossissent peu à peu de la
base à l'extrémité ; cependant les cinq derniers articles
en sont généralement plus gros que les autres et
leur figure varie avec les différentes espèces. On
peut rapporter toutes ces espèces à deux genres seulement, dont les caractères sont faciles à saisir, et
n'exigent pas l'emploi d'un tableau ; ce sont les *Scaphidies* et les *Cholèves*. Ce dernier a été partagé en
deux sous-genres que l'on peut ne considérer que
comme deux divisions, et qui se composent l'une et
l'autre presqu'entièrement d'insectes d'Europe.

Genre SCAPHIDIE.

SCAPHIDIUM. Oliv. [1]

Ici les cinq derniers articles des *antennes* sont distinctement plus gros que les autres, les jambes postérieures et intermédiaires arquées dans les mâles,
chez lesquels aussi les tarses antérieurs sont plus larges
que dans les femelles, et velus en dessous ; les élytres
sont tronquées à l'extrémité dans les deux sexes. Tel est

---

1. Etym. σκαφίδιον, petite barque. — *Syn. Silpha*, Linné; *Dermestes*,
Scopoli.

LE SCAPHIDIE A QUATRE TACHES. (Pl. 1, fig. 6.)

Scaphidium 4-maculatum. OLIV.[1]

Dont tout le corps est d'un noir luisant, et dont chaque élytre présente deux taches rouges, l'une à la base, l'autre à l'extrémité. C'est un insecte long de deux lignes et demie, et large d'une ligne et demie; on le trouve particulièrement sous les écorces des arbres cariés aux environs de Paris et dans une grande partie de l'Europe.—Une autre espèce de la même grandeur, qui a les mêmes habitudes et qui se trouve dans les mêmes endroits, se distingue de la précédente, parce-qu'elle est toute noire, ce qui lui a valu le nom de *Sc. immaculatum*, Oliv., et parce que ses élytres présentent plusieurs séries longitudinales de gros points enfoncés, outre les petits points qui couvrent leur surface comme dans l'espèce précédente. — Enfin, une troisième espèce, dont on a formé récemment un genre distinct[2], sans doute à cause de la forme alongée des cinq derniers articles de ses antennes, dont le troisième avant-dernier est beaucoup plus petit que les autres, se trouve de préférence sur quelques espèces de champignons; de là le nom de *Sc. agaricinum*, Lin., qui lui a été imposé. Elle se tient sous le chapeau ou réceptacle de ces végétaux, et se laisse tomber à terre dès que l'on vient à toucher la plante sur laquelle elle vit. Sa taille n'est guère que d'une ligne et quelquefois moins, sur un quart ou une demi-ligne de largeur; sa couleur est un noir luisant, avec

1. Entomologie, t. II, n.° 20, pag. 4, pl. 1, fig. 1.
2. Voyez Stephens, Illustr. of british Entomology.

les pattes, les antennes, les pièces de la bouche et l'extrémité des élytres d'un jaune roux.

GENRE **CHOLÈVE**.

CHOLEVA. LATR.[1]

Ces insectes se distinguent au premier coup d'œil
des Scaphidies, par leurs élytres entières et terminées
d'une manière obtuse ; mais la forme de leurs *antennes*
présente des caractères encore plus certains. Dans les
uns, que l'on a regardés comme les Cholèves proprement dites, ees antennes grossissent d'une manière
sensible à partir de leur septième article (*pl. 2, fig. 1, a*)
et le huitième est plus petit que les autres, ce qui rappelle la structure des mêmes organes dans le *Sc. agaricinum.* Tel est l'espèce appelée

CHOLÈVE SOYEUSE. (Pl. 2, fig. 1.)

Choleva sericea. PAYK.[2]

Dont la couleur est brune, avec les pattes et l'origine des antennes plus claire, et dont le corps est entièrement revêtu d'un court duvet qui lui a valu son
nom. C'est un insecte long de deux lignes sur une
ligne environ de largeur ; il se trouve en France, dans
une grande partie de l'Europe et en Barbarie.

Les autres espèces, dont on a fait un genre dis-

1. Etym. χωλεύω, boiter. — Syn. *Ptomaphagus*, Illiger ; *Catops*, Fabricius ; *Mylæchus*, Latreille, etc.
2. *Catops sericeus*, Fauna Suecica, t. I, pag. 342. — Spence, Monogr.
des Cholèves, dans les Transactions Linnéennes, t. XI, pag. 144.

tinct (*Mylœchus*), mais qui ne diffèrent des Cholèves
que par la structure des antennes, ont ces organes
presque aussi minces à l'extrémité qu'à la base; leurs
derniers articles sont seulement un peu plus courts que
les précédens (*pl. 2, fig. 2, a*). Telle est

LA CHOLÈVE OBLONGUE. (Pl. 2, fig. 2.)

Choleva oblonga. LATR.[1]

Dont la couleur est d'un brun marron, avec la tête,
le corselet et l'abdomen plus obscurs. Elle a les élytres
finement striées et revêtues d'un court duvet. Sa longueur est d'environ deux lignes sur trois quarts de
ligne de largeur. On la rencontre en France et dans
une grande partie de l'Europe.

Observation. Les Cholèves ont les jambes intermédiaires beaucoup moins arquées dans les mâles que
celles des Scaphidies, mais les tarses antérieurs de ce
sexe sont plus élargis que dans ce dernier genre, et
revêtus en dessous d'un duvet plus serré; quant aux
jambes postérieures, elles sont tout à fait droites dans
les deux sexes. — Les espèces de Cholèves sont trop
nombreuses et trop uniformes dans leurs couleurs pour
que nous puissions les décrire ici. Nous ne pouvons

---

1. Genera Crust. et Insect., t. II, pag. 27. — Spence, ouvrage déjà cité.
— Consultez encore, au sujet de cette famille, pour le genre Scaphidie : le
British Entomology de M. Curtis; les Illustrations de M. Stephens; le Magasin de M. Germar, t. III, pag. 255; le Journal de l'Académie des Sciences
de Philadelphie, t. III, pag. 198, et le Delectus anim. artic. de M. Perty
(Voyage de Spix et Martius); et pour le genre Cholève: les deux ouvrages
anglais de MM. Curtis et Stephens, le journal de l'Acad. des Sc. de Philadelphie, t. III, pag. 194; les Insectorum Species novæ de M. Germar, pag. 82,
et les Mémoires de l'Académie des Sciences de Stockholm, pag. 149.
année 1824.

mieux faire que de renvoyer à l'excellente Monographie qu'en a publiée M. Spence, dans le tome XI des Transactions de la Société Linnéenne de Londres.

HUITIÈME FAMILLE.

LES PSÉLAPHIENS.

Ces insectes sont tous de fort petite taille, et se font remarquer, parmi les autres familles de Clavicornes, par la grosseur de leurs palpes maxillaires, qui sont toujours ou presque toujours saillans. Cette particularité de leur structure avait fait donner à ces insectes le nom de *Palpeurs*, sous lequel Latreille les a désignés. Dans la méthode de ce Naturaliste, la famille des Palpeurs n'était pas aussi nombreuse que nous la présentons ici, parce qu'il en avait éloigné les *Psélaphes*, dont le nombre des articles des tarses est moindre que celui des autres familles et tribus de la première section. Cependant l'ensemble de la structure des Psélaphes et leur manière de vivre, ont porté les Entomologistes à n'avoir plus égard au nombre des articles des tarses, et comme presque toutes les grandes sections de l'ordre des Coléoptères renferment plus ou moins d'insectes, qui font exception, à cet égard, aux caractères du groupe qui les renferme, ils ont pensé à rapprocher les Psélaphes des familles avec lesquelles ces insectes ont le plus de rapports, et les ont réunis à la tribu des Brachélytres. Mais les Psélaphes ayant,

outre la brièveté de leurs élytres, des antennes terminées par quelques articles plus gros que les autres,
nous semblent beaucoup mieux placés parmi les Clavicornes, avec la famille des Palpeurs de Latreille.

Les Psélaphiens se laissent partager en deux groupes
que l'on pourrait également considérer comme deux
familles distinctes. Le premier ou les *Scydméniens*, se
reconnaît aux cinq articles de ses tarses, tandis que
dans les vrais Psélaphiens, ces organes n'ont que
trois articles. Les Scydméniens ont d'ailleurs les élytres
assez longues pour couvrir tout le ventre, tandis que
les Psélaphiens n'ont que des élytres courtes, attei-
gnant le milieu ou les deux tiers au plus de l'abdomen,
à la manière des insectes de la tribu suivante. Chacun
de ces deux groupes ou familles renferme des espèces
qui ont des habitudes à peu près semblables. Elles
vivent cachées sous la mousse au pied des arbres, sous
les feuilles tombées à terre et sous les pierres. On les
rencontre quelquefois aussi dans les fourmillières, au
milieu d'une peuplade de fourmis qui ne leur font
aucun mal. Ces habitudes sont propres aussi à quelques Brachélytres. Vers la fin du jour, ordinairement
après le coucher du soleil, les Psélaphiens sortent
de leur retraite et se rendent sur les plantes herbacées,
surtout dans les prairies qui avoisinent les forêts ;
là on les prend quelquefois en très grand nombre.
On n'a pour cela qu'à promener un filet de toile
sur le sommet des plantes, ces insectes tombent au
fond du filet avec beaucoup d'autres espèces de Coléoptères. Le printemps et le commencement de l'été
sont les saisons les plus favorables à la tranformation
des Psélaphiens, qui se montrent alors à l'état parfait.

Souvent même, à la fin de l'hiver, on les trouve en petites familles, abrités sous les écorces et réunis indistinctement, Scydmènes et Psélaphiens. Leurs premiers
états sont encore inconnus, soit qu'ils vivent dans la
terre à l'état de larve, soit qu'ils pénètrent dans la tige
de quelques végétaux. Leur nourriture à l'état parfait
semble se composer de substances végétales, ou du
moins on l'a d'abord supposé ainsi; cependant des
observations récentes ont fait penser que plusieurs
Psélaphiens se nourrissent de substances animales et
même de substances animales vivantes; on a vu, dit-
on, quelques uns de ces insectes dévorer de petites
Arachnides, connues en général sous le nom d'*Aca-
rus.* Nous verrons, à l'article du sous-genre *Clavigère,*
que ces curieux insectes se nourrissent de tout autres
substances.

Les caractères à l'aide desquels on paraît distinguer
les sexes, sont incertains dans les Psélaphes. Ils con-
sistent, chez quelques Scydmènes, dans l'élargisse-
ment des tarses antérieurs, disposition propre aux mâles, qui ont aussi les pattes et les antennes plus grosses,
et sont, en général, plus petits que les femelles. Mais
ces caractères ne sont appréciables que lorsque l'on
vient à comparer un individu de chaque sexe; autrement il n'est guère possible de reconnaître à la première vue les mâles et les femelles.

Le tableau suivant présente les caractères des genres
et des sous-genres dont se compose cette petite famille.

TABLEAU DE LA DIVISION DE LA FAMILLE DES PSÉLAPHIENS,

EN GENRES ET EN SOUS-GENRES.

TARSES composés de

- cinq articles; antennes à premier article
  - très long .... MASTIGUS.
  - aussi court que les autres .... SCYDMÆNUS.
- trois articles; antennes
  - de onze articles .... PSELAPHUS.
  - de six articles au plus; ces articles
    - distincts .... CLAVIGER.
    - soudés entre eux .... ARTICERUS.

GENRE MASTIGE.

MASTIGUS. LATR.[1]

Ce petit genre d'insectes ne renferme que deux espèces, dont une seule se trouve en Europe ; ce sont les géans de la famille des Psélaphiens. Non seulement le premier article de leurs *antennes* est beaucoup plus long que les autres, mais le deuxième est aussi fort grand, bien qu'il soit des deux tiers plus court que le premier (*pl. 2, fig. 3, a*). Leurs palpes se terminent par deux articles plus gros, dont le dernier est renflé, et l'avant-dernier de forme conique. L'espèce d'Europe est,

LE MASTIGE PALPEUR. (Pl. 2, fig. 3.)

Mastigus palpalis, LATR.[2]

Qui est noir, revêtu d'un léger duvet et dont les deux premiers articles des antennes sont garnis de longs poils à leur côté inférieur.

On le trouve en Espagne et au Portugal. Il a deux lignes et demie de longueur, sur une environ de largeur.

1. Etym. μάςιξ, ιγος, fouet. — Syn. *Ptinus*, Fabricius, Olivier.
2. Genera Crust. et Insect., t. I, pag. 281. — La seconde espèce est le *Ptinus spinicornis*, Fab.; Olivier, Entom., t. II, n.° 7, pl. 1, fig. 5.

GENRE SCYDMÈNE.

SCYDMÆNUS. LATR. [1]

Ces insectes sont assez nombreux et ont été le sujet
d'un travail monographique de MM. Müller et Kunze [2],
qui en ont décrit seize espèces, auxquelles on en a
ajouté quelques unes depuis. On a récemment partagé
les Scydmènes en plusieurs genres; d'abord celui
d'*Eumicrus*, qui aurait trois articles aux palpes maxillaires, et celui de *Scydmænus* proprement dit, qui aurait quatre articles [3]. Mais ces deux genres, qui ne
sont autre chose que les deux divisions établies par
MM. Müller et Kunze, reposent sur des caractères de
peu d'importance. En effet, ces deux auteurs avaient
pensé d'abord que certaines espèces n'avaient que trois
articles à leurs palpes maxillaires; mais un examen plus
minutieux les a convaincus que le dernier article,
plus petit que les autres, peut rentrer plus ou moins
dans le troisième et disparaître entièrement. Quant
au genre *Microdema,* fondé plus récemment encore [4],
il ne nous paraît pas plus admissible. Il n'en est pas
de même du genre *Clidicus* [5], formé sur une espèce

1. Etym. σκύδμαινος, qui a la mine refrognée. — Syn. *Mastigus*, Illiger;
Pselaphus, Herbst, Paykull et autres; *Anthicus*, Fabricius, etc.; *Eumicrus, Microdema, Clidicus?* Laporte.

2. Monographie des *Scydmènes* de Latreille, avec fig., dans les Actes des
Scrutateurs de la nature de Leipsic, t. 1.er, 1823.

3. Laporte, Annales de la Société Entomologique de France, t. 1, pag. 396.

4. Etudes Entomologiques, pag. 138.

5. Lap., Ann. Soc. Ent., ibid.

de Java, qui paraît avoir le premier article des antennes fort long, comme dans les Mastiges, mais dont
la forme serait semblable à celle des Scydmènes.
Nous n'avons pas vu cet insecte. — Ne pouvant espérer de présenter ici des caractères suffisans pour faire
reconnaître les Scydmènes, nous renverrons à l'ouvrage estimable des auteurs déjà cités, et nous donnerons seulement pour type de ce genre :

LE SCYDMÈNE D'HELWIG. (Pl. 2, fig. 4.)

Scydmænus Helwigii. ILLIG.[1]

C'est un insecte d'un roux foncé, avec les pattes plus
claires ; il a la tête, le corselet et l'abdomen quelquefois plus obscurs que les élytres ; tout son corps est
revêtu d'un duvet soyeux ; ses élytres offrent quelques
points à leur base, et l'on remarque aussi sur la base du
corselet quatre gros points enfoncés, situés parallèlement à son bord.

On le trouve dans presque toute l'Europe. Il a tout
au plus une ligne de longueur sur un quart de ligne
de largeur.

GENRE **PSÉLAPHE.**

PSELAPHUS. HERBST.

A l'exception des Clavigères, l'histoire des Psélaphes se réduit pour ainsi dire à la nomenclature de

1. Coléoptères de Prusse, pag. 291.—Müller et Kunze, loc. cit., pag. 184.
— Voyez, de plus, le Genera Crustaceorum et Insectorum de Latreille,

leurs espèces dont un assez grand nombre d'auteurs
se sont occupés. Linné connut quelques Psélaphes,
qu'il classa parmi les Brachélytres, tandis que Fabricius rangea les siens avec les *Anthicus*, petit groupe
d'insectes de la section des Coléoptères-Hétéromères,
dont les élytres sont cependant aussi longues que le
ventre. Depuis les travaux de ces deux auteurs, le
nombre des espèces connues s'augmenta peu à peu,
ce qui engagea M. Reichenbach à rédiger une monographie de ces petits insectes, qu'il publia en
1816. Plus tard, en 1825, M. Denny entreprit un
semblable travail, dans lequel il se borna cependant
aux espèces propres à l'Angleterre. De son côté, le
docteur Leach étudia les Psélaphes sous le rapport
des variations de leurs formes, et proposa de les diviser
en plusieurs genres. On doit en outre la connaissance
de plusieurs espèces de Psélaphes à différens auteurs,
tels que MM. Preysler, Müller, Dalmann, Gory et
autres, et tout récemment encore il a paru, dans le
tome IV des nouveaux Mémoires de Moscou, un travail
qui renferme la description de plusieurs espèces de
ce genre. Mais, à l'exception de ce dernier travail et
des observations si curieuses de M. Müller sur les
mœurs des Clavigères, tout ce que l'on a écrit jusqu'ici sur les Psélaphes, se trouve résumé dans un
excellent ouvrage de M. Aubé, ayant pour titre *Pse-
laphiorum monagraphia* [1]. L'auteur y a représenté avec
soin chacune des espèces qu'il a décrites, ainsi que

---

t. I, pag. 282 ; le Bulletin de la Société impériale des naturalistes de Moscou et les Illustrations of british Entomology de M. Stephens.

1. Dans le Magasin de Zoologie de M. Guérin, année 1834. On en a fait
aussi un corps d'ouvrage distinct.

les parties détachées sur la forme desquelles reposent les caractères de ses divisions. Ces figures, au simple trait, sont d'un grand avantage pour reconnaître les espèces.

Les Psélaphes étant aujourd'hui assez nombreux, leurs caractères, sinon leurs formes, sont assez variés; aussi les a-t-on partagés en plusieurs petits groupes qui ne se distinguent pas tous par des caractères d'une importance égale. Quelques uns de ces groupes sont dus à M. Aubé lui-même, dont nous suivrons la marche dans l'exposition de leurs caractères. En général, ils peuvent tous se rapporter au sous-genre suivant :

1.° LES PSÉLAPHES proprem.ᵗ dits.—*Pselaphus.* HERBST[1].

Qui ont dans le nombre des articles de leurs *antennes*, un caractère commun. Ils peuvent se diviser en deux groupes, suivant que leurs *tarses* sont terminés par deux crochets, ou par un crochet unique. Le groupe des Psélaphes à deux crochets aux tarses, ou didactyles, renferme quatre genres des auteurs, qui sont :

α. Les *Métopies* (*Metopias* de M. Gory, appelés depuis *Marnax* par M. de Laporte pour éviter un double emploi [2]). Ils se distinguent des trois suivans, par l'inégalité des crochets de leurs tarses; ils présentent d'ailleurs un caractère bien plus saillant,

---

1. Etym. ψηλαφάω, ἴξω, palper.— Syn. *Staphylinus,* Linné; *Anthicus,* Fabricius

2. *Metopius* sert déjà à désigner un ou deux genres d'insectes.

qui pourrait peut-être les faire considérer comme un sous-genre distinct : c'est le développement remarquable du premier article de leurs antennes, après lequel ces organes sont coudés, et qui constitue à lui seul au moins le tiers de leur longueur. Ces insectes semblent être parmi les Psélaphes ce que sont les *Clidicus* parmi les Scydmènes. On n'en connaît qu'une seule espèce [1].

β. Les *Tyres* (*Tyrus* de M. Aubé), qui ont comme les deux groupes suivans, les crochets de leurs tarses égaux. Ils se reconnaissent à l'uniformité de leurs palpes maxillaires, dont les articles sont presque égaux, tandis que,

γ. Les *Chennies* (*Chennium* de Latreille) ont l'avant-dernier article de leurs palpes globuleux; enfin,

δ. Les *Cténistes* (*Ctenistes* de M. Reichenbach) ont les trois derniers articles de leurs palpes prolongés en dehors, et formant une saillie pointue, de manière à imiter une sorte de peigne (*pl.* 2, *fig.* 5, *a*).

Le groupe des Psélaphes monodactyles, ou n'ayant qu'un seul crochet aux tarses, est beaucoup plus nombreux que le précédent, et renferme sept autres genres des auteurs. C'est dans ce groupe que rentrent la plupart de nos espèces indigènes, ceux de Tyres, de Chennies et de Cténistes, ne comprenant qu'une ou deux espèces. On distingue en première ligne :

ε. Les vrais *Psélaphes*, que rend très reconnaissables la longueur de leurs palpes maxillaires, dont deux articles surtout sont très grêles (*pl.* 2, *fig.* 5, *b*), et

---

1. *Metopias curculionoides*, Gory, Mag. de Zool. de M. Guérin (Insectes, n.° 42, année 1832).

dont le dernier se renfle à l'extrémité en forme de fuseau. Ce groupe est peu nombreux en espèces. Après lui viennent,

ζ. Les *Bryaxes* (*Bryaxis* de Knoch), qui ont le dernier article des palpes maxillaires à peine plus gros que les autres, et les antennes terminées par une petite massue peu sensible et formée par les trois derniers articles; cette disposition est à peu près la même que dans les Psélaphes. Tel est,

LE PSÉLAPHE SANGUIN (Pl. 2, fig. 5.)

Pselaphus sanguineus. ILLIG.[1]

Petit insecte brun, avec les antennes, les élytres et les pattes rouges. Chacune de ses élytres présente un sillon dans toute sa longueur, et, ce qui sert surtout à le faire distinguer, son corselet présente vers sa partie postérieure trois petites fossettes situées en demi-cercle, et réunies entre elles par un petit sillon.

Il est long d'une ligne ou un peu plus et se trouve fréquemment autour de Paris.

η. Les *Tyques* (*Tychus* de M. Aubé), qui ont le dernier article des palpes renflé et presque triangulaire, et les antennes terminées par une massue semblable à celle des précédens; le mâle présente une particularité digne de remarque dans le développement du cinquième article de ses antennes, qui est plus gros que les autres. Ce groupe ne renferme qu'une seule espèce, et ne se distingue des Bryaxes que par la grosseur du dernier article de ses palpes.

1. Coléoptères de Prusse, pag. 291. — Aubé, Monogr. des Psélaphes, pag. 25, pl. 81, fig. 2.

θ. Les *Bythines* (*Bythinus* de Leach) ont le dernier article de leurs palpes maxillaires d'une grosseur démesurée; il est tantôt en forme de triangle plus ou moins alongé, tantôt presque globuleux, et tantôt en fuseau ou en cylindre peu régulier, et par compensation, l'article qui le précède est extrêmement petit. Le dernier article de leurs antennes est aussi très gros; les deux articles qui le précèdent sont lenticulaires, et les deux premiers sont plus gros que tous les suivans, à l'exception du dernier. Le deuxième article se fait en outre remarquer par son développement; il prend tantôt une forme globuleuse, tantôt celle d'un quadrilatère, tantôt même celle d'un croissant. Dans certaines espèces, il ne fait point de saillie en dedans, et Leach avait profité de cette disposition pour établir le genre Arcopage (*Arcopagus*).

ι. Les *Trimies* (*Trimium* de M. Aubé) ont les mêmes antennes que les Bythines, à l'exception des deux premiers articles qui sont plus petits que les autres; le dernier article de leurs palpes maxillaires est peu développé, à peu près comme dans les Bryaxes, dont ils ne paraissent différer que par la forme de leurs antennes et par leur corps plus cylindrique.

κ. Les *Batrises* (*Batrisus* de M. Aubé) ont le corps presque cylindrique, comme celui des Trimies, et ne se font remarquer que par l'insertion de leurs antennes, qui a lieu dans une fossette particulière, formée par une petite saillie de chacun des côtés de la tête, car du reste les Batrises ont le dernier article de leurs palpes fort peu développé, et leurs antennes sont à peu près aussi grêles que celles des Psélaphes proprement dits. Ce groupe et ceux de Bryaxe, de Bythine, sont;

avec les suivans, les plus nombreux en espèces.

λ. Enfin, le dernier groupe des Psélaphes à tarses monodactyles, est celui des *Euplectes* (*Euplectus* de M. Kirby), dont le corps est également cylindroïde, et qui ont le dernier article des palpes assez petit, mais dont les antennes sont semblables à celles des Bythines par la grosseur de leurs trois derniers articles. Ils diffèrent de ces derniers insectes par le peu de développement des deux premiers articles de leurs antennes et du dernier article de leurs palpes.

2.° LES CLAVIGÈRES. — *Claviger*, MULL.[1]

Ce sous-genre est facile à reconnaître par le nombre des articles de ses *antennes*, qui est de six; cependant au premier abord, on n'en aperçoit que cinq, et les quatre derniers seulement sont plus développés que les autres (*pl. 2, fig. 6, a*), et variant de forme suivant les espèces. Celles-ci sont encore peu nombreuses et se réduisent à deux seulement, quoique M. Müller en compte trois; nous adoptons à cet égard l'opinion de M. Aubé, et nous pensons avec lui que le type de ce sous-genre,

1. LE CLAVIGÈRE A FOSSETTES. (Pl. 2, fig. 6.)

Claviger foveolatus. MULL.[2]

Ne se distingue du *Cl. testaceus* de Preysler que par la description inexacte qu'en aura donnée ce dernier

---

1. Etym. *Claviger*, porte-masse.
2. Germar Magas. der Entom., III, pag. 69, pl. 2. — Aubé, Monogr. des Psélaphes, pag. 61, pl. 9 , fig. 1.

auteur. Le Clavigère à fossettes est un petit insecte entièrement rougeâtre, dont les quatre derniers articles
des antennes sont larges, et le dernier aussi long que
les deux précédens réunis. La conformation de ses
antennes suffit pour le faire distinguer de la seconde
espèce qui est

2. LE CLAVIGÈRE LONGICORNE.

Claviger longicornis, Mull.[1]

Dont le troisième article des antennes est aussi long
que les trois derniers réunis, ce qui l'a fait regarder
par M. de Laporte comme le type d'un genre distinct
(*Clavifer*[2]).

Les Clavigères vivent dans les fourmilières et ne
se trouvent pas autour de Paris; ils sont au contraire
assez répandus en Allemagne. Deux de leurs caractères les plus frappans sont de n'avoir pas d'yeux
visibles et d'avoir les palpes cachés; ce dernier leur
est commun avec le sous-genre suivant, et paraît
dû au peu de longueur de ces organes. M. Müller,
qui a observé ces petits insectes sous le double rapport de leur structure et de leurs habitudes, dit
que leurs palpes maxillaires sont terminés par deux
petits crochets, ce qui pourrait faire soupçonner d'a-
bord que ces insectes vivent de proie, comme on le
pense de plusieurs de leurs congénères; mais les détails de leurs habitudes vont prouver combien cette

---

1. Loc. cit., pag. 35. — Aubé, Monogr. des Psélaphes, pag. 62, pl. 94,
fig. 2.
2. Etudes Entomologiques, pag 137.

supposition serait peu fondée. En effet, les Clavigères naissent et meurent dans les fourmilières et se nourrissent de substances liquides élaborées par les fourmis. Nous allons laisser parler M. Müller, dont les observations pleines d'intérêt sont peu connues en France, parce qu'elles ont été publiées dans un recueil allemand[1].

« J'ai toujours trouvé, dit cet observateur, le Clavigère à fossettes, dans le nid d'une petite Fourmi d'un rouge pâle, et plus rarement dans celui d'une autre Fourmi noirâtre et presque aussi petite, que je ne vois ni l'une ni l'autre décrites dans Fabricius. Sur une vingtaine de nids de Fourmis que j'ai examinés, il ne s'en trouvait qu'un seul habité par les Clavigères, mais quelquefois aussi ils y étaient au-delà de trente individus. Quand on soulève les pierres sous lesquelles ces nids sont ordinairement établis, les fourmis, troublées par ce dérangement subit, se séparent, et cherchent à se réfugier dans les cavités du sol; je remarquai quelquefois, à mon grand étonnement, que les Fourmis courant à l'entour, et étant alors très occupées à transporter sous terre leurs petites larves, lorsqu'elles venaient à rencontrer un Clavigère, le saisissaient par le dos avec leurs mandibules et le portaient aussi dans l'intérieur de la terre. Chaque année, vers la fin de mars et au commencement d'avril, j'en trouvais quelques individus isolés dans chaque nid, mais plus tard ils y étaient en plus grand nombre, et pendant le mois de mai, je les voyais plus abondans encore, dans l'acte de l'accouplement et marchant sans être aucu-

1. Le Magasin d'Entomologie de M. Germar.

nement inquiétés, au milieu d'un peuple de Fourmis.
Le mâle se tient fortement accroché sur le dos de la
femelle et l'épine que présente le côté interne de
chacune de ses jambes intermédiaires est fixée solide-
ment dans la touffe de poils que supporte la base de
l'abdomen de celle-ci.

» Ce fut là, pendant plusieurs années, l'unique résultat de mes recherches, et j'en conclus que ces insectes, s'accouplant dans les fourmilières où on les
trouve constamment, y pondaient aussi leurs œufs;
que les larves qui en éclosaient, y trouvaient leur
nourriture, s'y développaient et se transformaient en
nymphes à l'automne, pour se métamorphoser successivement au printemps. Dans celui de l'année dernière (1817), ayant trouvé une fourmilière qui renfermait quelques Clavigères, dont plusieurs étaient
accouplés, je répétai les mêmes observations; ainsi,
dès que j'eus soulevé la pierre qui les recouvrait, je
vis que les Fourmis qui s'enfuyaient de toutes parts
emportaient avec elles plusieurs de ces Clavigères, et
je cherchai à reconnaître la cause de cette sollicitude
des Fourmis et des rapports qu'il pouvait y avoir entre
ces deux sortes d'insectes. Je pris donc environ huit
ou dix de ces Clavigères que je pus encore attraper,
et à peu près une douzaine de Fourmis; je pris, en
outre, une certaine quantité de petites larves de Fourmis, à différens états de développement, un peu de
terre de ce même endroit et quelques brins de mousse
que j'enfermai dans une bouteille assez grande et que
j'emportai chez moi. Je la bouchai de manière à y
laisser pénétrer une quantité d'air suffisante. Quand
cette bouteille, déposée sur ma table, eut resté un cer-

tain temps sans être remuée, les Fourmis recommen-
cèrent à travailler comme de plus belle ; elles réunirent
la terre et les brins de mousse et se pratiquèrent pendant la nuit quelques galeries et quelques cavités dans
lesquelles elles transportèrent leurs petites larves. Je
les trouvai le lendemain matin aussi tranquilles que si
elles eussent été dans leur fourmilière ; elles ne couraient plus avec inquiétude ni ne cherchaient pas à
s'échapper, et même, quand je pris la bouteille pour
examiner, à l'aide d'une loupe à foyer assez grand, chacune de ses moindres parties, elles ne se troublèrent
aucunement et continuèrent tranquillement leurs travaux accoutumés ; les unes arrangeaient et léchaient
leurs petites larves ; d'autres réparaient leur nid et
transportaient de la terre çà et là ; d'autres se repo-
saient, ne faisant aucun mouvement, et semblaient
endormies ; d'autres, enfin, étaient occupées à se nettoyer. Chaque Fourmi se livrait à ce dernier soin, autant qu'elle pouvait le faire seule, puis ensuite, comme
le font les Abeilles dans leurs ruches, elles acceptaient
l'aide d'une autre Fourmi pour nettoyer les parties
de leur corps auxquelles elles ne pouvaient pas atteindre avec leur bouche ou leurs pattes. De leur côté, les
Clavigères couraient çà et là au milieu des Fourmis sans
aucune inquiétude, ou se tenaient en repos dans les
galeries qui étaient pour la plupart construites contre
les parois de la bouteille ; en un mot, leur contenance
donnait à penser qu'ils se retrouvaient tout à fait dans
leurs habitudes. Après avoir observé ainsi pendant
quelque temps les allures de mes prisonniers et les
avoir suivi des yeux, je remarquai tout d'un coup, à
ma grande surprise, que toutes les fois qu'une Fourmi

venait à rencontrer un Clavigère, elle promenait sur lui ses antennes et le caressait doucement ; puis, tout en continuant cette manœuvre, elle s'occupait à lui lécher le dos avec une certaine avidité. Elle commençait, pour cela, par le bouquet de poils jaunes qui s'élève de chaque côté des élytres, a leur angle postérieur et externe. La Fourmi écartait alors ses grosses mandibules dans toute leur largeur, puis, au moyen de ses mâchoires, de sa lèvre inférieure et de ses longs palpes, ce que j'ai vu très distinctement à l'aide de ma loupe, elle suçait le bouquet de poils dont je viens de parler, avec beaucoup d'avidité et à plusieurs reprises, en le saisissant de nouveau et tout entier entre les diverses pièces de sa bouche. Elle léchait ensuite toute la partie supérieure du dessus de son ventre et surtout la grande cavité qu'il offre à cet endroit. Cette opération était renouvelée toutes les huit ou dix minutes, tantôt par une Fourmi, tantôt par une autre, et souvent même plusieurs Fourmis se mettaient de suite après le même insecte, s'il venait à en rencontrer plusieurs l'une après l'autre. Mais, dans ce cas, chaque Fourmi ne tardait pas à l'abandonner. Je vis clairement alors pourquoi les Fourmis laissaient vivre si tranquillement parmi elles les Clavigères ; c'est, qu'en effet, ils leur fournissaient un mets très délicat, qu'elles recherchaient avec beaucoup d'empressement. Ce n'était point pourtant un suc doux et mielleux tel que celui qui sort des deux appendices abdominaux des pucerons, mais vraisemblablement une autre sorte de liquide fort de leur goût et servant peut-être à la nourriture de leurs larves.

» Quelque intéressante que pût être pour moi cette

découverte inattendue, et quelque joie qu'elle me causât, puisqu'elle me faisait enfin connaître une des causes de la bonne intelligence qui régnait entre ces merveilleux insectes et les Fourmis, mon étonnement et mon admiration furent bien plus grands encore lorsque je vis bientôt après que les Fourmis nourrissaient les Clavigères, et cela dans toute l'acception de ce terme. Quelque invraisemblable que puisse paraître à certaines personnes cette observation, une des plus admirables parmi les merveilles que nous offre l'histoire des insectes, elle n'en est cependant pas moins exacte, et ce fait, qui me semble absolument unique dans son espèce, peut fournir une ample matière à nos réflexions sur l'inconcevable variété qui préside à l'économie de ces petits animaux. En échange du liquide agréable qu'elles retirent de leurs hôtes, qui leur sont étrangers sous tous les rapports, et qui appartiennent à un ordre d'insectes si différent, les Fourmis leur fournissent non seulement abri et protection, mais encore la nourriture, et une nourriture convenable, qu'elles leur donnent de leur propre bouche. C'est un fait dont j'ai pu tant de fois m'assurer par les occasions les plus favorables, qu'il est impossible que je m'y sois laissé tromper.

» Ne voulant pas voir mourir de faim en peu de jours mes Fourmis et leurs nourrissons tout à la fois, et curieux de pouvoir les observer aussi long-temps que possible, je dus naturellement songer à leur trouver une nourriture convenable. Dans ce but, je donnai à mes prisonniers, dont j'avais le même jour augmenté le nombre, en recueillant dans une autre fourmilière de la même espèce autant d'individus de Clavigères, de Fourmis et

de petites larves, et que j'avais renfermés dans une seconde bouteille, quelques gouttes d'eau que j'intro-
duisis à l'aide d'un pinceau dans l'intérieur de chaque
bouteille, les laissant découler sur la terre ou sur quelque brin de mousse; j'y ajoutai quelques gouttes de
miel étendu d'eau, quelques grains de sucre blanc et
tendre, des morceaux de cerises et autres choses, afin
qu'ils pussent choisir à leur gré parmi ces alimens celui
qui serait le plus de leur goût. Je pris ensuite une
des deux bouteilles, afin de pouvoir m'assurer, au
moyen de ma loupe, si cette nourriture leur plaisait.
Bientôt les Fourmis arrivèrent l'une après l'autre dans
leur course à l'un des endroits mouillés, s'arrêtèrent
et sucèrent avidement, et bientôt il s'en trouva plusieurs réunies dans le même endroit. Quelques Clavigères vinrent pareillement, mais ils continuèrent à
courir sans y faire la moindre attention et sans goûter
à quoi que ce soit. Cependant, quelques unes des
Fourmis, après s'être bien repues, quittèrent la partie
et s'en allèrent en grande hâte. Elles furent rencon-
trées en chemin par d'autres Fourmis qui n'avaient
pas encore trouvé les provisions; alors s'arrêtant de
part et d'autre, les Fourmis à jeun reçurent leur part
du repas, après quoi les premières continuèrent à
courir jusqu'à leurs petites larves, situées au fond du
vase, et leur donnèrent pareillement à manger. Je
commençais alors à chercher quelle autre nourriture
je donnerais à mes Clavigères, qui ne goûtaient point
du tout à celle que je leur avais présentée, lorsque
j'aperçus un de ces insectes rencontré par une Fourmi
bien repue, s'arrêter ainsi que cette dernière. Je re-
doublai d'attention, et mes yeux furent frappés d'un

spectacle aussi curieux qu'inattendu, mais qui n'en fut pas moins bien réel. J'observai d'une manière certaine que le Clavigère recevait sa nourriture de la bouche même de la Fourmi. A peine pouvais-je me convaincre de la réalité de ce que j'avais vu et je commençais à douter si j'avais bien vu, lorsqu'en même temps et dans plusieurs endroits de la bouteille, le même spectacle s'offrit encore à moi. Plusieurs de ces repas singuliers ayant lieu contre les parois du vase, je pris une loupe beaucoup plus forte qui me permit d'observer alors de la manière la plus certaine les moindres circonstances de ce fait. Chaque fois qu'une Fourmi rassasiée rencontrait un Clavigère encore à jeun, ce dernier, flairant pour ainsi dire l'odeur du repas, semblait lui en demander sa part en élevant vers elle sa tête et ses antennes. Ils s'arrêtaient alors tous les deux et restaient immobiles. Après quelques tâtonnemens réciproques et quelques caresses à l'aide de leurs antennes, la tête de l'un dirigée contre la tête de l'autre, le Clavigère ouvrait la bouche, la Fourmi en faisait autant, et les parties intérieures de sa bouche devenues saillantes délivraient au Clavigère la nourriture en question, que celui-ci suçait avidement avec sa lèvre et les lobes de ses mâchoires. Puis ensuite chacun de ces deux insectes s'occupait à nettoyer les parties intérieures de sa bouche, en les faisant sortir et rentrer alternativement, et ils continuaient ensuite à courir comme auparavant. Chacun de ces singuliers repas durait ordinairement de huit à douze secondes, après quoi la Fourmi se mettait à lécher à la manière accoutumée le bouquet de poils du Clavigère. C'est ainsi que, dans mes deux flacons, tous

les Clavigères qui s'y trouvaient recevaient chaque
jour plusieurs fois leur nourriture, et cela aussi souvent que je renouvelais leurs provisions, et surtout
leur eau, qui paraît être pour les Fourmis un de leurs
plus grands besoins. Jamais je ne vis un des Clavigères
goûter lui-même aux substances que je leur donnais,
soit du sucre, soit des fruits, si ce n'est qu'ils léchaient
quelquefois les traces de l'eau qui découlait le long
des parois du vase. »

M. Müller ayant eu occasion de répéter les mêmes
observations sur la seconde espèce de Clavigères, remarqua chez elle des habitudes tout à fait analogues.
Seulement cette dernière espèce semble vivre de préférence dans le nid de petites Fourmis noires. Ayant
un jour réuni dans un même vase quelques unes de
ces Fourmis avec les Fourmis rougeâtres qui nourrissent le Clavigère à fossettes, ces deux espèces de Fourmis ne tardèrent pas à se battre, et comme les Fourmis
noires étaient plus fortes que les rouges, elles détrui-
sirent toutes ces dernières. Mais quant aux Clavigères
qui étaient logées avec elles, loin de leur faire aucun
mal, les Fourmis noires en prirent autant de soin que
de l'espèce à laquelle elles donnent d'ordinaire l'hos-
pitalité. Cela semblerait indiquer que l'une et l'autre
espèce de Clavigères pourrait vivre indistinctement
dans les deux sortes de fourmilières.

Quelque désir qu'eût M. Müller d'observer les métamorphoses des Clavigères, il ne put y parvenir. Tout
ce qu'il put découvrir à ce sujet, ce fut l'enveloppe
encore fraîche d'une nymphe de ces petits insectes.
Cette enveloppe, de forme ovale, avec l'extrémité
postérieure tronquée et munie de deux petites saillies

latérales, se distinguait surtout par la présence de
deux sortes de cornes terminées en massue et situées
à la partie antérieure; ce sont, dit M. Müller, les deux
fourreaux des antennes. A la partie postérieure, qui
semble divisée en plusieurs articles, on aperçoit de
chaque côté deux pattes articulées et terminées par un
petit crochet. (Il a représenté cette dépouille sous le
n.° 15 de la planche déjà citée.)

3.° LES ARTICÈRES. —*Articerus*, Dalm.[1]

Ce sous-genre se reconnaît aisément à ses *antennes*,
formées d'un seul article de forme cylindrique et ayant
au moins la longueur de la tête. Il se compose d'une
seule espèce, témoin d'un monde plus ancien, et dont
on n'a pas retrouvé d'analogue parmi les insectes de
nos jours. On ne la trouve que dans l'intérieur de
la gomme copale, qui la laisse voir par transparence.
Elle se distingue encore des Clavigères par la présence
d'yeux bien distincts et de deux crochets aux tarses.
Ses palpes sont cachés comme ceux des Clavigères.

1. Etym. ἄετιος, entier; κέρας, corne. — Type : *Articerus armatus*,
Actes de l'Acad. des Sciences de Stockholm. — Aubé, Monogr. des Pséla-
phes, pag. 64, pl. 94, fig. 3. (Il serait beaucoup plus régulier de dire
Artiocerus, Dalmann.)

QUATRIÈME TRIBU.

LES BRACHÉLYTRES.

On a nommé *Brachélytres*, ou *Microptères*, ou bien encore *Brévipennes*, des insectes à élytres plus courtes que le ventre, et dont la forme alongée leur donne quelque rapport avec des insectes d'un autre ordre, connus sous le nom de *Forficules*, ou vulgairement Perce-Oreilles. Le nom de Brachélytres a prévalu sur les deux autres, non pas qu'il soit le plus harmonieux, ni même le plus ancien ; mais sans doute par un des caprices si fréquens de l'usage. Les premiers auteurs qui ont écrit sur l'Entomologie, frappés de la ressemblance que présentent les insectes de cette tribu avec les Forficules, ont considéré ces deux types différens comme les anneaux qui doivent réunir la chaîne entomologique ; ils ont placé les Brachélytres à la fin des Coléoptères, et les Forficules en tête des Orthoptères. Latreille, et à son exemple un petit nombre d'auteurs, ont cru devoir s'affranchir de la loi qui semblait imposée au classificateur par cette liaison apparente des deux ordres ; ils ont fait entrer les Brachélytres dans la série des Coléoptères à cinq articles aux tarses, bien qu'ils n'eussent pas tous ce même nombre ; mais aujourd'hui l'on revient de nouveau à l'idée des premiers Entomologistes, surtout en

Angleterre, et l'on termine par les Brachélytres la nombreuse série des Coléoptères. Cependant nous aurons bientôt occasion de remarquer les principaux traits de l'organisation de ces insectes et les rapports qui les lient avec la tribu des Clavicornes, comme Latreille l'avait pensé d'abord.

Toutes les espèces de Brachélytres ont entre elles une analogie de structure si frappante, que le genre principal de cette tribu sert souvent à la désigner tout entière. Ainsi l'on appelle indistinctement du nom de *Staphylins*, sous lequel Linné réunit d'abord tous ces insectes, l'une ou l'autre des nombreuses espèces qu'ils présentent, en sorte que ce mot de Staphylin est synonyme de celui de Brachélytres ; comme on donne quelquefois le nom de Carabe à quelqu'insecte de la nombreuse tribu des Carabiques. Nous verrons encore d'autres tribus d'insectes qui sont dans le même cas ; c'est toujours, en effet, celui des réunions les plus naturelles, de ces réunions qui se sont opérées sans aucun effort de notre esprit et comme à notre insçu, et qui sont fondées sur des caractères invariables. Mais dans ces tribus mêmes, nous sommes bientôt forcés de chercher des caractères subalternes, afin d'instituer des groupes secondaires, et de parvenir ainsi à jeter quelque jour sur la série des espèces, ce qui n'empêche pas que le nom le plus général ne puisse, dans certains, s'appliquer indistinctement. C'est une preuve de la tendance continuelle qui porte notre esprit à généraliser, tendance qui est cependant méconnue par le plus grand nombre des naturalistes de nos jours.

Tout le monde a vu des Staphylins courant par la

campagne, et surtout de gros Staphylins noirs qui marchent en relevant la queue, ou mieux le bout de leur ventre. Cette habitude ne contribue pas moins que le peu de longeur de leurs élytres à les faire reconnaître; c'est là aussi ce qui les a fait remarquer des anciens. Il est question des Staphylins dans quelques auteurs grecs et dans Aristote en particulier. Mais ce grand philosophe nous en a dit peu de chose; il les compare à un insecte qui est resté inconnu aux naturalistes modernes. Un autre écrivain grec, Apsyrte, a décrit en peu de mots ces insectes, et l'a fait en indiquant leur trait le plus caractéristique, car il dit qu'ils marchent la queue relevée. Le mot de Staphylin chez les Grecs (ςαφύλινος), servait à désigner, à ce que l'on croit, une plante aussi bien qu'un insecte. Quant à sa racine, on peut la regarder comme incertaine, au moins dans le cas dont il s'agit ici. Quel rapport, en effet, peut avoir le mot ςαφυλη (raisin), avec les insectes qui nous occupent! M. Duméril indique comme l'étymologie du nom de Staphylins, ce même mot ςαφυλη, pris dans le sens de luette; mais cette étymologie nous paraît fort douteuse, à cause du peu de rapport que nous trouvons entre un Staphylin et la luette. Nous devons donc nous en tenir au mot tout formé de ςαφύλινος, tel que nous l'ont transmis les Grecs.

Les Staphylins peuvent se reconnaître, outre les traits que nous avons indiqués, à leurs antennes grenues, dont les articles sont quelquefois plus ou moins rapprochés, mais qui ne forment jamais une massue bien distincte comme celle des Clavicornes. Ils ont surtout une disposition remarquable dans la position des hanches de leurs pattes antérieures, qui sont très longues et situées parallèlement le long de la ligne moyenne du corps. Ils ont aussi le trochanter des pattes de derrière presque aussi développé que celui des Carabiques. Mais, hâtons-nous de le dire, ces deux derniers caractères appartiennent également à la famille des Silphiens parmi les Clavicornes. Aussi, quelqu'effort que l'on fasse, jamais peut-être ces insectes ne seront mieux placés qu'entre cette dernière tribu et celle des Carabiques ; non pas que l'on doive, ainsi que l'a proposé un des plus savans Entomologistes de nos jours, le célèbre M. Gyllenhall, rapprocher certaines petites espèces de Brachélytres dont les élytres s'alongent plus que de coutume, d'autres petites espèces de Carabiques appartenant au genre Lébie. Ce sont là de ces rapports de simple aperçu qui ne satisfont pas suffisamment l'esprit pour compenser la gêne qu'éprouve le classificateur à disposer les autres espèces d'une famille dont on en a ainsi isolé quelques unes seulement. Ces rapports se présentent dans presque toutes les tribus d'insectes, et vouloir se plier à leurs exigences, comme l'ont fait dans ces derniers temps des auteurs très célèbres, c'est entrer délibérément dans une route sans issue, c'est s'égarer dans un désert qui ne présente çà et là que quelques oasis où l'esprit puisse se reposer.

On voit par ce qui précède, que rien ne peut justifier la place assignée par Latreille, dans ses derniers ouvrages, à la tribu des Brachélytres. On ne conçoit pas quels rapports peuvent rattacher ces insectes à la tribu des Hydrocanthares. Comment Latreille, après avoir saisi autrefois les vrais rapports de ces insectes, après avoir entrevu leurs affinités, qu'on nous permette cette expression, a-t-il pu renoncer à sa première idée en faveur d'une innovation que rien ne justifie? Latreille avait placé d'abord les Brachélytres entre les Clavicornes et les Serricornes, et cette place leur convenait beaucoup mieux. Nous n'avons fait ici que nous conformer à ce qu'il avait indiqué lui-même, et si dans nos premiers chapitres sur la classification des insectes, nous avons présenté un ordre différent, celui des derniers ouvrages de Latreille à peu près, c'est que nous n'avions pas assez réfléchi sur les caractères des différentes tribus.

Une nouvelle propriété vient en quelque sorte sceller les rapports qui lient les Brachélytres avec la tribu des Carabiques. C'est la présence de deux petites glandes ou vésicules anales que les Staphylins font sortir du bout de leur abdomen lorsqu'ils sont inquiétés, et d'où s'échappe un liquide vaporisable qui répand une odeur différente selon les espèces, tantôt fétide et tantôt agréable; elle ressemble dans quelques unes à de l'éther sulfurique. Cette propriété a valu à la plus grande de nos espèces, celle qu'on rencontre le plus communément dans les campagnes, le surnom d'*odorant*. L'odeur que répand cet insecte n'est d'ailleurs rien moins qu'agréable. Les Staphylins peuvent aussi, comme les Carabiques et quelques Clavicornes, tels que les Silphes en particulier, les Nécrophores et autres, dégorger par la bouche une liqueur plus ou moins fétide, âcre et de couleur obscure, qui semble destinée à modifier leurs alimens et découle de leur œsophage. On remarque surtout cette propriété dans les espèces qui vivent de

matières animales mortes et en putréfaction. Ces Staphylins, qui ont la tête armée de mâchoires bien
dentées, longues et très acérées, se repaissent avidement de ces substances infectes, et se nourrissent
quelquefois aussi, à ce que l'on croit, d'insectes vivans. Cependant, comme les Brachélytres sont extrêmement nombreux, leurs habitudes sont aussi très variées; de là vient qu'on les rencontre souvent dans
des circonstances fort différentes. De même que dans
les Carabiques, on trouve parmi eux des espèces car-
nivores et des espèces herbivores. En général, comme
le dit M. Gravenhorst, l'un des auteurs qui ont le plus
étudié cette tribu des Coléoptères, et qui rédige encore en ce moment un nouveau travail sur leur classification, le genre de vie et le lieu d'habitation de ces
insectes sont très variés. Les uns se tiennent dans les
cadavres, d'autres dans le fumier, quelques uns dans
les champignons et autres substances végétales ordinairement en putréfaction; il en est qui vivent dans
les bouses ou qui s'abritent dans les débris de toute
espèce, tandis que d'autres fréquentent les fleurs,
parmi lesquelles ils cherchent leur nourriture en attaquant les insectes qui les habitent. On peut dire
que ni chaque espèce, ni, à plus forte raison, chaque
genre de ces insectes ne se rencontre toujours dans
les mêmes lieux, ne se nourrit toujours des mêmes
substances. Cependant les *Staphylins* proprement
dits, malgré la variété de leurs habitudes, se trouvent
de préférence dans les excrémens des animaux ruminans, dans les bouses, et quelques uns sous les cadavres d'animaux, sous les divers débris de végétaux,
et en général à l'abri de la lumière. Les *Lathrobies*

qui habitent aussi dans les lieux obscurs, préfèrent ceux qui sont un peu humides, là où se trouvent, soit du fumier, soit des végétaux en décomposition. Les *Pædères*, les *Stènes* et certains *Oxytèles* se rencontrent dans le voisinage des eaux ; ils s'enfoncent dans la terre qui borde les marais. On prend les *Aléochares* soit dans le fumier, soit sous les cadavres, soit dans les champignons décomposés ou dans les écorces des arbres cariés. Certaines espèces d'Oxytèles se trouvent aussi dans le fumier ou sous l'écorce des arbres, avec les Aléochares, quoique le plus grand nombre soit organisé pour creuser la terre ; elles ont reçu à cet effet un corps cylindroïde, et leurs pattes sont hérissées d'épines. Les *Tachypores* fréquentent surtout les fleurs, le gazon, les champignons, la mousse du pied des arbres et autres endroits analogues. Telles sont les habitudes connues des principaux groupes et genres de cette tribu d'insectes. Quelques espèces se distinguent de toutes les autres par la singularité de leur demeure ; ce sont quelques Aléochares plus connus sous le nom de *Loméchuses*, qui vivent dans les fourmilières à la manière de quelques Psélaphes, et qui peut-être, comme ces derniers, récompensent leurs hôtes de l'abri qu'ils leur donnent par une secrétion toute particulière. Une des premières espèces de Staphylins passe sa vie dans les nids de nos plus grosses Guêpes, de celles que nous appelons *Guêpes-Frelons;* c'est là qu'il faut la chercher. Aussi est-elle fort rare dans les collections, par suite de la difficulté que l'on éprouve à se la procurer, car on sait que les Guêpes ne sont pas d'humeur à laisser envahir impunément leur habitation. Quel est donc le

service que peut rendre à la république des Guêpes
notre *Velléie*, c'est l'insecte en question, pour obtenir
chez elles le droit de cité?

Les Staphylins doivent vivre à l'état de larve comme
vivent les insectes parfaits, car ils se trouvent dans les
mêmes endroits. Ces larves ont une forme qui les rapproche également des Carabiques et de certains Clavicornes : des Carabiques, parce qu'elles sont souvent
alongées, plus étroites en arrière, et surtout parce
que leur dernier anneau supporte une paire d'appendices qui sont toujours articulés; et des Clavicornes
par leur corps souvent aplati, dont les côtés des segmens se prolongent et forment un angle aigu. On les
reconnaît toujours au prolongement anal du dernier anneau de leur corps, qui s'alonge en un tube
de forme ordinairement cylindrique. Les deux filets
ou appendices articulés de ces larves se retrouvent
dans les insectes parfaits entre lesquels l'anus se prolonge aussi plus ou moins; mais dans ces derniers
insectes, tout cet appareil est rétractile au gré de l'animal, qui le fait à volonté sortir de son corps ou rentrer dans le dernier anneau. Nous donnerons la figure
de quelques unes de ces larves.

Les espèces de Brachélytres sont surtout nombreuses en Europe, soit que les pays chauds con-
viennent moins au genre de vie de ces insectes, soit
que les voyageurs aient toujours négligé de les rapporter. On sait que, pendant long-temps, les curieux ont donné la préférence sur les autres insectes
aux Papillons et aux Coléoptères, qui sont encore
aujourd'hui les plus recherchés. Or, les Brachélytres
ont dû à une ressemblance apparente avec les Forficu-

les, de n'être recueillis que rarement. Depuis quelques années cependant, le nombre des Brachélytres apportés des pays chauds s'accroît de jour en jour, et c'eût été dommage en effet de ne pas les connaître, car ils laissent nos espèces indigènes bien au dessous d'eux par la variété et l'éclat de leurs couleurs. On remarque chez ces insectes les nuances métalliques les plus riches et les plus brillantes. On y distingue aussi des couleurs jaunes, rouges ou bleues de la plus grande beauté; tantôt ces couleurs sont dues à l'assemblage d'une grande quantité de poils, tantôt elles font l'ornement de l'enveloppe nue de l'insecte. Nos Staphylins indigènes varient du noir au vert bronze, du roux au bleu brillant, et les petites espèces sont quelquefois nuancées agréablement de diverses couleurs.

La tribu des Brachélytres étant devenue fort nombreuse, depuis que Linné avait réuni, sous le nom de Staphylin, le peu d'espèces qu'il en connaissait, on a été forcé d'y établir plusieurs divisions et subdivisions, et l'on a même dépassé les besoins de la science entomologique, comme cela est arrivé également dans les autres tribus d'insectes. On a partagé, avec raison, les Brachélytres en six groupes ou familles, qui répondent à peu près à autant de genres naturels. Nous allons en faire connaître les caractères, et nous nous contenterons d'admettre dans chacune de ces familles ceux des genres proposés récemment qui peuvent se caractériser d'une manière commode.

La première famille des Brachélytres est celle des *Staphyliniens*, nommés par Latreille *Fissilabres*; elle se reconnaît à l'échancrure de sa lèvre supérieure, qui paraît divisée en deux lobes, et renferme les plus grandes espèces de la tribu, qui ont toutes cinq articles aux tarses.

La deuxième famille, celle des *Sténiens*, ou la section des *Longipalpes* de Latreille, a la lèvre supérieure entière et les palpes maxillaires très saillans, souvent aussi longs que la tête, et terminés soit par un article très petit et pointu, souvent caché dans le précédent, soit par un article très gros et renflé à l'extrémité, formant une sorte de massue. Les tarses ont aussi cinq articles.

La troisième famille est celle des *Oxytéliens*, ou *Denticrures* de Latreille. Elle a les palpes maxillaires beaucoup plus courts que la tête, et présentant toujours quatre articles distincts. Ses tarses ne paraissent composés que de trois ou de quatre articles, et ses jambes, ou du moins les antérieures, sont dentées et hérissées d'épines en dehors.

La quatrième famille porte le nom d'*Omaliens*, qu'elle doit à sa forme déprimée. Elle correspond en grande partie à la section des *Aplatis* de Latreille et présente aussi des palpes maxillaires fort courts ; mais elle a cinq articles aux tarses.

La cinquième famille, ou celle des *Tachyporiens*, qui correspond en partie à la section des *Microcéphales* de Latreille, a aussi les palpes maxillaires courts, les tarses formés de cinq articles ; mais elle se reconnaît surtout à sa tête rentrée jusqu'aux yeux sous le corselet, à ses pattes garnies d'épines et à sa forme ordinairement amincie en arrière.

Enfin, la sixième et dernière famille, celle des *Aléochariens*, correspond en partie à la section des

Aplatis, quoique bien à tort, et à celle des Microcéphales de Latreille. On la reconnaît surtout à la position de ses antennes, qui sont toujours insérées entre les yeux. Elle a, comme les quatre précédentes, la lèvre supérieure entière. Ses palpes maxillaires sont courts et se terminent par un très petit article pointu. Ses tarses ont cinq articles.

Cette distribution de la tribu des Brachélytres en six familles, appartient au comte de Mannerrheim, qui a publié dans les Mémoires de l'Académie des Sciences de Saint-Pétersbourg un excellent *Précis de l'arrangement systématique* de ces insectes, dans lequel il cite un grand nombre d'espèces, dont quelques unes sont nouvelles, mais dans lequel aussi les genres sont un peu trop multipliés. Cependant le savant Entomologiste de Russie a été dépassé sous ce rapport par les auteurs anglais. La distribution des Brachélytres en cinq sections, telle que l'avait proposée Latreille, n'est bonne que pour les trois premières qui seules ont été maintenues. Quant à la quatrième et à la cinquième, elles nous paraissent renfermer des insectes hétérogènes; aussi a-t-on fait trois familles aux dépens de ces deux sections. Dans un ouvrage récent sur les insectes des environs de Paris, dont le premier volume seul a paru, et qui malheureusement ne sera pas continué, M. Lacordaire a établi dans les Brachélytres une famille intermédiaire entre celle des Staphyliniens et celle des Sténiens; elle porte le nom de Pædérides, et renferme le genre Pædère et quelques uns des derniers sous-genres de Staphyliniens. Nous n'avons pas cru devoir admettre cette nouvelle famille, qui semble rompre les rapports naturels à l'aide desquels les Lathrobies se lient avec les vrais Staphylins.

PREMIÈRE FAMILLE.

LES STAPHYLINIENS.

Il nous reste peu de chose à ajouter à ce que nous avons dit plus haut au sujet de cette première famille de Brachélytres, qui renferme les plus grandes espèces de cette tribu, mais qui en compte aussi de fort petites. On remarque une disposition singulière dans la conformation de leurs tarses, qui sont quelquefois très larges, les antérieurs du moins, très velus en dessous et leur servent, suivant quelques auteurs, à fouir ou à creuser la terre. Cependant ces sortes d'organes n'ont pas en général une semblable destination, et ce qui peut le prouver, c'est que dans un grand nombre d'espèces le mâle en est seul pourvu. Or, on sait que les mâles des insectes, comme certains peuples à demi-barbares, laissent à leurs femelles le soin exclusif de leur progéniture, ne s'occupant de leur côté que de pourvoir à leurs besoins. Pourquoi donc ici certains mâles auraient-ils des organes fouisseurs, tandis que les femelles en seraient seules privées? Mais pourquoi, d'un autre côté, certaines femelles auraient-elles aussi ces organes, tandis qu'ils manqueraient à beaucoup d'autres? Sans chercher à approfondir une question que nous ne saurions résoudre, contentons-nous de remarquer que cette disposition

s'observe dans certains Clavicornes, et de signaler
ainsi un nouveau rapport entre ces insectes et les
Brachélytres.

Un autre trait de la structure des mâles, mais qui
ne les distingue pas tous également, c'est la grosseur
de leur tête, qui est double de celle des femelles.
Souvent on prendrait les deux sexes d'une même espèce pour deux espèces différentes, si l'on n'avait égard
à cette observation. Les caractères propres à chaque
sexe ne se retrouvant pas dans les familles suivantes,
où d'autres viennent les remplacer, nous en parlerons
à leur lieu.

La famille des Staphyliniens répond au genre Staphylin considéré d'une manière un peu générale;
nous regarderons les autres divisions comme de simples sous-genres, quelque soit d'ailleurs la forme du
dernier article des palpes. On a isolé les Lathrobies,
parce qu'ils ont le dernier article des palpes pointu;
mais, outre que toutes les espèces ne sont pas dans
ce cas, et que celles dont M. Gravenhorst avait fondé
le genre *Pinophile,* ont le dernier article des palpes
au moins aussi grand que les autres, nous devons remarquer ici qu'il n'est aucune famille de Brachélytres
dans laquelle on ne trouve également des palpes pointus et des palpes filiformes. Pourquoi donc la famille
des Staphyliniens ferait-elle exception à cette règle,
qui s'accorde d'ailleurs avec le caractère assigné à
chaque famille, et ne rompt aucun des rapports naturels? En effet, personne ne contestera que les Lathrobies ne se rapprochent plutôt des Staphylins proprement dits que des Pædères et des genres voisins.

Dans les travaux récens des Entomologistes, et en

particulier dans ceux de MM. Mannerrheim et Stephens, le nombre des genres établis aux dépens de celui des Staphylins est beaucoup trop élevé. Le premier de ces deux auteurs en admet quatorze, et le second en porte le nombre à vingt. Comme il est impossible d'assigner à ces genres des caractères suffisans pour les faire reconnaître, puisque le plus grand nombre renferme des insectes dont les rapports sont incontestables, nous indiquerons seulement ceux de ces genres qui correspondent aux sous-genres que nous admettons. Mais nous croyons devoir donner d'abord une idée des caractères à l'aide desquels les Entomologistes d'aujourd'hui parviennent ou croient parvenir à distinguer les genres qu'ils établissent. On verra, par la nature de ces caractères, ce que promet de devenir l'étude des insectes, si l'on poursuit long-temps encore la même marche, et l'on jugera si les résultats de tant de travaux doivent répondre dignement à la peine qu'ils auront donnée.

Prenons l'ouvrage de M. Stephens, qui est le plus récent et qui reproduit les travaux de M. Mannerrheim. M. Stephens partage les Staphyliniens en deux groupes, suivant qu'ils ont ou non les tarses antérieurs élargis. Dans le premier cas, le bout des antennes est terminé simplement en pointe, ou bien leur dernier article est ovale, entier et presque pointu. Les antennes sont ensuite considérées d'après la forme de leurs autres articles. Tantôt elles sont en scie *(Velleius)*, et tantôt en massue *(Creophilus);* tantôt elles sont filiformes. Alors les tarses sont pris de nouveau en considération, suivant qu'ils sont très larges dans les uns et médiocrement dans les autres, avec le

dernier article alongé. Parmi les espèces dont les tarses
sont très larges, les unes ont le corps velu *(Emus)*;
les autres sont plus ou moins pubescentes *(Staphylinus)*; d'autres enfin sont glabres. Ces dernières ont les
mandibules dentées au côté interne, ou simplement
arquées, grêles et dépourvues de dents. Quand les
mandibules sont dentées, les palpes peuvent être tronqués et élargis au bout, ou simplement filiformes. Les
palpes tronqués se présentent avec le corselet tout-
à-fait lisse *(Astrapæus)*, ou parsemé de points très
nombreux *(Tasgius)*. Les palpes filiformes, de leur
côté, appartiennent à des insectes dont le corselet est
tronqué et peu élargi en avant, très ponctué *(Gœrius)*,
ou presque tronqué, arrondi, lisse ou offrant seulement quelques points *(Quedius)*. Quelquefois aussi les
mandibules sont grêles et sans dents *(Ocypus)*. — Les
espèces qui ont les tarses médiocrement élargis sont
moins nombreuses. Elles ont tantôt les yeux médiocres
et le dernier article des palpes tronqué *(Philonthus)*
ou pointu *(Bisnius)*; tantôt leurs yeux sont grands
(Raphirus).

Viennent maintenant les espèces dont le dernier
article des antennes est ovale, entier, presque pointu.
Leurs palpes sont filiformes, et ceux des mâchoires
ont le dernier article ovale alongé *(Cafius)*, ou conique et pointu *(Othius)*, ou bien les palpes ont leur
dernier article petit et en alène, c'est-à-dire terminé
en pointe très fine. Dans ce cas, leur corselet est
alongé et couvert de points très serrés *(Lathrobium)*,
ou ovale et pourvu de points rares *(Achenium)*.

Le reste des Staphylins se compose d'espèces dont
les tarses sont étroits; elles sont d'ailleurs peu nom-

breuses. Tantôt leurs antennes sont droites, c'est-à-dire qu'elles ne forment point de coude après le premier article, et leurs palpes sont terminés par un article très petit *(Heterotops)*, ou conique et en alène *(Gabrius)*; tantôt leurs antennes sont coudées après le premier article. Les palpes se terminent alors, soit en un article ovale oblong *(Gyrohypnus)*, soit en un petit article en forme d'alène *(Ochtephilum)*.

On voit par ce résumé, qui n'est que la traduction littérale des caractères donnés par M. Stephens, que cet auteur a cru devoir se conformer aux idées des Entomologistes de son temps, et l'on peut dire presque de son pays. En effet, sur les vingt divisions qu'il admet comme genres, douze appartiennent à un même Naturaliste, le célèbre docteur Leach, et quatre au vénérable M. Kirby, le doyen des Entomologistes anglais. Il a fallu sans doute une grande persévérance, une sagacité peu commune, pour distinguer entre elles toutes ces subdivisions, et la clarté que le savant auteur des *Illustrations* a su jeter sur leurs différens caractères, le talent avec lequel il a su les subordonner les unes aux autres, ne méritent pas moins d'éloges. Cependant, il faut le dire, cet exemple n'est guère propre à encourager les Naturalistes qui voudraient obtenir un semblable succès; car en admettant l'exactitude des observations sur lesquelles reposent tous ces caractères, en ne tenant aucun compte du peu de valeur de la plupart d'entre eux, ce qui rend leur emploi extrêmement incertain, on peut avancer sans hésitation que dans un très grand nombre de cas ils ne répondent point au programme qu'on en a tracé. La même chose arrive dans tous les genres

nombreux, alors même qu'on emploie des caractères
fondés sur la forme des organes en apparence les
moins variables; à plus forte raison, quand on fait
dépendre les divisions que l'on appelle genres de la
forme rhomboïdale, rectangulaire ou trapezoïdale
d'un corselet et de la manière d'être de ce corselet,
qui tantôt nous offre une surface lisse, tantôt nous
présente une surface ponctuée ou rugueuse, et dont
souvent la surface n'a ni l'une ni l'autre de ces deux
manières d'être, mais tient le milieu entre elles. Ces
modifications ne sont autre chose que les indications
de divisions à faire dans les genres, pour y mieux
grouper les espèces, mais il y aurait de grands inconvéniens à les regarder comme des signalemens génériques, et la suite ne tardera pas à prouver combien
les Naturalistes resteront en arrière du but qu'ils se
proposent d'atteindre, s'ils continuent à marcher dans
la voie où ils s'avancent à grands pas. On ne s'éton-
nera donc point si nous ne tenons pas compte d'un
grand nombre des genres proposés aujourd'hui, et si
nous restons sous ce rapport en arrière des ouvrages
les plus récens. Le tableau suivant montre quels sont
les caractères à l'aide desquels nous nous proposons
de classer les Staphyliniens.

TABLEAU DE LA DIVISION DE LA FAMILLE DES STAPHYLINIENS,

EN GENRES ET EN SOUS-GENRES.

PALPES à dernier article
- élargi ou cylindroïde; antennes
  - écartées; dernier article des palpes
    - élargi
      - aux labiaux seulement .... ASTRAPÆUS.
      - aux labiaux et aux maxillaires .... OXYPORUS.
    - cylindroïde; antennes
      - larges (en palette alongée) .... HÆMATODES.
      - étroites
        - dentées .... VELLEIUS.
        - non dentées
          - filiformes .... STAPHYLINUS.
          - sétacées .... PLATYPROSOPUS.
  - rapprochées (coudées);
    - cylindroïdes (articles lâches) .... XANTHOLINUS.
    - en fuseau (articles serrés) .... STERCULIA.
- tout-à-fait pointu; antennes
  - rapprochées (coudées) .... CRYPTOBIUM.
  - écartées; dernier article des palpes
    - très petit .... LATHROBIUM.
    - aussi long que le précédent ... PITYOPHILUS.

GENRE STAPHYLIN.

STAPHYLINUS. Linné.

Le nom de ce genre d'insectes, quoiqu'il ait été employé long-temps avant Linné par les auteurs grecs et latins, est cependant attribué au savant Suédois, comme auteur de la nomenclature entomologique. En cela nous suivons l'exemple de tous les Naturalistes, qui font dater des travaux de ce grand homme l'ère des sciences naturelles. Mais nous bornons le nom de Staphylins aux seules espèces qui ont une échancrure profonde au milieu de leur *labre,* (*pl.* 3, *fig.* 3, *a*), et nous les partageons pour la facilité de l'étude en plusieurs divisions secondaires, qui portent le nom de sous-genres, et dont nous avons résumé dans le tableau précédent les principaux caractères. Ce sont :

1.° LES ASTRAPÉES. — *Astrapœus,* Grav.[1]

Qui ont la forme alongée de presque toutes les espèces de cette famille des Staphyliniens, et dont les *palpes* maxillaires et labiaux sont terminés par un article élargi (*pl.* 3, *fig.* 1, *b*). Ces insectes se distinguent très bien de ceux qui forment le sous-genre suivant par leurs *antennes* grêles et moniliformes. Tel est,

1. Etym. ἀϛραπαῖος, qui lance des éclairs. — Syn. *Staphylinus,* Rossi.

L'ASTRAPÉE DE L'ORME (Pl. 3, fig. 1.)

Astrapæus ulmi, Rossi [1].

C'est un insecte noir, avec les élytres et la moitié postérieure de l'avant-dernier anneau de l'abdomen rouges, ainsi que les palpes et le premier article des antennes. Il se trouve sous l'écorce des ormes aux environs de Paris, mais plus particulièrement encore dans le midi de la France. C'est un insecte rare. Sa longueur est de cinq lignes environ, et sa largeur d'un peu plus d'une ligne.

2.° LES OXYPORES. — *Oxyporus*, Fab. [2]

Qui ont les *palpes* maxillaires filiformes et le dernier des labiaux large et triangulaire. Ils se font surtout remarquer par la grosseur de leur tête et la forme de leurs *antennes* (*pl.* 3, *fig.* 2, *a*), dont la plupart des articles sont plus larges que longs, ce qui donne aux antennes la figure d'un fuseau. Tel est :

L'OXYPORE ROUX. (Pl. 3, fig. 2.)

Oxyporus rufus, Lin. [3]

Joli insecte en partie rouge et en partie noir, ayant la tête, la moitié postérieure des élytres, le bout du

---

1. *Staphylinus ulmi*, Fauna Etrusca, n.° 611, pl. 5, fig. 6.
2. Etym. ἐξύπορος, rapide. — Syn. *Staphylinus*, Linné, etc.
3. *Staphylinus rufus*, Fauna Suecica, n.° 844.

ventre et la poitrine de cette dernière couleur, ainsi
que l'origine des pattes; tandis que ses antennes, ses
palpes, son corselet, la base de ses élytres, la plus
grande partie de son ventre et de ses pattes, sont rouges
ou jaunâtres. Quelques points épars sur les élytres y
forment deux sortes de stries plus ou moins régulières.

On le trouve aux environs de Paris et dans une
grande partie de l'Europe. Sa longueur varie entre
trois et quatre lignes, et sa largeur entre une ligne
et une ligne et demie.

Observation. Une seconde espèce, *O. maxillosus,*
Fab., se distingue surtout de la première par son corselet noir. Sa taille est d'ailleurs un peu moindre, et
sa couleur plus pâle; ses élytres ne sont noires qu'à
l'extrémité et plutôt en dehors qu'en dedans; enfin,
le bout de son ventre n'offre pas une bande noire
bien complète.

Les Staphylins qui suivent n'ont plus les palpes
triangulaires à l'extrémité, et comme ils sont très nombreux, on les a divisés en un grand nombre de sous-
genres. Il en est parmi eux dont les *antennes* sont
écartées à leur origine et insérées derrière la naissance
des mandibules.

3.° LES HÉMATODES. — *Hœmatodes,* LAP.[1]

Fort reconnaissables à la structure de leurs *antennes,* qui sont conformées à peu près comme celles des
Oxypores, mais qui ont les articles encore plus larges
et plus serrés et dont l'ensemble constitue une espèce
de palette ovalaire (*pl.* 3, *fig.* 3, *a*). Ils ne renferment

---

1. Etym. αἱματόδης, sanglant.

qu'une belle espèce du Brésil, mi-partie de rouge et
de noir ; c'est l'Hématode bicolore, *Hæmatodes bico-
tor (pl.* 3, *fig.* 3). Lap. [1]

4.° les velléies. — *Velleius,* Leach [2].

Qui renferment un insecte fort rare , vivant comme
une sorte d'Ilote dans les nids de nos Guêpes-Frelons. C'est la velléie élargie, *Velleius dilatatus ,*
Fab. [3], qui se distingue par ses *antennes* dont les articles sont figurés en dents de scie.

5.° les staphylins proprement dits. — *Staphylinus* des
auteurs modernes [4].

Qui se reconnaîtront à la forme de leurs *antennes*
tantôt grossissant un peu vers le bout, et tantôt d'é-
gale grosseur partout, ou autrement filiformes, et dont
les articles sont tous ou en partie grenus. Nous avons
vu plus haut que l'on a considéré dans les Staphylins
la figure du dernier article des antennes, qui est tantôt
tronqué obliquement sur le côté *(Créophiles)* ou en
dessus ; dans ce dernier cas, les antennes ont six de
leurs articles courts et transversaux *(Emus)* ou égaux
entre eux (tout le reste des Staphylins) ; tantôt le

1. Etudes Entomologiques, pag. 113.
2. Etymologie incertaine. — Syn. *Staphylinus* des auteurs.
3. *Staphylinus dilatatus ,* Ent. Syst., t. II, pag. 522. — C'est probablement ici que doivent se placer les *Smilax* (Lap. Etud., pag. 116) que
nous ne connaissons pas.
4. Etym. indiquée. — Syn. *Creophilus ,* Mannerrheim, auxquels il faut
réunir les *Leistotrophus ,* Perty ou *Schizochilus ,* Gray (Anim. Kingd.);
Emus, Mannerrheim; *Gœrius, Ocypus, Tasgius, Quedius, Philonthus,
Raphirus, Bisnius, Gabrius,* Stephens ; *Cafius, Physetops,* Mannerrheim.

dernier article des antennes est dépourvu d'échancrure *(Cafius)*. Les espèces de Staphylins sont très
nombreuses et se rencontrent pour la plupart en Europe. Parmi celles qui se trouvent autour de Paris, on
distingue :

1. LE STAPHYLIN A GRANDES MACHOIRES.

Staphylinus maxillosus, LIN.[1]

C'est la seule espèce indigène de la division peu
nombreuse des Créophiles. Elle est noire, ornée d'une
bande de poils gris placée en travers des élytres, et
d'une autre bande de la même couleur, mais beaucoup
plus large, qui couvre presque tout le ventre en dessous et ses côtés seulement en dessus.

Cet insecte est un des plus répandus, et se trouve
particulièrement sous les cadavres d'animaux ; sa longueur est de six à huit lignes.

Observation. Parmi les espèces des environs de
Paris qui se rapportent à la division des Émus, on
remarque, 1.° le *S. hirtus*, *Lin.*, qui est beaucoup
plus répandu dans le midi de la France. Le dessus de son corps est d'une couleur de bronze obscur, avec la tête, le corselet et le bout du ventre
revêtus de poils d'un jaune brillant et les élytres ornées de quelques poils gris ; le dessous de son corps
est d'un beau violet, et ses pattes sont obscures : le
bout de son ventre est aussi revêtu de poils jaunes. Ce
bel insecte atteint un pouce de longueur.—2.° le *S. nebulosus*, Fab., insecte couvert de poils bruns et d'au-

1. Fauna Succica, n.° 841.

tres poils dorés, ayant l'origine des antennes et quelques parties des pattes de couleur rousse. Il est long d'environ six lignes.—3.° le *S. murinus*, Lin., voisin du précédent et nuancé comme lui de poils dorés sur un fond brun; il s'en distingue surtout par la couleur de ses pattes, qui sont entièrement noires, par la teinte bronzée plus obscure du dessus de son corps et par sa taille de quatre lignes seulement.—4.° le *S. pubescens* de Géer, plus voisin encore du *nebulosus*, et qui s'en distingue par les poils fauves dont sa tête est revêtue. — 5.° le *S. chrysocephalus*, Grav., qui se reconnaît aussi à la couleur de sa tête, qui est d'un jaune roux, tandis qu'elle est d'un jaune pâle dans l'espèce précédente. — 6.° le *S. chloropterus*, Grav., joli insecte fort rare, dont les élytres sont d'un vert tendre, et la tête et le corselet bronzés; ses pattes, ses antennes et son ventre sont presque entièrement roux. Il est moindre que tous les précédens.

Les autres espèces de Staphylins proprement dits peuvent se partager en deux groupes, suivant qu'elles ont le corselet entièrement ponctué et recouvert de poils, ou tout-à-fait lisse et luisant, ayant seulement quelques séries de points écartés. Parmi les espèces à corselet entièrement ponctué ou rugueux, on remarque :

2. LE STAPHYLIN A AILES ROUGES.

Staphylinus erythropterus, Lin.[1]

C'est un insecte noir qui a les pattes fauves, ainsi que l'origine des antennes, et quelquefois aussi les

1. Fauna Suecica, n.° 842.

antennes tout entières; ses élytres sont d'un roux fauve, et des poils jaunes dorés sont répandus çà et là sur son corps, particulièrement autour du corselet, sur la tête, la poitrine et le bord des anneaux de l'abdomen.

On trouve cet insecte dans toute l'Europe. Sa longueur est de six à huit lignes.

Autour de cette espèce viennent se grouper plusieurs Staphylins qui en diffèrent très peu; tels sont les *S. lutarius, stercorarius, castanopterus, fossor,* et quelques autres. Ils présentent tous un caractère commun dans la forme grenue des articles de leurs antennes. Le type d'un autre groupe est,

3. LE STAPHYLIN ODORANT. (Pl. 3, fig. 4.)

Staphylinus olens, FAB.[1]

Grand insecte noir très commun et très répandu, dont tout le corps est parsemé de points très nombreux et revêtu de poils noirs fort courts. Il exhale une odeur désagréable. (Voyez sa larve, *pl. 3, fig. 4, a.*)

On le trouve dans toute l'Europe et en Barbarie. Il atteint au moins un pouce de longueur.

Auprès du Staphylin odorant vient se placer,

4. LE STAPHYLIN BLEU.

Staphylinus cyaneus, PAYK[2].

Dont les antennes, comme celles des précédens, sont composées d'articles un peu moins grenus que

[1]. Ent. Syst., t. II, n.º 520.
[2]. Monogr. Staph. Succiæ, n.º 7.

celles du *S. erythropterus*, et qui se reconnaît à la couleur bleu obscur de sa tête, de son corselet et de ses élytres. Tout le reste de son corps est noir, velu et finement ponctué; les points qui couvrent la surface des parties colorées en bleu sont plus gros, et ces parties sont à peu près dépourvues de poils.

Cet insecte, moins répandu que le précédent, n'a guère que huit lignes de longueur.

Les espèces de Staphylins à corselet lisse ou n'ayant que des séries de points écartés, sont les plus nombreuses. Leurs antennes grossissent un peu vers le bout; leurs palpes sont plus grêles et plus alongés. Tel est :

5. LE STAPHYLIN A AILES BLEUES.

Staphylinus cyanipennis, FAB.[1]

Joli insecte dont les élytres, d'un bleu brillant, se détachent agréablement sur le fond noir du reste de son corps. Son abdomen présente des reflets irisés.

On le trouve plus rarement que les précédens. Sa longueur est d'environ six lignes.

6.° LES PLATYPROSOPES. — *Platyprosopus*, MANN.[2]

Ces insectes ne semblent différer des Staphylins proprement dits que par la forme sétacée de leurs *antennes*, qui sont plus minces à l'extrémité qu'à la

---

1. Ent. Syst., II, pag. 525.
2. Etym. πλατὺς, large; πρόσωπον, figure.—Type : *P. elongatus*, Mann. Précis de l'arrangement des Brachélytres, etc.

base. Ils ont d'ailleurs la tête et le corselet larges et peu distincts l'un de l'autre.

7.° LES XANTHOLINS. — *Xantholinus*, LATR.[1]

Ces Staphylins et ceux du sous-genre suivant ont les *antennes* rapprochées à leur naissance et situées au côté intérieur des mandibules. On les reconnaît à leur corselet alongé et quelquefois élargi en avant *(Eulisses)*; leurs *antennes* forment le coude à la suite de leur premier article, qui est beaucoup plus long que les autres, et se composent d'articles grenus ou coniques, ce qui les distingue du sous-genre suivant. Ils renferment une belle espèce exotique, qui est :

1. LE XANTHOLIN BLEU. (Pl. 3, fig. 5.)

Xantholinus chalybeus, MANN.[2]

Dont la couleur bleue ou verte offre des reflets métalliques, et dont le corps est tout-à-fait lisse; ses élytres et son ventre offrent seulement quelques points. Il a les cuisses rouges et les antennes noires.

On le trouve au Brésil. Sa longueur est d'environ huit lignes.

Les espèces indigènes du sous-genre Xantholin sont ordinairement rousses en tout ou en partie, ainsi que l'exprime le nom de ce sous-genre. Leur forme est assez étroite. Tel est :

1. Etym. ξανθός, roux. — Syn. *Eulissus*, *Gyrohypnus*, Mannerheim; *Othius*, Stephens; *Pœderus*, Fabricius; *Staphylinus* des auteurs.

2. *Eulissus chalybeus*, Précis de l'arrangement, etc., décrit et figuré à peu près en même temps par M. Perty, sous le nom de *Staphylinus saphyreus* (Delectus anim. articul., pag. 31, pl. 7, fig. 5).

2. LE XANTHOLIN BRILLANT.

Xantholinus fulgidus, FAB.[1]

C'est un insecte noir avec les élytres et les tarses d'un roux fauve. Les côtés de sa tête présentent quelques gros points. On distingue aussi deux séries longitudinales et régulières de points de chaque côté du corselet. Ses élytres sont parsemées de points plus petits. Son ventre est finement ponctué et légèrement bronzé.

On le trouve dans une grande partie de l'Europe et en particulier aux environs de Paris. Il a cinq ou six lignes de longueur.

8.° LES STERCULIES. — *Sterculia*, LAP.[2]

Ce sous-genre diffère du précédent par la figure en fuseau de ses *antennes*, dont les articles sont courts, larges et transversaux à partir du quatrième et dont le dernier est pyriforme. Il a d'ailleurs le corselet beaucoup plus étroit en avant qu'en arrière. Les espèces en sont peu nombreuses et propres à l'Amérique.

9.° LES CRYPTOBIES. — *Cryptobium*, MANN.[3]

On reconnaît ce sous-genre à la forme tout-à-fait pointue du dernier article de ses *palpes*, qui se termine en alène et qui rentre quelquefois dans le précédent, de manière à disparaître entièrement; mais

---

1. *Pæderus fulgidus*, Ent. Syst., t. II, pag. 537.

2. Etym. nom de la fable. — Syn. *Staphylinus*, Olivier. Type : *Staphylinus violaceus*, Oliv., Ent., t. III, n.° 42, pag. 8; *fulgens*, Fab., Ent. Syst., t. II, pag. 522. — Voyez de plus les Études Entom. de M. de Laporte.

3. Etym. χρύπτω, je cache; βίὸς, vie. — Syn. *Staphylinus*, Paykull; *Lathrobium*, Gyllenhall, etc.

dans ce cas même on est averti de sa présence par la grosseur de l'article qui le reçoit, et qui se termine en massue brusquement tronquée. Ce caractère est commun aux Cryptobies et au sous-genre suivant; mais dans celui-ci les antennes sont écartées à leur base de presque toute la largeur de la tête, tandis qu'elles se touchent presque à leur naissance dans les Cryptobies, où elles sont coudées après le premier article. Ces insectes ont la forme longue et étroite de la plupart des Xantholins. La seule espèce connue est,

LE CRYPTOBIE FRACTICORNE. (Pl. 3, fig. 6.)

Cryptobium fracticorne, PAYK. [1]

Petit insecte noir avec les pattes et les antennes rousses. Sa tête est couverte de points très serrés qui lui donnent un aspect rugueux; son corselet et ses élytres présentent des points plus écartés; son abdomen est très-finement ponctué.

On le trouve autour de Paris et dans une grande partie de l'Europe. Il a trois lignes de longueur.

10.° LES LATHROBIES. —*Lathrobium,* GRAV[2].

Outre l'éloignement des *antennes* à leur origine, ces insectes se distinguent des précédens par leur forme plus aplatie et par le peu de longueur du premier article de leurs antennes qui est très variable sous ce rapport dans les diverses espèces, mais après lequel les an-

---

1. Carab., pag. 135; Gyllenhall, Ins. Suec., t. II, pag. 369, et IV, 482.
2. Etym. λάθρα, secrètement; βίόω, je vis. — Syn. *Achenium,* Mannerrheim; *Ochtephilum, Heterotops,* Stephens; *Dolicaon,* Laporte.

tennes ne sont point coudées ou ne le paraissent que rarement. La forme de leur corps est quelquefois tout-à-fait plate, comme dans l'espèce suivante, dont on avait fait pour cette raison un genre particulier *(Achenium)*.

LE LATHROBIE APLATI. (Pl. 4, fig. 1.)

Lathrobium depressum, GRAV.[1]

C'est un insecte noir, ayant les pattes et les antennes d'un jaune roux. La base de ses élytres est noire et le reste est de la couleur des pattes et des antennes. Sa tête, son corselet et ses élytres sont finement ponctués; les points sont plus rapprochés et plus nombreux sur les élytres que sur les deux autres parties du corps.

On le trouve aux environs de Paris et surtout dans le midi de la France. Il a trois lignes de longueur.

11.° LES PITYOPHILES. — *Pityophilus,* BR.[2]

Ce sous-genre renferme quelques Lathrobies exotiques dont les palpes, en apparence terminés en alène, ont le dernier article aussi large et plus long que le

---

1. Monogr. Micropter., pag. 182.
2. Etym. πίτυς, υος, pin; φιλέω, j'aime.—*Pinophilus,* Gravenhorst (nom hybride et que nous avons dû changer).—Voyez, pour les espèces de Staphylins en général, outre les ouvrages généraux de Fabricius, Olivier, etc., les ouvrages spéciaux de MM. Gravenhorst (Microptera Brunswicensia et Monogr. Micropterorum); de M. Gyllenhall, Insecta Suecica; ainsi que les insectes du voyage de MM. Spix et Martius; les insectes de l'Amérique du Nord, décrits par Say; le Zoological Miscellany de M. Gray; le voyage de la corvette l'Astrolabe, les Actes de la Société royale des Sciences d'Upsal, t. VIII; les Insectorum species novæ de M. Germar, et enfin le Précis de l'arrangement des Brachélytres, par M. Mannerrheim.

précédent et tronqué ou coupé dans presque toute sa
longueur. On les confond ordinairement avec les Lathrobies, dont M. Gravenhorst paraît seul les avoir
autrefois distingués.

DEUXIÈME FAMILLE.

LES STÉNIENS.

Cette famille est moins nombreuse que la précédente, et se compose d'insectes en général d'assez petite taille, que la forme longue et étroite de leur
corps rend surtout remarquables. C'est à cause de
cette particularité que l'un des genres dont elle se
compose a reçu le nom de Stène. Nous ne reviendrons pas sur les caractères de cette famille que nous
avons présentés plus haut, mais nous ajouterons que
l'on distingue ordinairement les sexes par une petite
échancrure que présente en dessus l'avant-dernier
segment de l'abdomen dans le mâle; ce segment est
dépourvu d'échancrure dans la femelle.

Les espèces, que l'on désigne aujourd'hui sous le
nom plus spécial de Stène proprement dit, présentent
une particularité digne de remarque dans la structure
de leur lèvre inférieure, qui se prolonge au gré de
l'animal en une espèce de tube composé de deux
pièces distinctes, au bout duquel sont portés les palpes labiaux. On ignore à quoi peut leur servir l'extension que prend cet organe, et s'il a pour but de

leur permettre de pomper leur nourriture au fond du
calice des fleurs qui croissent sur le bord des eaux. Les
Stènes ne s'écartent guère du rivage des fleuves, ou
du bord des marais, et l'on présume qu'ils y font la
chasse aux très petits insectes. Il ne serait pas impossible que l'extension subite qu'ils peuvent faire prendre à leur lèvre leur permît de saisir leur proie et de
l'apporter à la bouche, comme il arrive aux larves
de Libellules, parmi les Névroptères. Mais toute supposition serait prématurée, et nous devons attendre que
l'observation directe nous révèle le secret de cette organisation. Olivier fut le premier qui la signala aux
Entomologistes, en donnant à l'espèce de Stène, sur
laquelle il l'avait observée le nom de *Muselier (Pro-
boscideus)* ; elle fut reconnue depuis par M. Gyllenhall
et par quelques autres Entomologistes. Dans ces dernières années un Naturaliste d'Orléans, M. le docteur
Thion, soumit à un examen tout particulier les différentes parties de la bouche des Stènes, et publia dans
le tome IV des *Annales de la Société Entomologique* le
résultat de ses observations. Cet Entomologiste n'a pas
reconnu la lèvre inférieure dans l'organe qu'il appelle
la trompe des Stènes ; et par une conséquence naturelle de sa manière de voir, il a donné aux palpes labiaux le nom de palpes *proboscidiens*. Mais, ne s'arrêtant pas à ces premières considérations, et ne se
bornant pas à signaler l'absence de la lèvre inférieure
chez les Stènes, M. Thion propose d'établir, sous le
nom de *Proboscidiens*, une nouvelle tribu d'insectes,
pour y renfermer toutes les espèces de Stènes. Il va
même jusqu'à douter qu'Olivier ait connu cette singulière organisation, parce que, dit-il, cet auteur

n'aurait pas pris un caractère de genre pour désigner une espèce. Or, tout en admirant la structure si curieuse de la bouche des Stènes, nous ne saurions y reconnaître un caractère de genre, vu l'impossibilité où se trouve le Naturaliste d'en constater la présence. Quelques espèces, dit-on, en sont privées, et cette circonstance les a fait séparer des autres sous le nom de *Dianoüs;* nous ne sommes pas d'avis qu'il faille admettre ce genre, à moins que d'autres caractères, tirés des organes extérieurs, ne viennent confirmer cette distinction. A plus forte raison, l'établissement d'une tribu particulière doit-il être rejeté. Comment, en effet, placer dans deux tribus différentes des insectes aussi voisins que les Stènes et les *Dianoüs,* que l'on peut tout au plus regarder comme deux genres distincts?

La famille des Sténiens ne renferme que deux genres qui se distinguent aisément l'une de l'autre par la position de leurs antennes. Dans le premier, ou celui des Pédères, ces organes sont situés au dessus des yeux et sur le bord extérieur de la tête, séparés entre eux par toute la largeur de la tête; dans le second, ou les Stènes, les antennes sont insérées au dedans des yeux, et la grosseur remarquable de ceux-ci rendant l'espace qui les sépare beaucoup plus étroit, les antennes se trouvent rapprochées. Elles sont d'ailleurs terminées en forme de petite massue ou de fuseau dans les Stènes, au lieu que, dans les Pédères, elles grossissent jusqu'à l'extrémité d'une manière insensible.

TABLEAU DE LA DIVISION DE LA FAMILLE DÉS STÉNIENS,

EN GENRES ET EN SOUS-GENRÉS.

PALPES maxillaires

- ayant deux longs articles; quatrième article des tarses
  - bifide............ PÆDERUS.
  - simple............ *STILICUS.*

- ayant trois longs articles; massue des antennes
  - peu marquée; quatrième article des tarses
    - simple............ STENUS.
    - bifide............ *DIANOUS.*
  - brusque............ *EVÆSTHETUS.*

GENRE PÉDÈRE.

PÆDERUS.

Les espèces de ce genre se distinguent très bien de celles du genre suivant par un caractère autre que celui des antennes; c'est la proportion différente des articles dont se composent les palpes maxillaires. Ces organes ont les deux articles intermédiaires alongés, tandis que les deux autres sont très courts; le premier se voit avec peine, le dernier est fort petit et caché presque entièrement dans le précédent (*pl. 4, fig. 2, a*). Nous verrons dans les Stènes une disposition différente. La forme du corps est assez variable chez les Pédères; elle est différente dans chacun des petits groupes que nous allons faire connaître comme autant de sous-genres distincts.

1.° LES PÉDÈRES proprement dits. — *Pæderus*, FAB.[1]

Ils se reconnaissent à la forme bifide ou fortement échancrée de l'avant–dernier article de leurs tarses (*pl. 4, fig. 2, b*), qui semble divisé en deux. Ces insectes ont tous le corselet globuleux. Tel est,

1. Etym. παιδέρως, vermillon. — Syn. *Pæderus*, *Medon*, Stephens.

LE PÉDÈRE DES RIVAGES. (Pl. 4, fig. 2.)

Pæderus littoralis, GRAV.[1]

Joli insecte rouge, ayant la tête noire, ainsi que le bout de l'abdomen et des cuisses, et les élytres bleues ; ses antennes sont brunes avec les deux extrémités roussâtres et ses élytres sont fortement ponctuées.

On le trouve en France et autour de Paris. Il a de deux à trois lignes de longueur.

Observation. Le *P. riparius,* Lin. , moindre d'un tiers que le précédent, n'en diffère que par la forme plus alongée de son corselet et par les points plus petits et plus nombreux qui couvrent ses élytres. — Le *P. ruficollis* a le corselet presque sphérique comme le *littoralis,* mais il est entièrement noir ou bronzé avec les élytres d'un beau bleu violet, couvertes de points nombreux. Sa taille est celle du *littoralis.*

2.° LES STILIQUES. — *Stilicus,* LAT.[2]

Ces insectes diffèrent des précédens par le dernier article de leurs *tarses,* qui est étroit et non bifide. Leur corselet n'a pas la figure globuleuse de celui des Pédères, ni leur corps la forme cylindroïde de ces mêmes insectes. Ils sont au contraire un peu plats et leur tête paraît fort grande, eu égard à leur corselet. Ils renferment eux-mêmes plusieurs petits groupes, qui sont :

1. Coléopt.-micropt., pag. 61.
2. Etym. incertaine. — Syn. *Rugilus, Sunius,* Stéphens; *Lithocaris, Astenus,* Lacordaire; *Tœnodema? Procirrus?* Laporte.

α. Les *Rugiles,* dont le corselet est en forme de fuseau. Tel est,

1. LE STILIQUE ORBICULAIRE. (Pl. 4, fig. 3.)

Stilicus orbiculatus, PAYK [1].

Insecte noir, avec les élytres bronzées dont le bord postérieur est roux, ainsi que les antennes et les pattes. La surface de sa tête et de son corselet offre des points très nombreux et tellement serrés, qu'elle en devient rugueuse; celle des élytres ne présente que des points épars.

On le trouve aux environs de Paris et dans le midi de la France. Sa longueur est de deux lignes et demie.

β. Les *Lithocares,* qui ont le corselet quadrangulaire. Tel est,

2. LE STILIQUE BICOLORE. (Pl. 4, fig. 4).

Stilicus bicolor, GRAV.[2]

Petit insecte mi-parti de noir et de roux, dont la tête et le ventre sont noirs ou d'un brun très foncé, tandis que le reste de son corps est roux avec les pattes plus claires.

Il se trouve également autour de Paris et n'a qu'une ligne et demie de longueur.

γ. Les *Astènes,* qui ont le corselet ovalaire et le corps plat et alongé. Tel est,

---

1. Monogr. Staphyl., n.º 26.
2. Coleopt. micropt., pag. 59.

3. LE STILIQUE ALONGÉ. (Pl. 4, fig. 5.)

Stilicus procerus, LACORD.[1]

C'est un insecte tout noir, à l'exception des pattes, des antennes et du bord postérieur des élytres, qui sont d'un jaune roux. Sa tête, son corselet et ses élytres sont rugueux ou couverts de points très serrés.

Il se trouve autour de Paris. Sa longueur est de deux lignes et demie et sa largeur d'un quart de ligne environ.

GENRE STÈNE.

STENUS.

Les Stènes sont de petits insectes de couleur généralement obscure et qui se font remarquer par la grosseur et la saillie de leurs yeux, par la forme renflée des côtés de leur corselet et par les points nombreux qui couvrent la surface de leur corps. Ces insectes ont quelques rapports avec certaines espèces de la tribu des Carabiques, tels que les Elaphres et quelques Bembidions. Ce qui les distingue surtout des Pédères, c'est la longueur de leurs palpes, dont le dernier article est

[1]. Faune des environs de Paris, t. I, pag. 436. — Voyez, pour les Pédères en général, les ouvrages de MM. Curtis et Stéphens, sur les insectes d'Angleterre, le volume de M. Lacordaire sur ceux des environs de Paris, et, de plus, les Insectorum Species novæ de M. Germar, et le Delectus anim. articul. de M. Perty.

plus long ou aussi long que le précédent, et revêtu
de poils nombreux. Ce dernier article est renflé en manière de fuseau et les différens auteurs qui ont parlé
des Stènes semblent l'avoir pris pour l'avant-dernier,
supposant qu'il recevait le dernier, beaucoup plus
petit que lui, comme cela se voit chez les Stènes.
Rien n'est donc plus facile que de distiguer un Stène
d'un Pédère à l'examen des longs palpes maxillaires de
l'un et de l'autre ; dans le premier, on apercevra trois
articles, et dans le second deux seulement. Dans chacun des deux genres, le premier article est fort court,
et ne se voit guère que lorsqu'on détache les palpes
avec soin et qu'on les sépare de la tête.

On peut diviser les Stènes en deux sous-genres, qui
sont,

1.° LES STÈNES proprement dits. — *Stenus.* LATR.[1]

Ces insectes diffèrent des suivans par l'absence des
deux petits filets terminaux de l'abdomen, qui sont
ordinaires aux Brachélytres, mais qui paraissent man-
quer dans les Stènes proprement dits. Ils ont la massue de leurs *antennes* formée par les cinq derniers
articles, qui grossissent peu à peu vers le bout ;
mais ils se distinguent surtout par leurs tarses étroits.
Tel est,

LE STÈNE A DEUX GOUTTELETTES. (Pl. 4, fig. 6.)

Stenus biguttatus. LIN.[2]

Petit insecte d'un vert bronzé très obscur, et re-

1. Etym. στενός, étroit.
2. Fauna. Suecica, n.° 851.

marquable par une petite tache rousse sur le milieu de chaque élytre.

Il se trouve aux environs de Paris, et n'a que deux lignes et demie de longueur, bien que ce soit une des plus grandes espèces de ce genre.

2.° LES DIAONOÉS. — *Dianoüs.* STEPHENS.[1]

Ils diffèrent des Stènes proprement dits par la forme bifide de l'avant-dernier article de leurs *tarses*, ou au moins des deux antérieurs, et par la présence de deux filets au bout de l'abdomen. Ils ont en outre le corps plus large, plus court que les Stènes; leurs yeux sont plus saillans et leur abdomen est plus court.

3.° LES EVÆSTHÈTES. — *Evæsthetus.* GRAV.[2]

Ils paraissent se distinguer des Stènes et des Diaonoés par l'insertion de leurs antennes, situées à une certaine distance des yeux, tandis que, dans les Stènes, elles en sont très rapprochées; mais surtout par la forme des trois derniers articles des antennes, qui sont très grands et très élargis; enfin leurs yeux sont petits et peu saillans. Ce sous-genre ne renferme qu'une ou deux espèces.

1. Etym. inconnue. — Type : *Stenus cærulescens*, Gyll., Insecta Suecica, t. II, pag. 463.

2. Etym. εὐαίσθητος, vif. — Syn. *Eristhetus*, Mannerheim. Voyez, pour les Stènes en général, une Monographie de ce genre par Ljungh, dans les Archives d'histoire naturelle de Weber et Mohr (Leipsick), t. I; un Supplément du même auteur, à la Monographie des Stènes, dans le t. II des Mémoires sur l'hist. naturelle, par Weber; et enfin les Insectorum Species novæ de M. Germar.

TROISIÈME FAMILLE.

LES OXYTÉLIENS.

Le nom de cette famille rappelle une particularité constante de la structure des insectes qui la composent ; c'est-à-dire que le bout de leur abdomen se termine toujours en pointe, le dernier segment ventral étant en forme de cône plus ou moins surbaissé. Outre la disposition générale de cette partie de leur corps, les Oxytèles en offrent une autre presque aussi variable, dans la présence d'une rangée plus ou moins nombreuse d'épines sur le côté extérieur de leurs jambes. Ces épines, qui sont plus ou moins fortes à proportion de la grosseur de l'insecte, lui servent à creuser la terre. Les Oxytèles vivent dans le voisinage des eaux comme les Pédères et les Stènes, et s'y creusent des galeries dans lesquelles ils se cachent pendant le jour, et dans lesquelles sans doute ils déposent aussi leurs œufs. On trouve cependant des Oxytèles dans d'autres endroits que les bords des marais ou des fleuves ; plusieurs vivent de préférence sous l'écorce des arbres, ce que la forme aplatie de leur corps laisserait aisément deviner, si on ne les y avait pas rencontrés souvent ; tandis que les espèces qui se creusent un abri dans la terre ont le corps long, cylindrique, et par conséquent très propre à perforer. Quelques-unes ont les mandibules très développées et surmontées de dents ou d'éminences très épaisses; d'autres présentent sur la tête et sur le corselet des cornes de longueur très variable, qui, dans le genre des *Piestes*, se voient dans l'un et l'autre sexe, tandis que dans les Oxytèles, elles semblent être, comme dans la plupart des insectes, l'attribut exclusif des mâles. Les femelles d'un grand nombre d'espèces ont la tête plus petite que les mâles, comme cela se voit fréquemment dans la famille des Staphyliniens.

La famille des Oxytéliens ne renferme que deux genres, les *Piestes* et les *Oxytèles*. Dans le premier, viennent se placer la plupart des espèces exotiques, remarquables par leur grosseur, et que l'on peut reconnaître au nombre des articles de leurs tarses, qui est de cinq, ou au moins de quatre; le second, au contraire, se compose de presque tous les Oxytèles indigènes, dont les plus grands n'ont que trois ou quatre lignes, et qui n'offrent, dans aucun cas, plus de trois articles aux tarses. Chacun de ces genres se subdivise en quelques sous-genres peu nombreux, comme l'indique le tableau suivant :

TABLEAU DE LA DIVISION DE LA FAMILLE DES OXYTÉLIENS,

EN GENRES ET EN SOUS-GENRES.

TARSES

de quatre ou cinq articles; antennes
- coudées (tête fort grosse)............... OSORIUS.
- très épaisses à l'extrémité...... LEPTOCHIRUS.

droites; mandibules
- filiformes............... PROGNATHA.

minces; antennes
- moniliformes, grossissant

peu à peu................ PIESTUS.

brusquement.................. COPROPHILUS.

de trois articles seulement................. OXYTELUS.

GENRE PIESTE.

PIESTUS.

Nous donnons à ce genre plus d'extension que n'a voulu lui en donner M. Gravenhorst, qui l'a établi pour y renfermer quelques espèces à corps très déprimé; notre sous-genre des Piestes proprement dits y correspond plus exactement. Nous comprenons sous ce nom générique tous les Oxytéliens dont les *tarses* ont quatre ou cinq articles bien distincts. Il s'en faut qu'ils soient aussi nombreux que les espèces du genre Oxytèle, mais ils se laissent mieux partager que ces derniers en plusieurs sous-genres, qui sont,

1.º LES OSORIES. — *Osorius*. LATR. [1]

Ils se distinguent de tous les suivans par leurs *antennes*, qui se coudent à partir du deuxième article, et qui grossissent peu à peu jusqu'à l'extrémité; elles sont presque moniliformes, et remarquables par leur peu d'épaisseur (*pl. 5, fig. 1, a*). Ce sous-genre se reconnaît aisément à sa lèvre supérieure distincte, à sa tête volumineuse et plus grosse que le corselet, et à sa forme tout-à-fait cylindrique. Tel est,

L'OSORIE DU BRÉSIL. (Pl. 5, fig. 1.)

Osorius Brasiliensis. GUÉR. [2]

Qui se reconnaît surtout à la dent forte, mais obtuse

---

1. Etymologie incertaine.
2. Icon. du Règne anim., Insectes, pl. 9, fig. 11.

que présente le bord antérieur de sa tête, et à ses jambes antérieures dépourvues d'échancrure à l'extrémité. Il est noir, comme toutes les espèces connues, avec les antennes et les pattes d'un roux fauve.

Cet insecte se trouve au Brésil ; sa longueur est d'environ cinq lignes.

2.° LES LEPTOCHIRES. — *Leptochirus.* GERM.[1]

Ces insectes tiennent des précédens par la forme cylindrique de leur abdomen, et des suivans par la forme aplatie du reste de leur corps. Ils se distinguent des Osories par leurs *antennes* sétacées, distinctement moniliformes (*pl.* 5, *fig.* 2, *a*), et nullement coudées. Ils s'éloignent des Piestes proprement dits par leur tête, plus petite que le corselet, supportant des mandibules très épaisses à l'extrémité (*fig.* 2, *b*), où elles présentent plusieurs dents, placées sur une même ligne verticale. Tel est,

LE LEPTOCHIRE CORIACE. (Pl. 5, fig. 2.)

Leptochirus coriaceus. GERM.[2]

Insecte entièrement noir, très lisse, avec les tarses seuls d'un roux fauve.

Il se trouve au Brésil et au Mexique. Sa longueur est de près d'un pouce.

---

1. Étym. λεπτός, étroit; χείρ, main. — Syn.? *Zirophorus*, Dalmann. (Il est douteux que ce genre corresponde à celui de M. Germar.)
2. Insect. Spec. novæ, pag. 35, pl. 1, fig. 1.

3.° LES PIESTES proprement dits. — *Piestus*. GRAV.[1]

Ils se font remarquer par leur forme tout-à-fait plate, ce que leur nom indique fort bien. Les Piestes s'éloignent par là des deux sous-genres précédens. Ils ont les *antennes* moniliformes, et grossissant quelquefois vers l'extrémité, ce qui les rapproche des Osories; mais elles ne sont pas coudées comme dans ces derniers insectes. Leur tête, plus grande que le corselet, donne aux Piestes un aspect à part, et leurs mandibules arquées, dépourvues de toute saillie ou éminence, empêcheront de les prendre pour des Leptochires, dont l'abdomen est d'ailleurs cylindrique. Ce groupe renferme quelques espèces exotiques.

4.° LES PROGNATHES. — *Prognatha*. LATR.[2]

On désigne plus particulièrement sous ce nom de petits insectes voisins des Piestes, dont la tête n'est pas plus grande que le corselet, mais qui ont les *antennes* filiformes. Ils ne se distinguent guère des Leptochires, dont ils ont la forme alongée, que par leur ventre plat, leur corselet, qui n'est pas resserré en arrière, et leurs mandibules sans saillie verticale. Ce sont, avec les suivans, les seuls insectes indigènes

1. Etym. πιεστός, pressé. — Syn. *Zirophorus*, Dalmann (d'après M. de Laporte, Etudes Entom.); *Trichocoryna*, Gray; *Eleusis, Ino, Chasolium*, Laporte.

2. Etym. πρό, au-devant; γνάθος, mâchoire.—Syn. *Siagonium*, Kirby. (Ce dernier nom existe déjà dans la tribu des Carabiques.) Voyez au sujet de ce sous-genre le t. X des Annales des Sciences naturelles.

du genre des Piestes; ils se composent d'une ou de deux espèces, qui vivent sous les écorces des arbres, et sont généralement assez rares.

5.° LES COPROPHILES. — *Coprophilus.* LATR. [1]

Ce sont des insectes assez voisins des précédens par la forme de leur corps, mais que leurs *mandibules* simplement arquées, dépourvues de dents, et leurs *antennes* moniliformes, permettent d'en séparer. Les cinq ou six derniers articles de leurs antennes sont plus gros que les autres. Ils se composent d'une seule espèce indigène à l'Europe.

GENRE OXYTÈLE.

OXYTELUS. GRAVENHORST. [2]

Nous avons déjà dit que les insectes de ce genre étaient beaucoup plus nombreux que ceux du genre précédent, et que la plupart étaient propres à l'Eu-

1. Etym. κόπρος, fumier; φιλέω, j'aime.—Syn. *Omalium*, Gravenhorst. Voyez, pour les Piestes en général, un mémoire de Latreille, sur la famille des Denticrures, inséré dans les mémoires du Muséum d'histoire naturelle, et un autre mémoire de M. Westerood, dans le t. III du Zoological journal. (Ce dernier renferme la description de la larve de quelques Brachélytres (Oxytèles, *Aléochares* et la description d'une nouvelle espèce d'Oxytèle). Voyez aussi les Etudes Entomologiques de M. de Laporte; le Delectus Anim. articul. de M. Perty, les Analecta Entomologica de M. Dalmann, et l'édition anglaise du Règne animal de Cuvier.

2. Etym. ὀξύς, pointu; τέλος, fin.—Syn. *Bledius, Platystethus, Trogophlœus,* Mannerheim; *Hesperophilus, Aploderus, Carpalinus,* Stephens.

rope ; nous avons dit également que leur caractère le plus saillant était de n'avoir à leurs tarses que trois articles distincts. Il faut ajouter à ce caractère la forme du dernier article de leurs *palpes,* qui est très petit et tout-à-fait pointu, comme nous l'avons déjà vu dans les Lathrobies et dans les Pédères. On pourrait, au premier aperçu, partager les Oxytèles en deux sous-genres, dont l'un aurait les antennes coudées après le dernier article (*Bledius*), tandis que l'autre aurait les antennes droites (*Oxytelus* vrais). Dans le premier de ces deux groupes, le corps est cylindroïde ; dans le second, au contraire, il est aplati. Mais ces caractères disparaissent dans la série des espèces, sans que l'on sache quelle limite on doit leur assigner ; nous avons donc cru plus convenable de renoncer à ces deux sous-genres, que nous regarderons comme de simples subdivisions.

α. Les *Blédies* se composent d'espèces généralement plus grandes que les autres, de forme cylindrique, dont les jambes sont entières, c'est-à-dire sans échancrure, et garnies dans toute leur longueur de petites épines disposées à peu près comme les dents d'un peigne. Tel est,

1. L'OXYTÈLE A TROIS CORNES. (Pl. 5, fig. 3.)

Oxytelus tricornis. PAYK.[1]

Insecte très variable, tant par ses couleurs que par le développement des cornes de sa tête et de son corselet ; tantôt il est noir, comme le représente la figure

1. Monogr. Staphyl. Sueciæ, n.° 37.

indiquée, avec les antennes et une partie des pattes d'un roux foncé, tantôt il a les élytres entièrement rouges, excepté vers l'écusson, où elles sont de la couleur du reste du corps. La tête des mâles est surmontée de deux cornes, dont la longueur est très variable, et le devant de leur corselet se prolonge en une troisième corne à peu près aussi grande que la tête (*pl.* 5, *fig.* 3, *a*).

Il se trouve dans toute l'Europe, et fréquente ordinairement le bord des eaux. Sa longueur est de trois à quatre lignes.

β. Les *Oxytèles* vrais ne se reconnaissent guère qu'à leur forme aplatie. On les a divisés en plusieurs genres, suivant que leurs jambes sont échancrées au bout et dentées (*Platystèthes*), ou suivant que les jambes antérieures seulement sont dentées (*Oxytèles*); il est enfin des espèces dont toutes les jambes sont dépourvues de dentelures (*Trogophlées*). Une des espèces les plus répandues est,

2. L'OXYTÈLE BRUN. (Pl. 5, fig. 4.)

Oxytelus piceus. LIN.[1]

Insecte entièrement noir, avec les pattes et l'origine des antennes d'un roux obscur. Il a la tête, le corselet et les élytres entièrement rugueux, ou couverts de points très serrés. Son corselet offre en outre cinq dépressions bien marquées dans toute sa longueur.

1. Syst. nat., t. II, pag. 686. — Voyez, pour le genre Oxytèle, le mémoire déjà cité de Latreille; le précis de l'arrangement des Brachélytres de M. Mannerheim, et la Faune des environs de Paris par MM. Boisduval et Lacordaire.

Il se trouve dans toute l'Europe, et n'a guère plus de deux lignes et demie de longueur.

QUATRIÈME FAMILLE.

LES OMALIENS.

Ici viennent se placer des insectes à corps très déprimé, qui ont dans l'insertion de leurs antennes un caractère commun avec ceux de la famille des Oxytéliens ; c'est-à-dire que les antennes prennent toujours naissance sous une petite saillie ou rebord de la tête. Ce caractère distingue ces deux familles de tout le reste des Brachélytres. Nous avons d'ailleurs présenté plus haut les différences qui les font reconnaître l'une de l'autre ; nous ne reviendrons donc pas sur ce sujet.

Quelques Omaliens se font aussi remarquer parmi tous les insectes de la tribu des Brachélytres par la longueur de leurs élytres, qui est quelquefois à très peu de chose près celle du ventre même.. Dans quelques espèces, les antennes grossisent aussi vers le bout, d'une manière assez sensible pour leur donner une grande ressemblance avec les Nitidules, insectes de la tribu des Clavicornes. Cependant il est très facile de distinguer un Omalien d'avec une Nitidule, car dans celle-ci la massue de l'antenne est brusque, et formée par les trois derniers articles, qui ont la forme d'un disque; dans celui-là, au contraire, l'antenne est moniliforme et grossit peu à peu jusqu'au bout. Cette distinction nous fait renvoyer à la famille des Nitiduliens deux genres des auteurs que l'on a rapportés à celle des Omaliens.[1]

La forme des Omaliens leur permet de se réfugier sous les pierres et sous les écorces des arbres, où on les rencontre le plus ordinairement. Cependant on les trouve aussi dans les fleurs, occupés sans doute à chercher leur proie. Les débris de végétaux, les feuilles sèches, en cachent souvent quelques espèces; d'autres habitent dans le tissu des champignons. Cette famille est peu nombreuse en espèces, et la plupart sont propres à l'Europe. Elle se divise en deux genres, d'après la forme du dernier article de ses palpes, et le premier de ces genres se partage lui-même en deux sous-genres, comme l'indique le tableau suivant :

TABLEAU

DE LA DIVISION DE LA FAMILLE DES OMALIENS,

EN GENRES ET EN SOUS-GENRES.

PALPES à dernier article	cylindroïde; antennes	filiformes...............	*LESTEVA.*
		plus grosses vers le bout..	OMALIUM.
	très mince et tout-à-fait pointu........		PROTINUS.

1. Ce sont les genres *Micropeplus*, Latreille, et *Cillæus*, Laporte. Le premier se distingue de tous les Nitiduliens connus, par ses palpes ter-

GENRE **OMALIE.**

OMALIUM.

Ce genre en renferme plusieurs autres que les auteurs ont établis récemment, mais ils ont tous un caractère commun dans la forme cylindroïde de leurs *palpes.* Leur distinction n'étant fondée que sur la différence de longueur des élytres dans les diverses espèces, ou sur quelques données d'aussi peu d'importance, nous les rapportons à l'un ou à l'autre des deux sous-genres qui suivent :

1.° LES LESTÈVES. — *Lesteva.* LATR. [1]

Qui se reconnaissent à leurs *antennes,* dont tous les articles sont en forme de toupie ou de poire , et dont la grosseur est à peu prè la même dans toute la longueur de ces organes (*pl.* 5, *fig.* 5, *a*). Tantôt ces insectes ont le corselet en forme de cœur tronqué, et plus étroit en arrière que les élytres , comme dans les espèces suivantes :

minés en pointe ou en alène, et peut se placer entre les Catérètes et les Thymales, à cause de ses tarses simples; le dernier ne paraît différer des Nitidules que par la longueur de son abdomen, et nous ne l'en distinguerons pas.—Voyez, pour les *Micropèples* le *Genera Crustaceorum,* etc., de Latreille, et pour les *Cillées,* les Etudes Entomologiques de M. de Laporte.

1. Etym. incertaine.—Syn. *Antherophagus,* Gravenhorst; *Staphylinus* Paykull, etc.

1. LA LESTÈVE BICOLORE. (Pl. 5, fig. 5.)

Lesteva dichroa. GRAV.[1]

Cet insecte est d'un roux vif, avec la tête et le corselet noirs. La surface de son corselet et de ses élytres est parsemée de petits points enfoncés.

On le trouve en France et dans presque toute l'Europe. Il a environ trois lignes de longueur.

2. LA LESTÈVE OBSCURE. (Pl. 5, fig. 6.)

Lesteva obscura. PAYK.[2]

Le nom que porte cette espèce lui convient parfaitement. Tout son corps est, en effet, d'un brun obscur, excepté les pattes et les antennes, qui sont d'un
roux foncé ; la surface de sa tête, de son corselet et de
ses élytres est parsemée de petits points très serrés.
Cette espèce peut servir de type à toutes celles du
même sous-genre, dont les élytres couvrent les deux
tiers du ventre.

Elle n'est pas rare autour de Paris, et sa longueur
ordinaire est d'une ligne et demie.

Tantôt le corselet n'est pas en forme de cœur tronqué, et sa largeur est à peu près égale à celle des élytres.
Les espèces qui offrent ce caractère se rapprochent
du sous-genre suivant, dont elles ne se distinguent que
par la structure de leurs antennes.

1. Coléopt. micropt., pag. 188.
2. Fauna Suecica, t. III, pag. 388.

2.° LES OMALIES prop. dites. — *Omalium.* GRAV.[1]

Ce sous-genre peut se reconnaître à la forme de ses antennes, dont les cinq derniers articles environ sont plus larges ou plus gros que les autres, et constituent une sorte de massue assez lâche (division *α*, *pl.* 6, *fig.* 1, *a*), ou donnent aux antennes à peu près la figure d'un fuseau (divisions β et γ; *pl.* 6, *fig.* 2, *a* et 3, *a*). Les insectes qui se placent ici diffèrent d'ailleurs de ceux du groupe précédent par leur corselet, dont la largeur égale presque celle des élytres, et qui n'a pas la forme d'un cœur. On a subdivisé les Omalies d'après les différences que présente la largeur de leurs élytres. Telles sont :

α. Les *Anthobies,* dont les élytres ne couvrent guère que la moitié de l'abdomen. Elles ont pour type :

1. L'OMALIE DES RUISSEAUX. (Pl. 6, fig. 1.)

Omalium rivulare. GYLL.[2]

Petit insecte noir ou d'un brun très obscur, avec les pattes et l'origine des antennes d'un jaune roux. Il a les élytres brunes, avec l'angle extérieur de leur base jaunâtre; sa tête présente des points et deux impressions qui s'étendent sur toute sa longueur. Son corselet est ponctué, avec quatre impressions ou sil-

1. Etym. ἱμαλὶς, plan. — Syn. *Anthobium, Acidota,* Mannerheim; *Syntomium,* Curtis; *Megarthrus, Coryphium,* Stephens; *Elonium,* Duncan et Wilson; *Staphylinus,* Paykull, etc.
2. Monogr. Staphyl. Sueciæ, n.° 46.

lons longitudinaux. Ses élytres ont le long de leur suture une sorte de strie, et sont également pointillées.

Il se trouve au long des ruisseaux, dans la plus grande partie de l'Europe, et n'a guère plus d'une ligne et demie de longueur.

β. Les *Omalies* vraies, dont les élytres couvrent les deux tiers du ventre. Elles ont pour type :

2. L'OMALIE JAUNATRE. (Pl. 6, fig. 2.)

Omalium testaceum. GRAV.[1]

Qui est jaune, avec la poitrine et le ventre d'un brun foncé. Elle est couverte de points épars. Ses pattes sont d'un jaune rougeâtre.

On la rencontre comme la précédente. Elle n'a qu'une ligne ou un peu plus de longueur.

γ. Les *Acidotes*, où les élytres s'étendent jusqu'au bout de l'abdomen. Elles ont pour type :

3. L'OMALIE CRÉNELÉE. (Pl. 6, fig. 3.)

Omalium crenatum. FAB.[2]

Insecte d'un brun rougeâtre, avec la plus grande partie des antennes noires, et le corselet à peu près aussi large en avant qu'en arrière. Son corselet, et surtout ses élytres, sont pointillés.

On le trouve dans le nord de l'Europe. Sa longueur est d'une ligne et demie.

1. Monogr. Coléopt. microp., pag. 218.
2. Ent. Syst., t. II, pag. 525. — Voyez, pour les autres espèces d'Omalies, le Précis de M. Mannerheim, la Faune Entomologique de M. Lacordaire, les ouvrages de MM. Stephens et Curtis, et le tome IV du Magasin de M. Germar.

GENRE PROTINE.

PROTINUS. LATREILLE[1].

Ce genre, moins nombreux encore que le précédent, se compose de petits Omaliens, dont les *palpes* sont terminés par un article court et pointu. Leurs *antennes* grossissent vers le bout d'une manière assez sensible, et se font surtout remarquer par la grosseur de leurs deux premiers articles (*pl.* 6, *fig.* 4, *a*), ce qui leur donne de grands rapports avec les Nitidules. On a partagé les Protines en deux genres, que nous citerons comme divisions; ce sont :

α. Les *Phlœobies*, qui ont le corselet plus large que la tête et relevé de chaque côté, ce qui leur donne l'aspect d'une Nitidule, comme l'indique le nom de l'espèce qui leur sert de type.

1. LE PROTINE NITIDULIFORME. (Pl. 6, fig. 4.)

Protinus nitiduloides. LACORD.[2]

C'est un insecte d'un roux obscur, avec la tête noire, relevée au milieu, déprimée de chaque côté, et ponctuée, ainsi que le corselet et les élytres. Son corselet offre au milieu de son disque un sillon

---

1. Etym. προτείνω, tendre en avant. — Syn. *Phlœobium*, Lacordaire; *Dermestes*, Fabricius.
2. Faune Entomologique des environs de Paris, t. I, pag. 493.

longitudinal et profond ; ses côtés sont un peu sinueux et son bord antérieur est échancré. La longueur de ses élytres est presque double de celle de
son corselet.

On le trouve autour de Paris. Il n'a guère qu'une
ligne de longueur.

β. Les *Protines* vrais, qui ont le corselet un peu
plus étroit en avant qu'en arrière, et dont les bords
ne sont pas relevés. Tel est,

2. LE PROTINE A AILES COURTES.

Protinus brachypterus. FAB. [1]

Qui est noir, avec les élytres et les antennes brunes,
et les pattes d'un jaune roux ; sa tête, son corselet et
ses élytres sont pointillés.

Il vit aux environs de Paris et dans toute la France.
Sa longueur est d'un peu moins d'une ligne.

CINQUIÈME FAMILLE.

LES TACHINIENS.

Cette famille, à laquelle on peut donner aussi le
nom de *Tachyporiens,* de l'un des deux genres qui

---

1. Ent. Syst. t. I, pag. 235. — Voyez, pour une troisième espèce, le
Précis de M. Mannerrheim. Nous ne connaissons pas les genres *Phlœocha-
ris* et *Tænosoma* de M. Mannerrheim, dont l'un a les quatre tarses de devant longs et velus en dessous, et l'autre le dernier article des palpes
maxillaires élargi et le même article des palpes labiaux terminé en alène.

la composent, renferme un petit nombre d'insectes, que l'on peut reconnaître à leur forme ovalaire, plus étroite en arrière qu'en avant, et à leurs pattes garnies d'épines. Nous avons présenté plus haut les autres caractères qui la distinguent. Ces insectes n'offrent rien dans leurs habitudes qui mérite d'être remarqué. Nous allons faire connaître les caractères des deux genres qu'elle renferme, et qui ne diffèrent l'un de l'autre que par la forme de leurs palpes.

GENRE TACHINE.

TACHINUS. GRAVENHORST[1].

Ce genre renferme toutes les espèces dont les *palpes* sont filiformes. On les a réparties en plusieurs groupes, qui ne sont que des divisions. Tels sont :

a. Les *Tachnines* vrais, qui sont plus larges en avant qu'en arrière ; ils ont pour type,

1. LE TACHINE HUMÉRAL. (Pl. 6, fig. 5.)

Tachinus humeralis. GRAV.[2]

Une des plus grandes espèces de ce genre. Sa couleur est noire. Ses élytres sont brunes, et marquées à leur base et au côté extérieur d'une tache plus claire

---

1 Etym. ταχυνὸς, prompt. — Syn. *Bolitobius*, Mannerheim; *Bryocharis*, Lacordaire ; *Megacronus*, Stephens; *Oxyporus*, Fabricius.
2. Coléopt. micropt., pag. 136.

et plus ou moins étendue, qui occupe quelquefois toute leur surface. Ses pattes, l'origine de ses antennes, les bords de son corselet, principalement sur les côtés, sont de la même couleur que la tache humérale, c'est-à-dire d'un roux obscur. L'insecte est finement pointillé.

On le trouve dans la plus grande partie de l'Europe. Il est long de trois lignes.

Observation. On s'accorde généralement à distinguer de l'espèce précédente le *T. bipustulatus*, Lin., qui n'en diffère que par sa taille, moindre d'un tiers. L'une et l'autre espèce varient beaucoup par les couleurs de leurs élytres, dont la tache s'étend plus ou moins, et par celles des antennes, qui sont quelquefois noires dans toute leur longueur.—Le *T. subterraneus*, Lin., est plus facile à reconnaître, à cause de la couleur de ses élytres, qui est d'un roux fauve, avec une large bordure noire le long de leur suture et en arrière. Son corselet est roux sur les côtés seulement ; ses pattes ont cette même couleur, et tout le reste de son corps est noir.

β. Les *Bryochares*, dont la forme est aussi étroite en avant qu'en arrière, et dont les tarses sont très longs dans les mâles. Tel est,

LE TACHINE ANAL.

Tachinus analis. FAB.[1]

Joli insecte noir, avec les élytres et le bout de l'abdomen d'un roux vif, les pattes et les deux extrémités des antennes d'un roux un peu plus clair. Sa tête, son

---

1. Ent. Syst., t. II, pag. 533.

corselet et ses élytres sont tout-à-fait lisses; son ventre seul offre quelques petits points.

Il se trouve dans une grande partie de l'Europe. Il a, comme le *T. huméral*, trois lignes de longueur, mais il est plus étroit que lui.

γ. Les *Bolitobies*, qui ne se distinguent des Bryochares, dont ils ont la forme, que parce que les tarses sont étroits dans les mâles comme dans les femelles.

3. LE TACHINE A TÊTE NOIRE.

Tachinus atricapillus. PAYK.[1]

Qui se reconnaît de suite à sa couleur jaune clair entremêlée de noir. Il a les deux extrémités des antennes jaunes, ainsi que le corselet, les pattes et le ventre presque en entier; au contraire, sa tête, le bout de son ventre et ses élytres sont noirs. Les élytres ont une tache jaune à l'angle extérieur de leur base, et se terminent par une bordure de la même couleur.

Il se trouve comme les précédens, et n'a que deux lignes et demie de longueur.

GENRE TACHYPORE.

TACHYPORUS. GRAVENHORST [2].

Ce genre se compose des espèces de cette famille qui ne sont pas renfermées dans le précédent, à cause du dernier article de leurs *palpes*, qui est très petit et

1. Monogr. Staphyll., n. 35.
2. Etym. ταχύπορος, qui marche vite.— Syn. *Hypocyphtus, Mycetoporus*, Mannerheim; *Conurus, Cyphas, Ischnosoma*, Stephens; *Oxyporus*, Fabricius.

en forme d'alène. On a partagé aussi les Tachypores en plusieurs groupes, qui sont :

α. Les *Tachypores* vrais, dont le corps est alongé, et plus large en avant qu'en arrière. Tel est,

1. LE TACHYPORE BORDÉ. (Pl. 6, fig. 6.)

Tachyporus marginatus. FAB.[1]

Petit insecte noir, avec les côtés du corselet roux, surtout en arrière, et les élytres de la même couleur, mais offrant sur les côtés une bordure noire qui ne s'étend pas jusqu'à leur extrémité ; ses pattes et ses antennes sont d'un roux plus foncé vers le bout de ces derniers organes.

Il se trouve dans la plus grande partie de l'Europe, et n'atteint qu'une ligne et demie de longueur.

Observation. Une autre espèce, non moins répandue que la précédente, est le *T. cellaris*, Payk, qui est noir, finement velu, avec les élytres d'un roux très obscur, ainsi que les côtés du corselet, le bout de l'abdomen, les antennes et les pattes. Il est un peu plus grand que le précédent.

β. Les *Hypocyphtes*, très reconnaissables à la forme presque globuleuse de leur corps. Ce sont de très petits insectes, dont les élytres laissent à découvert les deux tiers de l'abdomen.

γ. Les *Mycétopores*, qui ont pour caractère, comme les Bryochares et les Bolitobies, dans le genre précédent, la forme alongée de leur corps, qui est aussi étroit en avant qu'en arrière.

1. Ent. Syst., t. II, pag. 532. — Voyez, pour les espèces des genres Tachine et Tachypore, le Précis de M. Mannerheim et les ouvrages anglais de MM. Curtis et Stephens, ainsi que les Insecta Suecica de M. Gyllenhall.

SIXIÈME FAMILLE.

LES ALÉOCHARIENS.

Cette famille, la dernière de la tribu qui nous occupe, n'offre plus à notre curiosité qu'un intérêt fort médiocre, soit sous le rapport de ses habitudes, soit même à cause de son organisation. Elle partage avec les deux familles précédentes le privilége de se dérober aisément à nos regards par son extrême petitesse : aussi est-elle généralement peu appréciée et peu connue des Entomologistes. Cependant on l'a étudiée dans ces derniers temps, et l'on a examiné les variations que présentent dans leurs formes ses différentes espèces. Le résultat de cet examen a été d'introduire parmi elles un grand nombre de divisions, établies pour la plupart sur des caractères de fort peu de valeur, et qui peuvent toutes, à quelques exceptions près, être renfermées dans un seul genre, celui des *Aléochares*.

GENRE ALÉOCHARE.

ALEOCHARA. GRAVENHORST[1].

On peut donner à ce genre les caractères que nous avons assignés plus haut à la famille des Aléochariens,

---

1. Etym. incertaine. — Syn. *Lomechusa*, Gravenhorst ; *Dinarda*, Mannerheim; *Eucephalus*, *Atomeles*, Stephens; *Sphenoma*, *Ocypoda*.

et dont le plus remarquable consiste dans l'insertion des *antennes*, qui sont très rapprochées et situées entre les yeux. Voici les principales divisions que l'on peut admettre dans ce genre :

α. Les *Loméchuses*, qui se distinguent par leurs antennes terminées en pointe, et plus épaisses au milieu qu'aux deux extrémités. Leur caractère le plus visible se trouve dans la forme anguleuse de leurs élytres et de leur corselet. Telle est,

1. L'ALÉOCHARE PARADOXALE. (Pl. 7, fig. 1.)

Aleochara paradoxa. GRAV.[1]

Insecte de couleur brune assez claire, et présentant sur les côtés de son abdomen quelques touffes de poils roux. Il a trois lignes de longueur.

Observation. M. Mannerrheim a distingué des Loméchuses une espèce qui se rapproche de la division suivante par la forme de ses antennes, mais dont le dernier article se termine en pointe (*Dinarda*).

β. Les *Aléochares* vraies, qui ont les antennes aussi grosses à l'extrémité que dans le reste de leur longueur, et composées d'articles serrés. Telle est,

2. L'ALÉOCHARE A PIEDS BRUNS. (Pl. 7, fig. 2.)

Aleochara fuscipes. PAYK.[2]

C'est la plus grosse espèce de ce genre. Elle est noire, avec une tache d'un brun plus ou moins rous-

---

Microcera, Oligota, Homalota, Gyrophæna, Bolitochara, Drusilla, Calodera, Falagria, Antalia, Mannerrheim ; *Astilbus, Ischnopoda, Polystoma, Lyras,* Stephens.

1. Monogr. Coléopt. micropt., pag. 180.

2. Monogr. Staph, n.° 38.

sâtre à la base de chaque élytre. Ses pattes sont d'un brun foncé.

Cette espèce se trouve dans toute l'Europe. Elle a environ trois lignes de longueur.

γ. Les *Bolitochares*, qui se distinguent des précédentes par leur tête, qui n'est plus cachée par le corselet, et des Loméchuses par leurs antennes, plus grosses à l'extrémité qu'à leur base. Telle est,

3. L'ALÉOCHARE BORDÉE. (Pl. 7, fig. 3.)

Aleochara limbata. PAYK.[1]

Insecte brun, ayant les élytres bordées de roux obscur, excepté le long de leur suture et auprès de l'écusson. Il a l'origine des antennes, les pattes et le bord des segmens de l'abdomen en dessus de la même couleur que le bord des élytres.

Sa longueur est de deux lignes, et sa largeur de deux tiers seulement. On le trouve dans toute l'Europe.

δ. Les *Drusilles*, qui peuvent se reconnaître à leur forme longue et étroite, à leur tête entièrement dégagée, et à leurs antennes peu renflées. Telle est,

4. L'ALÉOCHARE SILLONNÉE.

Aleochara canaliculata. PAYK.[2]

Insecte assez semblable au précédent par sa forme alongée, et brun comme lui, avec les pattes et l'ori-

---

1. Monogr. Staph., n.º 54
2. *Ibid.*, n.º 23. — Voyez, pour les espèces d'Aléochares en général, les ouvrages de MM. Mannerrheim, Curtis et Stephens, et, de plus, le t. III du Zoological journal et les Etudes Entomologiques de M. de Laporte.

gine des antennes d'un roux assez clair, ainsi que le bord des segmens de l'abdomen. Il a la tête et l'un des derniers segmens de son ventre noirs; ses élytres et son corselet sont pointillés. Ce dernier offre en outre un sillon longitudinal situé au milieu d'une dépression large et profonde.

Sa longueur est de deux lignes environ, et sa largeur d'une demi-ligne seulement. C'est une espèce des plus communes. Elle vit dans l'intérieur de certains champignons, et surtout des bolets.

ε. Les *Falagries*, qui sont de très petites espèces analogues aux Drusilles par leur forme, mais dont le corselet est presque globuleux et plus étroit en arrière qu'en avant.

ζ. Les *Autalies*, dont le corselet, au contraire, est plus étroit en avant qu'en arrière. — On voit sur quoi reposent ici les divisions établies sous le nom de genres, et pourquoi nous nous abstenons de les mentionner toutes. Cependant il en est trois qui semblent devoir former des sous-genres distincts. Ce sont :

1.° LES GYMNUSES. — *Gymnusa*. MANN.[1]

Qui se distinguent par leurs *antennes* droites, tandis qu'elles sont coudées dans les Aléochares, et par la forme des articles de ces antennes, qui sont égaux entre eux. Ces insectes ont d'ailleurs les jambes épineuses, ce qui fait exception aux caractères des Aléochariens.

1. Etym. γυμνὸς, nu. — Type : *Staphylinus brevicollis*, Payk., Fauna Succica, t. III, pag. 398.

2.° LES TRICHOPHYES. — *Trichophya*. MANN.[1]

Qui auraient les deux premiers articles des antennes plus gros que les autres, presque globuleux,
et les autres articles très minces et capillaires.

3.° LES CALLICÈRES. — *Callicerus*. GRAV.[2]

Qui se font remarquer par leurs antennes grêles et
terminées par un long article cylindroïde. L'avant-
dernier est également cylindroïde, mais moins long
que le précédent.

Il existe d'autres divisions, dans le genre Aléochare,
que celles dont nous avons présenté les caractères;
mais comme ces petits insectes sont d'une étude fort
difficile, et que la nature de cet ouvrage ne nous permet pas d'entrer dans de très grands détails, nous
renvoyons pour leur connaissance au Précis déjà cité
de M. Mannerrheim et à l'ouvrage de M. Stephens sur
les insectes de l'Angleterre. Les caractères des genres
proposés ou admis par ces auteurs étant établis sur des
différences de forme peu appréciables, on ne peut arriver à les reconnaître que lorsqu'on possède un grand
nombre d'Aléochares, et cette étude n'intéresse d'ailleurs que les Entomologistes qui se proposent de connaître toutes les espèces.

1. Etym. τριχοφυὴς, de poil. — Type: *Aleochara pilicornis*, Gyll., Ins.
Suecica, t. II, pag. 417.
2. Etym. καλος, beau ; κερας, corne. — Type : *Callicerus obscurus*,
Grav., Coléopt. micr., pag. 66. — Voyez, de plus, le British Entomology
de M. Curtis, et les Illustrations de M. Stephens.

CINQUIÈME TRIBU.

LES SERRICORNES.

Cette tribu nous présente une nombreuse série de jolies espèces dont plusieurs rivalisent, par leurs couleurs, avec tout ce que le reste des Coléoptères a de plus brillant et de plus beau. Elle se rattache à la tribu suivante par la forme de certaines larves et par le développement remarquable des derniers articles des antennes dans quelques insectes parfaits. D'ailleurs la plus grande variété se montre dans les familles et dans les genres dont elle se compose ; et quoique l'aspect et les rapports extérieurs permettent de distinguer ces familles d'une manière certaine, leurs caractères nous échappent souvent par une trop grande mobilité, et nous forcent de donner à ces familles des signalemens assez vagues. Une disposition générale qui caractérise cette tribu, c'est la forme que prennent ordinairement les articles des antennes ; ils sont dentés comme une scie (*Serra*), d'où vient le nom de Serricornes. Mais ces antennes n'offrent pas toujours partout cette même disposition ; quelquefois les derniers de leurs articles sont seuls dentés ; quelquefois ils sont pectinés, c'est-à-dire qu'ils se prolongent en autant de lanières étroites, dont l'ensemble constitue une sorte d'éventail ; c'est là surtout ce qui rapproche ces insectes de la tribu suivante, où nous trouverons presque toujours la même disposition.

Quelques insectes de la tribu des Serricornes n'ont pas les antennes en scie ; mais, bien qu'ils fassent exception sous ce rapport au reste de la tribu, l'ensemble de leur structure les y a fait rapporter. Ils ont les antennes grenues, et soit filiformes, soit sétacées ; cette disposition nous a engagé à les placer dans le voisinage de la tribu précédente, où les antennes ne sont jamais pectinées. Quelques-uns se font d'ailleurs remarquer par la brièveté de leurs élytres. Ces insectes offrent une disposition qui les éloigne des autres Serricornes à cause de la forme de leur tête, qui est dégagée, et ne s'enfonce pas dans le corselet ; ils en constituent la première famille, ou celle des *Lymexyliens*. Leurs larves vivent dans le bois, et causent souvent de grands dommages dans les forêts et dans les chantiers de construction.

D'autres insectes de cette tribu, remarquables par leur extrême petitesse, ont la tête engagée jusqu'aux yeux dans le corselet, comme toutes les autres familles de Serricornes. Ce sont les espèces les plus voisines de la tribu des Lamellicornes à l'état de larve ; quelques-unes se rattachent à la famille précédente, par la forme sétacée de leurs antennes (*Gibbie*). Les autres ont les antennes dentées en scie, au moins dans une partie de leur longueur, et quelquefois même pectinées. Ces petits insectes vivent dans le bois sec de nos maisons, dans nos meubles, dans nos bibliothèques, et constituent la famille des *Ptiniens*. Ils nous rappellent la famille des Byrrhiens parmi les Clavicornes, par l'habitude qu'ils ont de ces-

ser leurs mouvemens, et de rentrer leurs pattes
et leurs antennes sous le corps lorsqu'on vient à les
prendre.

Un troisième groupe de Serricornes se reconnaît
à la forme de ses antennes qui sont renflées ou élargies mais seulement vers le bout; les articles qui
précèdent sont filiformes ou même en dents de scie.
Les tarses de ces insectes semblent souvent n'avoir
que quatre articles lorsqu'on les regarde en dessus;
mais en dessous on aperçoit un premier article plus
petit que les autres, et qui se cache sous l'article suivant. Ces insectes sont, en général, assez gros et de
forme plus ou moins cylindrique. Ils se trouvent ordinairement sur les fleurs, sur les arbres ou dans le bois,
à leur état parfait. Les larves de quelques uns sont carnassières et vivent aux dépens des Abeilles. Ils constituent la famille des *Clériens*.

Un quatrième groupe, plus nombreux en espèces,
se reconnaît à la forme de ses antennes qui sont un
peu en scie, et surtout aux crochets de ses tarses qui
sont unidentés ou que borde une membrane étroite.
Ces insectes se trouvent sur les fleurs, et plusieurs
offrent sur les côtés de leur corselet et de leur abdomen une vésicule rétractile, colorée en jaune ou en
rouge, et que l'animal gonfle à volonté. Telle est la
famille des *Malachiens*.

Un groupe plus nombreux qu'aucun des précédens,
et remarquable par le peu de cousistance de ses élytres,
et des tégumens du corps en général, nous présente
des antennes ordinairement larges, comprimées, dentées en scie, et méritant plus que toutes les autres
familles, le nom de Serricornes; c'est la famille des

Lampyriens. Elle renferme de très beaux insectes dont plusieurs jouissent de la propriété d'émettre de la lumière, et sont connus sous le nom de *Vers luisans.* Quelques femelles sont tout-à-fait privées d'ailes.

L'avant dernier groupe des Serricornes renferme de jolis insectes dont les antennes sont quelquefois en scie, mais souvent encore pectinées et dont les crochets des tarses supportent des appendices membraneux. Ils ont aussi l'enveloppe du corps assez molle et constituent la famille des *Rhipicériens.*

Enfin, le septième et dernier groupe de cette tribu, se reconnaît à la saillie que forme en arrière le dessous de son corselet ou autrement le sternum de son prothorax. Cette disposition est déjà indiquée dans la famille précédente ; mais elle y est moins prononcée. Les tarses offrent souvent à leur face inférieure des appendices ou des lamelles, et quelquefois des poils très serrés. Ce dernier groupe est le plus nombreux, le plus riche en espèces et le plus brillant sous le rapport des couleurs ; il constitue la famille des *Buprestiens* ou *Elatériens.* Ces insectes vivent sur les fleurs, quelquefois aussi sous les écorces des arbres, et quelques uns d'entre eux sautent très bien *(Taupin).*

Telles sont les familles dont se compose la tribu des Serricornes. L'état de nos méthodes entomologiques ne permet pas de leur assigner de caractères moins vagues que ceux qui résultent de l'ensemble des différentes parties de leur corps, et cependant elles constituent autant de groupes assez distincts. Nous avons omis certains caractères qui sont fondés sur des comparaisons entre une famille et les familles voisines, mais dont aucun ne permet de les reconnaître d'une manière certaine, et l'on peut dire surtout de cette grande tribu que, sans l'aide des figures, il serait impossible d'arriver à retrouver les genres. C'est une nouvelle preuve de la difficulté que rencontre l'homme quand il veut assujétir à des règles fixes les jeux de la nature, dans le plus grand nombre des êtres organisés.

PREMIÈRE FAMILLE.

LES LYMEXYLIENS.

Cette première famille se compose d'insectes nuisibles, qui se développent dans l'intérieur du bois, et qui le percent ensuite de nouveau pour y pondre leurs œufs. Quelques uns d'entre eux sont connus par les dégâts qu'ils ont occasionnés dans les forêts ou dans les chantiers de construction. Le petit nombre d'espèces des Lymexyliens que l'on connaisse est répandu sur différentes parties de la surface du globe, sans qu'aucun des genres dans lesquels elles se placent semble confiné dans telle ou telle contrée. Un de ces genres surtout, celui d'*Atractocère,* se fait remarquer par sa forme insolite, mais tous en général sont longs, étroits, plus ou moins cylindriques et organisés pour percer les arbres à la manière d'un taret. Cette famille correspond à la section des *Limebois* de Latreille, à l'exception d'un seul genre, celui de *Rhy-*

zode, que nous renvoyons à la tribu des Xylophages, et qui lie les Coléoptères-pentamères, ou ayant cinq articles aux tarses, avec les Tétramères, qui n'en ont plus que quatre. Voici les caractères essentiels des groupes dont se compose cette famille.

TABLEAU

DE LA DIVISION DE LA FAMILLE DES LYMEXYLIENS,

EN GENRES ET EN SOUS-GENRES.

ELYTRES	très courtes; antennes pointues	....	ATRACTOCERUS.
	longues; antennes	filiformes; leurs articles	cylindroïdes.. LYMEXYLON.
			en dent de scie *HYLECOETUS.*
	sétacées	....	CUPES.

GENRE ATRACTOCÈRE.

ATRACTOCERUS. Beauvois[1].

On serait d'abord tenté de rapporter à l'ordre des Diptères les singuliers insectes qui rentrent dans ce genre, tant leurs élytres sont courtes, et leurs ailes grandes et développées : ces ailes se plissent en éventail comme dans les Orthoptères. Nous retrouverons quelques exemples de cette inégalité dans le déve-

1. Etym. ἄτρακτος, fuseau. — Syn. *Necydalis,* Linné; *Lymexylon,* Fabricius.

loppement des organes du vol parmi d'autres tribus
de Coléoptères. Les Atractocères sont des insectes rares, qui ont des antennes courtes et terminées en
pointe très fine (*pl.* 7, *fig.* 4, *a*), de gros yeux qui constituent à eux seuls presque toute la tête, au moins en
dessus, un abdomen fort long, aplati, aminci sur les
côtés, et caréné en dessous vers le bout; enfin des
pattes très courtes. Ces pattes et les antennes peuvent
se cacher sous le corps, et permettre ainsi à l'insecte
de s'introduire plus facilement dans les végétaux où
l'on suppose qu'il vit et qu'il dépose ses œufs. Une particularité de la structure des Atractocères, non moins
remarquable que les précédentes, c'est la longueur de
leur dernier anneau thoracique, qui occupe les deux
tiers du corps, et d'où résulte un grand écartement
entre les deux paires de pattes postérieures.

On n'a que fort peu de données sur les habitudes
des Atractocères. Palisot Beauvois, qui a le premier
fait connaître ce genre, ne nous a presque rien appris à cet égard; il nous dit seulement qu'il semble
vivre dans le bois.

L'insecte qui a servi de type à ce genre, a reçu trois
noms différens. Linné avait appelé *Necydalis brevicornis* à un individu rapporté de la côte de Guinée, par
Brünnich. Fabricius, en avait vu un autre recueilli à
Sierra Leone, et l'avait nommé *Lymexylon abreviatum*,
lorsque Beauvois publia, sous le nom d'*Atractocerus
necydaloides*, l'insecte qu'il avait pris lui-même dans
le royaume d'Oware. On a rapporté dernièrement de
Madagascar un Atractocère qui semble être de la
même espèce. Le Brésil en fournit une seconde, plus
répandue dans les collections qui est:

L'ATRACTOCÈRE DIPTÈRE. (Pl. 7, fig. 4.)

Atractocerus dipterus, PERTY [1].

Qui est brun comme l'espèce d'Afrique, et qui a comme elle les jambes et les tarses pâles, ainsi qu'une ligne longitudinale sur le milieu du corselet, mais cette ligne dans l'espèce d'Afrique se voit aussi sur la base de la tête, à cause de l'écartement des yeux à cet endroit. Deux traits distinguent surtout l'Atractocère du Brésil de son congénère, ce sont, d'une part, la forme courte et transversale du corselet qui est d'ailleurs ridé en travers dans le premier, tandis qu'il a la forme d'un quadrilatère dans le second, et qu'il est pointillé. Les élytres de l'espèce d'Afrique sont échancrées en dedans, ce qui les rend plus étroites que celles de l'espèce du Brésil. L'une et l'autre varient de grandeur, depuis six jusqu'à dix-huit lignes.

GENRE LYMEXYLE.

LYMEXYLON. FABRICIUS.

Les insectes de ce genre ont de grands rapports avec les Atractocères, quoiqu'ils n'en aient pas les élytres rudimentaires. Ils ont comme eux le ventre très plat, le troisième segment thoracique très long, et par suite les pattes écartées. Mais leurs élytres sont assez

1. Delectus anim. articul., pag. 25, pl. 5, fig. 15.

longues pour couvrir tout le ventre, leurs pattes sont plus développées, plus propres à la marche, et leurs antennes ne finissent pas en pointe. Leurs *palpes maxillaires* se terminent, comme dans les Atractocères, par une houppe élégante qui ne se voit que dans le mâle (*pl.* 7, *fig.* 5, *a*); elle est remplacée dans la femelle par un article plus gros et de forme ovalaire (*fig.* 5, *b*).

Les Lymexyles vivent dans le bois, et leur forme cylindroïde leur permet de percer les arbres pour y déposer leurs œufs. Ils sont répandus dans les grandes forêts de l'Europe, et surtout dans les forêts de chênes. Souvent il arrive que les bois destinés aux constructions maritimes renferment des larves de ces insectes et qu'ils continuent à s'y multiplier comme dans les forêts, au point de mettre ces bois hors d'état de servir. Linné, consulté par le roi de Suède sur la cause des dégâts dont se plaignaient les constructeurs dans les chantiers de la marine, s'aperçut qu'ils étaient produits par un insecte de ce genre auquel il donna le nom de *Naval*, voulant rappeler par ce seul mot le mal que peut causer sa présence. Mettant à profit la connaissance des habitudes de ce Lymexyle, Linné conseilla de plonger pendant un an sous la surface de l'eau, les bois de construction attaqués et ceux que l'on apporterait de nouveau; depuis lors les dégâts ne se sont plus reproduits. C'est qu'en effet, les larves de ces insectes qui devaient éclore au bout de plusieurs mois, ont péri sous l'eau au moment de sortir de l'œuf. Suivant Latreille, la larve du Lymexyle naval est très longue et très grêle, et presque semblable à un ver du genre des *Filaires,* dont le nom indique suffisamment la forme. Nous ignorons si elle est figurée quelque part. Le même auteur nous apprend qu'elle s'était multipliée à Toulon il y a quelques années, et qu'elle y a produit de grands ravages.

On a séparé les Lymexyles en deux sous-genres d'après la forme des antennes, mais on pourrait tout aussi bien n'en faire que de simples divisions.

1.° LES LYMEXYLES proprem.ᵗ dits. — *Lymexylon*, FAB.[1]

Se reconnaissent à leurs *antennes* longues, grêles et presque moniliformes, et à leur corselet plus long que large. Ce sous-genre ne renferme qu'une espèce,

LE LYMEXYLE NAVAL. (Pl. 7, fig. 5.)

Lymexylon navale, LIN.[2]

La couleur de cet insecte est d'un brun foncé dans le mâle, et d'un roux fauve dans la femelle. Ses pattes et ses antennes sont fauves, au moins dans la femelle, et sa tête paraît constamment noire, ainsi que le bord et l'extrémité de ses élytres. Dans le mâle, les élytres sont presque entièrement noires, et la poitrine est brune, tandis qu'elle est rousse dans la femelle. Les antennes et les palpes en houppe du mâle sont de la couleur des élytres.

On trouve particulièrement cet insecte dans le nord de l'Europe et en Allemagne. Il est rare aux environs de Paris. Sa longueur est de quatre à cinq lignes.

1. Etym. λύμη, ruine; ξύλον, bois. — Syn. *Cantharis*, Linné.
2. Fauna Suecica, n.° 718.

2.° LES HYLÉCOETES. — *Hylecœtus*, LATR.[1]

Ils ont les *antennes* plus courtes que les Lymexyles, et composées d'articles courts et en dents de scie. Leur corselet est court et trapézoïdal. Tel est,

L'HYLÉCOETE DERMESTOÏDE.

Hylecœtus dermestoides, LIN.[2]

Dont la femelle est fauve ou roussâtre, tandis que le mâle est noir, avec les pattes et les antennes fauves, les antennes rousses, et les élytres noirâtres à l'extrémité et dans une plus ou moins grande partie de leur longueur. Les palpes en houppe du mâle sont noirs comme dans le Lymexyle naval.

On le trouve en Allemagne. Il est un peu plus grand et surtout plus large que le Lymexyle naval.

Observation. Une seconde espèce d'Europe, *H. morio*, Fab., est entièrement noire, avec les pattes fauves, au moins dans le mâle. Elle se trouve en Europe et même en Egypte.

---

1. Etym. ὑληκοίτης, qui dort dans le bois.—Syn. *Lymexylon*, Fabricius. (Le *L. proboscideum*, Fab., n'est que le mâle de cette espèce.)

2. Fauna Suecica, n.° 702.

GENRE CUPE.

CUPES. FABRICIUS[1].

Ce genre peu nombreux se compose d'insectes aplatis, dont les *antennes* sont longues, sétacées ; dont les palpes, ordinairement cachés dans la bouche, ne se terminent point en houppe dans les mâles ; et dont les tarses, au lieu d'être grêles comme dans les deux autres genres de cette famille, sont composés d'articles larges et velus en dessous avec l'avant dernier en forme de cœur. Ces insectes, dont on ignore les habitudes, si ce n'est qu'ils vivent dans le bois, se font remarquer par la solidité de leurs tégumens. Le type de ce genre est,

LE CUPE A TÊTE PALE. (Pl. 7, fig. 6.)

Cupes capitata. FAB.[2]

Espèce remarquable par la couleur fauve de sa tête, qui se détache sur le fond brun ou noir de tout le reste du corps, et par les stries profondes et les côtes saillantes de ses élytres.

On la trouve dans le nord de l'Amérique, aux États-Unis. Elle a environ quatre lignes de longueur.

1. Etym. inconnue.
2. Syst. Eleuth., t. II, pag. 66.

DEUXIÈME FAMILLE.

LES PTINIENS.

Les insectes de cette famille ont cela de commun avec ceux de la précédente, qu'ils vivent comme eux dans le bois, mais seulement dans le bois sec et dans plusieurs autres matières qui, par leur dureté ou leur état de dessication, présentent des circonstances favorables à leur développement. Leur forme est généralement cylindroïde, ce qui leur permet de pénétrer aisément dans les diverses substances qu'ils attaquent. Ils sont tous de fort petite taille, et cessent tout mouvement dès qu'on vient à les toucher ou à les saisir, pour recommencer à se mouvoir lorsque le danger a cessé, ou du moins lorsqu'ils le supposent ainsi. Les uns se nourrissent plus particulièrement de substances animales desséchées (les *Ptines*), et y subissent leurs transformations; d'autres (les *Anobies*) vivent de préférence dans le bois, et quelques uns même dans le pain, la farine, la substance desséchée des muscles des insectes, crustacés etc.; quelques-uns (les *Ptilins*) percent le bois encore vivant, et se rencontrent dans les forêts; et d'autres enfin (les *Gibbies*) paraissent vivre dans les plantes sèches, ainsi que certaines espèces de Ptines. Les larves de tous ces insectes ont la plus grande analogie avec celles des Lamellicornes. Elles ont de même l'extrémité postérieure du corps plus grosse que l'extrémité antérieure, et courbée en dessous; le corps mou, à l'exception de la tête, et six pattes aussi dures que celle-ci. Leur nymphe est ordinairement enveloppée d'une coque ou pellicule blanche, très mince, au travers de laquelle on aperçoit déjà les formes de l'insecte parfait.

Les Ptiniens se trouvent dans toutes les parties de la terre; cependant la plupart des espèces connues sont propres à l'Europe, et surtout celles du genre Anobie. Elles sont, en général, peu remarquables par leurs couleurs, qui sont obscures, très rarement métalliques, et sur lesquelles se distinguent tout au plus des taches blanches, formées par des poils courts ou de petites écailles; c'est particulièrement le cas des espèces du genre Ptine.

Cette famille et la précédente, peuvent se reconnaître à la forme des articles de leurs tarses, qui sont étroits et non pas élargis ou bifides. Leur face inférieure ne supporte pas de lamelle; elle offre tout au plus un amas de poils courts. Parmi les cinq familles suivantes, celle des Malachiens est la seule dont les tarses soient grêles, mais la forme des crochets qui terminent leur dernier article les distingue suffisamment des Ptiniens.

Voici les caractères des différens groupes dont se compose cette famille.

TABLEAU DE LA DIVISION DE LA FAMILLE DES PTINIENS,

EN GENRES ET EN SOUS-GENRES.

ARTICLES des antennes

- réguliers ; antennes
  - diminuant vers le bout. **CIBBIUM.**
  - d'égale grosseur partout; leur insertion
    - rapprochée. . . . . **PTINUS.**
    - écartée. . . . . **HEDOBIA.**
- inégaux ou dentés; les trois derniers;
  - aussi courts que les précédens; antennes
    - des mâles flabellées. . . . . **PTILINUS.**
    - dentées dans les deux sexes. . . **XYLETINUS.**
  - plus longs que les précédens; antennes
    - de neuf articles. . . . . **DORCATOMA.**
    - de onze articles. . . . . **ANOBIUM.**

GENRE PTINE.

PTINUS. LINNÉ.

Les insectes de cette famille dont les antennes sont simplement sétacées ou filiformes, constituent le genre Ptine, qui vit, comme nous l'avons dit, dans les herbiers, les collections d'animaux et d'insectes en particulier. On trouve quelquefois leurs nymphes dans le fond des boîtes à insectes, placées dans l'épaisseur du liége, et blotties, suivant l'observation de Latreille, au bord d'un trou qu'elles ont percé d'avance, afin de ne pas éprouver de peine à sortir sous la forme d'insecte parfait. Les Ptines ont généralement dans la forme globuleuse ou renflée de leur corselet, un caractère qui les distingue des autres insectes de cette famille. On attribue, à ces petits êtres, certains dégâts que l'on observe dans les bibliothèques, et principalement dans les anciens livres; ce sont des trous ou des galeries percés dans leur épaisseur et dans leur couverture. Mais il paraît que ces ravages sont plutôt dus à des espèces d'Anobie, comme nous le verrons en traitant de ces insectes.

On a divisé les Ptines en trois sous-genres, savoir :

1.° LES GIBBIES. — *Gibbium*, SCOPOLI [1].

Qui se reconnaissent à leurs *antennes* sétacées, c'est-

1. Etym.? *Gibbus*, bossu. — Syn. *Ptinus*, Fabricius, Olivier, etc. *Bruchus*, Geoffroy; *Mezium*, Curtis.

à-dire finissant en pointe, et surtout à la forme renflée de leurs élytres qui sont soudées le long de leur suture. Les Gibbies ne sont pas fort rares, et cependant
on ne les trouve jamais en grand nombre. Le type de ce
sous-genre appartient à l'ancien continent, et les Egyptiens semblent avoir eu le secret de s'en procurer. C'est
ce que prouve une communication faite à la Société
Entomologique de France, en janvier 1835, par M. Audouin, qui a présenté à cette Société un vase en terre,
un peu plus gros qu'une orange, et rempli d'une matière grumeleuse, noire, enveloppée par une substance
demi-fluide et de même couleur; ce n'était autre
chose qu'un amas considérable de Gibbies. Ce vase
avait été recueilli à Thèbes, dans un ancien tom-
beau, et l'on se demande aujourd'hui comment ces
insectes s'y trouvent en si grand nombre, et pourquoi
ils y ont été introduits. Cette circonstance se rattache
sans doute à quelque usage superstitieux des anciens
Egyptiens. L'espèce en question est,

LE GIBBIE DES LIEUX OBSCURS. (Pl. 8, fig. 1.)

Gibbium scotias, FUESLY[1].

Petit insecte d'un brun rougeâtre, avec les élytres
transparentes, le corselet lisse, très court et sans aucun tubercule, les pattes et les antennes entièrement
revêtues d'un duvet soyeux et jaunâtre.

Il n'a guère qu'une ligne de longueur.

1. Archiv. Ins., t. IV, pl. 20, fig. 14. — Voyez les ouvrages anglais de
MM. Curtis et Stephens.

Observation. On a placé dans un sous-genre particulier (*Mezium*) une seconde espèce de Gibbie, qui n'a d'autres caractères que les inégalités de son corselet, sur lequel on remarque des côtes élevées et longitudinales qui forment trois sillons profonds. Son corselet et sa tête sont d'ailleurs couverts de poils comme ses antennes et ses pattes. Cet insecte paraît se trouver dans les deux continens. C'est le *Ptinus sulcatus* de Fabricius.

2.° LES PTINES proprem.ᵗ dits. — *Ptinus* des auteurs[1].

On les distingue des Gibbies par la forme de leurs *antennes* qui sont d'égale épaisseur partout. Les mâles sont plus alongés que les femelles ; ils ont une forme cylindroïde, tandis que les femelles sont ovales et généralement privées d'ailes sous les élytres. Le type de ce sous-genre est,

LE PTINE VOLEUR. (Pl. 8, fig. 2, mâle ; fig. 3, femelle.)

Ptinus fur, LIN.[2]

Qui doit sans doute son nom aux dégâts qu'il occasionne dans les collections. C'est un insecte d'un brun tantôt fauve, et tantôt foncé, dont les élytres présentent des séries de points bien régulières, et sont or-

1. Etym. incertaine. — Syn. *Bruchus*, Geoffroy.
2. Fauna Suecica, n.° 651. — Voyez, de plus, les ouvrages de MM. Gyllenhall, Stephens, etc., le t. VI du Magasin d'Illiger ; les espèces décrites par Thunberg dans les Actes de la Soc. royale des Sciences d'Upsal, t. IV et V ; le Magasin de M. Germar, t. III et IV ; les Insectorum Species novæ du même ; les Horæ Entomologicæ de M. Charpentier, et enfin le t. VI du Bulletin de la Soc. des naturalistes de Moscou.

nées en travers de deux bandes grises ou blanchâtres
qui sont ordinairement interrompues au milieu.

Cet insecte est le plus répandu de tous ceux de ce
sous-genre. Sa longueur varie entre une et deux lignes.

Observation. On distingue parmi les espèces d'Europe, le *P. rufipes,* qui a les pattes et les antennes d'un
roux vif dans les deux sexes, la tête et le corselet
bruns dans le mâle, et les élytres revêtues de poils
gris; dans la femelle, la tête et le corselet sont quelquefois de la couleur des pattes, et les élytres présentent en travers deux bandes grises ondulées, et
deux taches de même couleur vers le bout. Dans l'un
et l'autre sexe, les élytres ont des rangées de points.
— Le *P. variegatus,* Rossi, est noir, avec deux bandes
blanches ondulées sur les élytres; sa tête, son corselet,
ses pattes et ses antennes sont revêtus de poils d'un
gris jaunâtre, et ce qui le distingue surtout, ce sont
les quatre tubercules saillans de son corselet. — Le
P. crenatus est d'un brun rougeâtre, et se fait remarquer par les points profonds et écartés qui forment sur
ses élytres des stries régulières; son corselet n'est pas
tuberculeux.

З.º LES HÉDOBIES. — *Hedobia,* LATR.[1]

Ces insectes ont dans l'écartement de leurs *antennes,* et dans la forme un peu dentée de leurs articles,
des caractères qui les distinguent des deux autres
sous-genres. Leur type est,

---

1. Etym. incertaine. — Syn. *Ptinus* des auteurs.

L'HÉDOBIE IMPÉRIALE. (Pl. 8, fig. 4.)

Hedobia imperialis, LIN.[1]

Joli insecte dont le fond brun est orné de poils roux, et qui présente sur chaque élytre une bande sinueuse, presqu'en forme d'un *S,* formée par des poils blancs. Son corselet est orné de deux taches de la même couleur.

On le trouve dans les bois, mais il est rare. Sa longueur est d'une ligne et demie à deux lignes.

Observation. Une seconde espèce de ce groupe, *H. pubescens,* Oliv., est noire, avec les élytres fauves. La surface de son corps est couverte de points qui sont disposés sur les élytres en séries à peu près régulières. Tout son corps est en outre revêtu d'un duvet assez long. On la trouve rarement autour de Paris. Elle vit, comme la précédente, dans le bois sec, et sa longueur est de trois lignes et demie.

GENRE ANOBIE.

ANOBIUM. FABRICIUS.

Les insectes de ce genre ont aussi reçu le nom de *Vrillettes,* par lequel Geoffroy les a désignés, à cause de la forme circulaire des trous qu'ils percent dans le bois, et qui semblent avoir été faits avec une vrille.

[1]. Syst. nat., t. II, pag. 565.

Ces trous sont l'orifice de petites galeries, creusées par les larves des Vrillettes, et la poussière qu'elles détachent avec leurs mandibules est rejetée en arrière à mesure qu'elles avancent, et sert à les garantir. C'est toujours dans les bois les plus secs que ces larves aiment à s'enfoncer, dans les poutres des maisons, dans les portes et surtout dans les meubles. Il n'est personne qui n'ait vu ces petits trous ronds dont sont criblés tous les meubles anciens, les tables, les planches, et qui sont surtout si abondans lorsque le bois est dit vermoulu ; ces trous sont dus aux larves des Vrillettes. On les en voit sortir aux premiers jours du printemps ; on les rencontre alors dans les appartemens et dans les collections d'animaux desséchés, car les Vrillettes s'accommodent de toutes les matières dures, pourvu cependant qu'elles ne soient pas de substance pierreuse. C'est ainsi qu'on les trouve dans le corps des insectes desséchés dont les muscles sont volumineux et dans les nids de quelques Hyménoptères. Ces corps deviennent pour elles tout à la fois un séjour commode et une nourriture convenable ; elles s'y développent comme elles le feraient dans le bois. Quelque peu propres que semblent des parcelles de bois sec à la nourriture d'un être organisé, elles n'en sont pas moins recherchées par un grand nombre d'insectes, comme nous le verrons dans plusieurs autres familles de ces petits animaux.

Les Vrillettes subissent leurs métamorphoses dans l'intérieur des galeries qu'elles se creusent et qu'elles tapissent de quelques fils de soie pour y passer leur état de nymphe. On suppose qu'avant de se transformer, la larve a soin de s'assurer une sortie commode en se creusant d'avance une issue, et cette supposition serait conforme à ce que Latreille a observé chez les insectes du genre précédent. C'est ainsi qu'il faut concevoir le fait rapporté par MM. Kirby et Spence, dans leur introduction à l'Entomologie, d'une galerie percée par un de ces insectes, dans une bibliothèque publique, au travers de vingt-sept volumes, de telle sorte que l'on aurait pu, en faisant passer une corde au dedans, enlever les vingt-sept volumes. On peut admettre, dans ce cas, ou que la Vrillette s'est transformée à l'entrée de la galerie, et qu'elle s'est nourrie du papier de ces livres, ou qu'elle ne s'est frayé un chemin au travers de cette substance compacte, que pour en sortir à l'état parfait. Cependant aucun fait ne confirme cette dernière opinion. La direction de la galerie, parfaitement droite, prouve seulement que l'insecte cherchait à se frayer une issue, et que ne pouvant sortir d'un autre côté, il s'est trouvé forcé d'entreprendre un aussi long travail.

Les Vrillettes, à l'état parfait, produisent un son assez sourd, et qui devient surtout distinct à l'heure où l'on n'entend plus aucun bruit dans les appartemens. Il est répété d'une manière assez régulière pour avoir été comparé au mouvement d'une montre, et comme pendant long-temps on en a ignoré la cause, on l'a regardé comme quelque chose de surnaturel, et on l'a nommé *Horloge de la mort,* en prenant l'effet pour la cause. Ce bruit mystérieux qui, suivant certain auteur, aura accéléré le destin de plus d'une âme superstitieuse, est le moyen par lequel les Vrillettes communiquent entre elles à distance, et celui que les deux sexes mettent en œuvre pour se rapprocher.

C'est en frappant à coups redoublés, suivant l'expression de Geoffroy, avec leur petite tête, qu'elles parviennent à le produire, et de temps en temps elles s'arrêtent pour écouter si on leur répond. Alors le bruit recommence, et peu à peu les deux insectes se rapprochent l'un de l'autre, et finissent par se rencontrer. On peut, assure-t-on, les tromper, en imitant avec l'ongle le petit battement de leur tête, et l'on parvient ainsi à les découvrir. Quelque surprenant que paraisse le bruit produit par un si petit insecte, la chose ne peut être mise en doute; elle a été constatée par maint observateur. Cependant, tout en s'accordant sur le fait, on différait d'opinion sur le résultat. Ainsi Geoffroy avait pensé que la Vrillette produisait ce bruit, en perçant le bois pour s'y loger; Olivier, au contraire, le croyait dû au travail de la larve cherchant à sortir de sa retraite et qui sondait l'épaisseur du bois. C'est à Latreille qu'est due l'observation de la cause de ce bruit; il a suivi jusqu'au bout les manœuvres de ces petits insectes, qui cachent dans l'ombre de la nuit leurs mystérieuses amours, et qui ne pouvant, comme ceux d'une famille suivante, s'éclairer au milieu des ténèbres, savent du moins s'y faire entendre.

Les Vrillettes, comme beaucoup d'autres insectes, simulent très bien la mort; dès qu'on les saisit, elles retirent sous le corps leurs pattes et leurs antennes et restent immobiles tant qu'elles se croient en danger. Mais plus qu'aucun autre insecte, ces Vrillettes persistent dans cet état d'immobilité. Elles sont, dit de Géer, d'un naturel surprenant, à cause de l'opiniâtreté et de la constance qu'elles montrent à se tenir dans une tranquillité parfaite, dès qu'on vient à les toucher. Il est presque impossible de les forcer au moindre mouvement ou de les faire sortir de leur espèce de l'éthargie. Elles se laissent brûler toutes vives, on peut les dépecer et les estropier, sans qu'elles donnent signe de vie. Je les ai tenues, continue le même auteur, dans une cuiller d'argent au-dessus de la flamme d'une bougie où elles se sont laissées brûler à petit feu, sans chercher à s'enfuir, et sans même remuer une seule patte. Ces faits, et surtout le dernier, quoique racontés par un auteur véridique, et reproduits sur son témoignage par des auteurs non moins recommandables, peuvent paraître difficiles à admettre; mais comme il n'est rien de si ordinaire que de rencontrer des Vrillettes pendant la belle saison, chacun pourra les vérifier aisément, et voir jusqu'à quel point ces petits insectes poussent l'opiniâtreté à rester immobiles. Ce n'est donc pas à tort que Linné a donné à l'une des espèces de Vrillettes, le nom de *pertinax*, que toutes, du reste, pour ne parler que des Vrillettes véritables, ne méritent pas également.

Outre les Vrillettes dont nous venons de faire l'histoire, nous comprenons sous ce nom, d'une manière générale, ou mieux sous celui d'Anobie, une petite série d'insectes qui vivent dans les bois et qui se distinguent du genre Ptine par leurs antennes, soit en scie, soit pectinées ou flabellées, soit au moins terminées par quelques articles plus grands que les autres. Ce genre se subdivisera en plusieurs sous-genres qui sont :

1.° LES PTILINS. — *Ptilinus*, GEOFF.[1]

Dont les antennes sont pectinées ou flabellées dans les mâles, à partir du troisième article, et simplement dentées en scie dans les femelles *(pl. 8, fig. 5, a)*. Tel est :

LE PTILIN PECTINICORNE. (Pl. 8, fig. 5, mâle.)

Ptilinus pectinicornis, LIN.[2]

Petit insecte d'un roux foncé, ayant quelquefois la tête, le corselet et le dessous du corps brun. On remarque sur ses élytres des points disposés irrégulièrement et deux ou trois côtes très peu marquées.

On le trouve dans les bois de presque toute l'Europe. Sa longueur est d'environ deux lignes.

Observation. On en a distingué une seconde espèce, sous le nom de *costatus*, Gyll.; mais elle ne se reconnaît guère qu'à sa couleur toujours obscure, et au peu de longueur qu'offrent les rameaux des antennes dans le mâle.

2.° LES XYLÉTINES. — *Xyletinus*, LATR.[3]

Qui ont les *antennes* dentées en scie dans les deux sexes, et bien plus flabellées dans le mâle. Leur forme

---

1. Etym. πτίλον, panache (par extension). — Syn. *Ptinus*, Linné.
2. Fauna Suecica, n.° 412. — Voyez le t. VI du Magasin d'Illiger, et le t. IV du Magasin de M. Germar.
3. Etym.? ξύλον, bois; τείνω, avoir rapport à. — Syn. *Ptilinus*, Fabricius, etc.; *Ochina*, Stephens; *Lasioderma*, Stephens.

est plus trapue que celle des précédens ; l'inclinaison
de leur tête et de leur corselet empêche ordinairement de voir leurs antennes. Tel est,

LE XYLÉTINE PECTINÉ.

Xyletinus pectinatus, FAB.[1]

Petit insecte brun, ayant les pattes et les antennes
d'un roux fauve, et les élytres distinctement striées.

On le trouve dans les bois, et surtout dans les
arbres morts comme les Ptilins. Sa longueur est d'environ deux lignes, et sa largeur de près de moitié.

Observation. Une autre espèce, *testaceus*, Sturm.,
est fauve, revêtue d'un duvet court et jaunâtre, et tout-
à-fait dépourvue de stries ou de points. Elle a un peu
plus d'une ligne de longueur.

3.° LES DORCATOMES. — *Dorcatoma*, HERBST.[2]

Qui ressemblent beaucoup aux précédens mais que
l'on reconnaît à leurs *antennes*, dont les trois derniers
articles sont beaucoup plus grands que les autres et
en dents de scie, à l'exception du dernier. Il n'a que
neuf articles aux antennes. Tel est :

LE DORCATOME ROUGEATRE.

Dorcatoma rubens, GYLL.[3]

C'est un insecte presque globuleux, d'une couleur
rousse ou fauve assez vive, qui a les élytres distincte-

---

1. Ent. Syst., pag. 244.
2. Etym. δορκὰς, άδος, daim; τομὴ, portion (article).
3. Insecta Suecica, t. IV, pag. 327. — Voyez, de plus, le t. III du Ma-

ment pointillées, avec quelques rudimens de côtes
ou de lignes, surtout à la base.

On le trouve aux environs de Paris et dans toute
l'Europe. Sa longueur est d'une ligne environ, et sa
largeur de trois quarts de ligne.

Observation. Une seconde espèce de ce sous-genre,
D. dresdense, Herbst, est noire, avec les pattes et les
antennes d'un roux vif, et les élytres parsemées de
points épars. Elle est un peu moins globuleuse que le
D. rougeâtre.

4.º LES ANOBIES proprement dites. — *Anobium,* FAB.[1]

On les reconnaît au nombre des articles de leurs
antennes, qui est de onze, et surtout à la longueur des
trois derniers (*pl.* 8, *fig.* 6, *a*); les articles qui les précèdent sont courts et presque globuleux, à partir du
deuxième. L'espèce la plus répandue dans nos maisons est,

L'ANOBIE STRIÉE. (Pl. 8, fig. 6.)

Anobium striatum, FAB.[2]

Petit insecte d'un brun clair, ayant les pattes, les
antennes et le ventre un peu fauves, et la poitrine
noirâtre. Il a les élytres distinctement striées.

Sa longueur varie entre une et deux lignes.

---

gasin de M. Germar; les Insectorum Species novæ du même auteur, et les
Mém. de l'Acad. des Sc. de Stockholm, 1824, pag. 149.

1. Etym. ἀνὰ, de rechef; βιόω, je vis. — Syn. *Ptinus,* Linné; *Byrrhus,*
Geoffroy; *Dryophilus,* Chevrolat.

2. Ent., t. II, n.º 16, pag. 9, pl. 2, fig. 7. — Voyez, pour les espèces de
ce genre, les ouvrages de MM. Gyllenhall, Curtis et Stephens; le t. VI du
Magasin d'Illiger; le t. IV du Magasin de M. Germar; le t. II de la Revue
Entomologique, pag. 255; le t. XVI des Actes des curieux de la nature de
Bonn, et le Magasin de Zoologie de M. Guérin, t. II, n.º III, où l'*Ano-*

Observation. Parmi les autres espèces, qui sont presque toutes indigènes, les unes ont aussi les élytres striées, les autres ont les élytres sans stries. Parmi celles à élytres striées on distingue, 1.° *A. rufipes,* Fab., qui ne diffère du précédent, que parce qu'il est noir, avec les antennes et les pattes roussâtres ; 2.° *A. pertinax*, Lin., double des précédens pour la grosseur, et d'une couleur obscure, ayant sur les élytres des stries profondes et distinctement ponctuées, et de chaque côté du corselet une touffe de poils roux. Il en diffère, en outre, par les inégalités de son corselet, qui n'offre pas un renflement unique vers la base, mais trois dépressions dont les deux extérieures sont profondes ; 3.° *A. paniceum,* Lin., insecte aussi répandu que le *striatum*, et reconnaissable à ses stries peu profondes, quoique ponctuées, à son corselet dépourvu de renflement vers la base, et au duvet qui recouvre son corps. Sa couleur est d'un roux plus ou moins fauve et plus ou moins obscur. Sa longueur varie entre une et deux lignes. — Parmi les espèces à élytres sans stries, on remarque surtout : 4.° *A. tesselatum*, Fab., qui est brun et marqueté de taches formées par des poils roux. C'est la plus grosse de nos Vrillettes ; elle a de trois à quatre lignes de longueur ; 5.° *A. molle*, Lin., insecte fauve, finement pointillé et recouvert d'un léger duvet. Il est long de deux à trois lignes. 6.° *A. boleti,* Scop., qui est d'un vert bronze, avec les antennes et une partie des pattes fauves, et dont les élytres sont quelquefois entièrement fauves. Il est de la grandeur du précédent.

bium pusillum, Gyll., est décrit et figuré sous les noms de *Dryophilus ano-bioides.*

TROISIÈME FAMILLE.

LES CLÉRIENS.

Cette petite famille renferme des insectes ornés de couleurs agréables, et dont les habitudes à l'état parfait ne sont guère propres à faire deviner les goûts carnassiers de leurs larves. On les trouve, en effet, sur les fleurs dont ils aiment à sucer le liquide mielleux, tandis que, sous leur première forme, ils font la guerre aux larves de Guêpes et d'Abeilles, ou se nourrissent des chairs d'animaux en putréfaction. Quelques uns se développent dans les ruches et dans les rayons même de nos Abeilles domestiques dont ils pénètrent dans les cellules pour en dévorer les petites larves. D'autres se nourrissent des larves de certaines Abeilles appelées *maçonnes*, qui vivent solitaires, et construisent avec une espèce de mortier formé de terre et de sable, un nid qu'elles appliquent contre les murailles et qui est d'une solidité surprenante. Déposés sous la forme d'œuf, par leur mère, dans le nid de l'Abeille maçonne, pendant que celle-ci est occupée à recueillir des provisions de miel pour la nourriture de sa petite famille, nos insectes sont renfermés par l'Abeille sans méfiance, comme des loups dans une bergerie. Bientôt ils sortent de l'œuf et dévorent les larves de l'A-

beille , et quoique chacune de celles-ci soit enfermée
dans une cellule en terre, elle ne peut éviter la mort.
Les Clairons se font un passage à l'aide de leurs mandibules et vont ainsi d'une cellule à l'autre. Comme
ces vers sont beaucoup plus forts que les larves d'A-
beilles, ils n'éprouvent aucune résistance. Ils sont rouges, pourvus de six pattes, armés de fortes mandibules
et terminés par deux petits crochets. Quand ils ont dévoré les Abeilles, et que le temps est arrivé pour eux de
se changer en nymphes, ils se construisent une coque
dans une des cellules, et n'en sortent qu'environ un
an après qu'ils ont été pondus dans le nid de l'Abeille.
Quelquefois, c'est dans le nid des Guêpes que ces insectes se développent ; ils y produisent les mêmes ravages
que dans celui des Abeilles. Ces espèces carnassières,
qui constituent le sous-genre des Clairons proprement
dits, sont ornées de larges bandes rouges sur un fond
bleu, et se trouvent surtout dans le midi de l'Europe,
en Orient et dans le nord de l'Afrique. Elles ne sont
pas très nombreuses. Les autres sous-genres de cette
même famille n'ont pas les habitudes des Clairons, mais
leur structure les en rapproche beaucoup. Ainsi les
Nécrobies se développent sous les cadavres d'animaux,
tandis que les *Tilles*, les *Opiles*, les *Enoplies* et autres
paraissent subir leurs transformations dans le bois, et se
trouvent à l'état parfait, sur les fleurs, comme les Clairons véritables. Malgré la variété d'habitudes que présentent ces insectes, ils ont entre eux une analogie de
forme et de couleurs, un ensemble de conformation
qui empêche de les séparer. Leurs tarses surtout ont
dans les poils et dans les lamelles qui garnissent leur
face inférieure, un caractère qui leur est commun, et

que nous retrouverons d'ailleurs dans d'autres Serricornes. L'usage de ces lamelles est encore inconnu.
Quelques Clériens ont le premier article des tarses
peu développé et visible seulement en dessous ; souvent, au contraire, on l'aperçoit dans tous les sens.
On a employé ce développement inégal du premier
article des tarses comme moyen de classification, pour
distinguer les sous-genres, mais nous ne croyons pas
devoir suivre cette marche, à cause de la difficulté
qu'elle présente. Nous ne ferons aucun usage de ce
caractère. La forme des palpes, qui paraît moins variable que celle des antennes, sera notre principal
guide, et nos subdivisions seront fondées sur la forme
générale des antennes, en omettant toutefois les variations nombreuses qu'elles présentent, et dont il
nous semble impossible de tenir compte d'une manière
nière rigoureuse.

Le tableau suivant montre les caractères que nous
avons employés pour arriver à la distinction des sous-
genres dont se compose cette famille.

TABLEAU DE LA DIVISION DE LA FAMILLE DES CLÉRIENS,

EN GENRES ET EN SOUS-GENRES.

PALPES

- filiformes (antennes comprimées)............................ CYLIDRUS.
- à dernier article élargi
  - aux palpes labiaux seulement ; antennes
    - filiformes ou en scie............... TILLUS.
    - terminées en massue
      - serrée................. CLERUS.
      - aplatie ; cette massue lâche................. NECROBIA.
  - aux labiaux et aux maxillaires ; tarses
    - ayant tous les articles bilobés ; extrémité des antennes
      - peu dentée................. OPILO.
      - fortement dentée................. ENOPLIUM.
    - ayant le quatrième article bilobé................. EURYPUS.

GENRE CLAIRON.

CLERUS. GEOFFROY.

Geoffroy a choisi, pour désigner ce genre, un nom que les anciens donnaient à un insecte qui nous est inconnu. Il semble cependant qu'il a voulu se rapprocher autant que possible de leurs idées, puisque le nom de σκληρὸς appartenait chez eux à un insecte qui s'introduit dans le nid des Abeilles, d'après le rapport de Pline. Ce nom de *Clerus* n'a pas été adopté par Fabricius; il lui a préféré celui de *Trichodes*, qui indique une manière d'être constante de ces insectes, dont le corps est couvert de poils. Par la suite, cet auteur a subdivisé ces Clairons ou ces Trichodes en deux genres, à chacun desquels il a donné l'un de ces deux noms. Mais, comme les Clairons de Fabricius n'étaient pas les mêmes que ceux de Geoffroy, il a fallu, pour rendre à Geoffroy la justice que réclamait la priorité de ses travaux, donner aux *Clerus* de Fabricius, une dénomination nouvelle. Ces changemens de noms, et d'autres semblables, fort peu intéressans d'ailleurs, seront facilement saisis à l'inspection des notes de cet ouvrage sans que nous ayons besoin de nous y arrêter d'avantage. Ce que les Clairons offrent de curieux sous le rapport de leur nomenclature, c'est que Linné avait placé quelques unes de leurs espèces avec les Attabes, trompé sans doute par la disposition et la forme des antennes, qui présentent bien certains rapports avec celles des premiers genres de la nombreuse tribu des Charensons, dont les antennes ne sont pas coudées.

Les Clairons ont, comme les Ptiniens, l'habitude de contracter les pattes lorsqu'on les prend, et cherchent à échapper par une mort apparente, au danger qui les menace, mais ils ne tardent pas à reprendre leurs mouvemens, si l'on cesse de les inquiéter. On rencontre souvent dans nos maisons quelques petites espèces de Clairons, auxquelles Latreille a donné le nom de *Nécrobies*, pour des raisons que nous ferons connaître en présentant les caractères qui distinguent ce sous-genre. Les autres espèces vivent toujours dans les bois ou dans les jardins. Les pays chauds semblent plus riches en espèces de certains groupes, tels que celui des Opiles, des Cylidres et des Tilles, tandis que les Clairons et les Nécrobies sont plutôt des insectes d'Europe. Cependant plusieurs de ces derniers, et surtout une espèce, semblent propres à toutes les parties du monde, de même que certains Dermestes.

On divise les Clairons de la manière suivante :

1.° LES CYLIDRES. — *Cylidrus*, Latr.[1]

Insectes remarquables par leur forme cylindrique, par la grosseur de leur tête, et qui se distinguent de tous les autres Clairons par la forme étroite du dernier article de leurs *palpes* maxillaires et labiaux, qui sont un peu arqués et tronqués, mais non pas élargis à l'extrémité. Leurs *antennes* sont comprimées et un peu en forme de scie, à partir de leur cinquième article.

La seule espèce connue jusqu'ici est,

---

1. Étym. κύλινδρος, cylindre. — Syn. *Trichodes*, Fabricius.

LE CYLIDRE BLEU.

Cylidrus cyaneus, FAB.[1]

Joli insecte d'un bleu violet brillant, avec la tête et les côtés du corselet fortement pointillés et velus. Il a les pattes et l'abdomen jaunes, l'origine des antennes roussâtre, et le reste de ces organes d'un brun très obscur.

On le trouve aux îles de Bourbon, de France et de Madagascar. Il est long de trois à quatre lignes.

2.° LES TILLES. — *Tillus,* OLIV.[2]

Ils se distinguent des précédens par la forme du dernier article de leurs *palpes labiaux,* qui est large et triangulaire (*pl.* 9, *fig.* 1, *a*) et des deux suivans par celle de leurs *antennes* qui sont grêles, et plus ou moins dentées; ce groupe est assez riche en espèces. Celles dont les antennes sont en scie dans toute leur longueur, constituent les Tilles proprement dits des auteurs et de Latreille, et devraient se distinguer des *Thanasimes* du même Entomologiste, par le nombre des articles des tarses, qui serait de cinq dans les premiers, et de quatre dans les derniers; mais ce caractère ne nous paraît pas exact. Les vrais Thanasimes ont seulement les antennes plus grêles et moins dentées que celles des autres espèces. Parmi les espèces indigènes, la plus répandue est,

1. Ent. Syst., t. I, pag. 209.
2. Etym. τίλλω, je mords. — Syn. *Chrysomela, Attelabus,* Linné; *Thanasimus,* Latreille; *Denops,* Fischer, *Priocera,* Kirby; *Cymatodera,* Gray; *Stigmatium?* Gray.

1.° LE TILLE FOURMI. (Pl. 9, fig. 1.)

Tillus formicarius, LIN.[1]

Qui doit son nom à la ressemblance qu'on a cru lui trouver avec une Fourmi. Il est roux, avec la tête, la plus grande partie des élytres, les pattes et les antennes noirs, ainsi que le devant de son corselet; deux bandes blanches, dont la première est plus étroite et plus ondulée, traversent ses élytres qui offrent en outre des séries régulières de gros points qui ne sont guère visibles qu'à la base. La surface de sa tête est criblée de points enfoncés.

On le trouve dans presque toute l'Europe. Sa grandeur varie entre trois et quatre lignes.

Observation. Une espèce voisine de la précédente, mais plus grande qu'elle d'un tiers, s'en distingue parce qu'elle n'a plus que la base des élytres et le ventre de couleur rousse. De nombreux poils blanchâtres couvrent le devant de sa tête et les côtés de son corselet, et l'angle extérieur de ses élytres offre quelquefois un point noir.

2. LE TILLE UNIFASCIÉ.

Tillus unifasciatus, ROSSI[2].

Cette espèce se rapporte aux Tilles proprement dits des auteurs. Elle est noire, avec la moitié antérieure des élytres rouge, et une bande un peu arquée et de couleur d'ivoire sur la partie noire de ces mêmes ély-

1. Fauna Suecica, n.° 641.
2. Fauna Etrusca, t. J, pag. 138.

tres, sur lesquelles on remarque aussi plusieurs séries
de gros points qui ne s'étendent que jusqu'à la bande
de couleur d'ivoire.

Cet insecte, plus propre aux parties méridionales
de l'Europe qu'aux autres parties, varie pour la taille
entre deux et quatre lignes.

Observation. La dernière espèce de ce genre qui se
trouve aux environs de Paris, est le *T. elongatus*, joli
insecte bleu ou noir, avec le corselet rouge et les élytres élargies en arrière. Il a quatre lignes de longueur.

3.° LES CLAIRONS. — *Clerus*, GEOFF.[1]

On reconnaît ce sous-genre à la forme des trois derniers articles de ses *antennes*, qui sont plus larges que
longs, et constituent une sorte de palette en triangle
alongé (*pl.* 9, *fig.* 2, *a*). Il renferme les plus grandes
espèces indigènes, celles qui nuisent surtout aux
Abeilles. Tel est,

LE CLAIRON DES LOGES. (Pl. 9, fig. 2.)

Clerus alvearius, FAB.[2]

Qui dévore à l'état de larve les petits de l'Abeille
maçonne. C'est un insecte d'un bleu brillant, qui a les
élytres rouges, et trois bandes bleues en travers; la
dernière n'atteint pas leur extrémité.

On le trouve aux environs de Paris et dans toute
l'Europe. Il a de cinq à huit lignes de longueur.

---

1. *Clerus*, nom d'un insecte chez les Latins. — Syn. *Trichodes*, Fabricius; *Lasiodera*, Gray.

2. Ent. Syst., t. I, pag. 209.

Observations. Une seconde espèce des environs de Paris est celle dont la larve vit dans les ruches de l'Abeille domestique. On la nomme *C. apiarius*, Lin. Elle se distingue de la précédente par la bande bleue du bout de ses élytres, qui en recouvre l'extrémité. — On trouve dans le midi de la France une jolie espèce, *C. 8-punctatus*, Fab. qui est bleue et qui a aussi les élytres rouges, avec quatre points bleus sur chacune d'elles; ces points sont disposés sur trois rangs, dont le second en offre deux, et les deux autres un seulement.

4.° LES NÉCROBIES. — *Necrobia.* LATR.[1]

Ces insectes ne diffèrent des Clairons proprement dits que par les trois derniers articles de leurs *antennes* qui sont moins rapprochés, et ne forment pas comme dans ceux-ci une massue solide. Telle est,

LA NÉCROBIE A COL ROUX (Pl. 9, fig. 3).

Necrobia ruficollis. FAB.[2]

Petit insecte mi-parti de roux et de bleu. Le roux occupe le corselet, la naissance des élytres, la poitrine et les pattes; le bleu couvre les autres parties du corps et se change quelquefois en vert; ses antennes seules sont noires. Tout son corps est pointillé, velu, et ses élytres offrent en outre plusieurs stries formées de gros points.

---

1. Etym. ιεκρός, mort; βίος, vie. — Syn. *Corynetes,* Paykull, *Necro-bia,* Fabricius; *Corynetes,* Stephens.
2. Ent. Syst., t. 1, pag. 230.

On trouve cette Nécrobie dans toute l'Europe, et pour ainsi dire par toute la terre, mais ce qui la rend intéressante aux yeux du naturaliste, c'est qu'elle rappelle une épisode de la vie de Latreille, dont ce savant lui-même a voulu perpétuer la mémoire dans le nom générique qu'il a imposé à ce groupe. Les deux mots grecs qui ont servi à le former ne signifient pas, comme l'ont pensé Olivier et quelques autres, *qui vit sur les morts,* sur les cadavres; Latreille donnait à leur réunion la signification de *vie du mort.* C'est qu'en effet, la Nécrobie que nous venons de décrire fut la cause de son salut, comme il se plaît à le dire dans son histoire des insectes. Elle dut souvent retracer à son esprit des souvenirs bien amers, tempérés par la joie d'une délivrance inespérée. M. Bory de Saint-Vincent, l'un des auteurs de cet évènement auquel l'Entomologie est redevable de si grands travaux, a bien voulu nous donner sur cette époque de la vie de Latreille des détails curieux, que nous lui laisserons raconter lui-même.

« Latreille n'était connu, avant 1793, que par des communications d'insectes nouveaux faites aux Entomologistes de l'époque, et par des mentions de Fabricius et Olivier. Prêtre à Brives-la-Gaillarde, il fut arrêté avec les curés du Limousin qui n'avaient pas prêté serment, quoique, ne desservant pas de paroisse, il ne dût pas être compris dans la catégorie. Ces malheureux ecclésiastiques, avec ceux qu'on recruta en chemin, furent conduits à Bordeaux sur des charrettes pour être embarqués et déportés à la Guyanne. Ils arrivèrent vers le mois de juin et furent déposés à la prison du grand séminaire, en attendant qu'un navire

fût préparé pour les transporter. On prétend que le
proconsul, secrétaire de Robespierre, qui alors re-
présentait le comité de salut public dans le pays, avait
fait disposer le navire pour qu'il pérît en route.

» En ce temps, quoique fort jeune, je m'occupais
déjà beaucoup des sciences naturelles, mes parens
possédant un beau musée qui, depuis plusieurs générations se formait dans ma famille. Je m'occupais surtout d'insectes, et suivant des cours d'anatomie, les
élèves en chirurgie que j'y voyais se faisaient un plaisir de m'apporter les Papillons ou les Coléoptères qui
leur tombaient sous la main.

» Le 9 thermidor qui arriva comme on pressait la
déportation des prêtres, la fit suspendre. Le proconsul sanguinaire fut rappelé à Paris, pour rendre compte
de sa conduite ; un représentant plus doux fut envoyé
à sa place. La guillotine fut démontée, les arrêts de
mort cessèrent, on ne fit plus d'arrestations, mais les
prisons ne se vidèrent que lentement, et les condamnés à la déportation n'en devaient pas moins être ex-
pédiés ; mais leur départ fut retardé jusqu'au printemps, et Latreille demeura ainsi détenu et bien malheureux à la prison du grand séminaire.

» Dans la chambre qu'occupait Latreille, était un vieil
évêque bien malade dont un jeune chirurgien allait
chaque matin panser les plaies. Quelques jours avant la
mort de ce pauvre Monseigneur, comme le chirurgien
achevait son pansement, un insecte sortit de je ne sais
quelle fente du plancher. Latreille le saisit, l'examine,
le pique avec une grande épingle sur un bouchon, et
paraît tout content de sa trouvaille. C'est donc rare, dit
l'élève chirurgien ; oui, répond l'ecclésiastique. —En

ce cas vous devriez me le donner. —Pourquoi?—C'est
que je connais un jeune Monsieur qui a une belle collection, de bons livres, et me donne diverses choses à
mon goût, quand je lui porte des petites bêtes. — Et
bien portez lui celle-ci ; dites-lui comment vous l'avez
eue, et priez-le de m'en dire le nom.

» Le petit bonhomme accourut chez moi, me remit
le Coléoptère ; je me mis à chercher dans Geoffroy,
dans ce qui avait paru alors d'Olivier, dans l'édition de
Linné par Villers, et dans le Fabricius, qui était ce qu'on
avait de mieux y compris le *Systema naturæ* de Gme-
lin. Le lendemain, quand l'élève vint savoir ma ré-
ponse, avant d'aller au séminaire, je lui dis que je
croyais son Coléoptère non décrit. Ayant ouï cette dé-
cision, Latreille vit que j'étais un adepte, et comme
on ne donnait point aux détenus de plumes ni de papier, il dit à notre intermédiaire : —Je vois bien que
Monsieur Bory doit connaître mon nom. Vous lui di-
rez que je suis l'abbé Latreille, qui va aller mourir à
la Guyanne, avant d'avoir publié son Traité sur l'examen des genres de Fabricius. Quand ceci me fut rapporté, je fus de suite trouver mon père et M. Journu-
Auber, mon oncle, qui, sortis du fort du Ha depuis
trois mois, avaient repris dans notre ville, où la ter-
reur cessait graduellement, leur grande influence de
fortune et de position. Je leur appris qu'un Naturaliste
habile était détenu, et les priai de s'intéresser pour lui.
Dargelas que je prévins aussi se joignit à nous; on obtint avec quelque difficulté, mais enfin on obtint de
l'administration du département, que Latreille sorti-
rait de prison, sous caution de mon oncle, de Dargelas et de mon père, comme convalescent, et qu'on

le représenterait quand l'autorité le réclamerait. Avec l'ordre de sortie, Dargelas court au séminaire réclamer le prisonnier. La troupe venait de partir pour le funeste embarquement. Nous courons au port; les malheureux sont déjà sur le ponton. Dargelas prend un bateau et vient au milieu de la rivière où l'on appareillait; il montre sa pièce, Latreille lui est livré, il nous l'amène, et trois jours après, comme il s'ébergeait avec nous et nous exprimait sa reconnaissance, on apprit que le navire qui portait ses compagnons d'infortune avait sombré en vue de Cordouan, et que les marins seuls s'étaient sauvés sur la chaloupe du bord.

» Ainsi le *Necrobia ruficollis* fut évidemment le sauveur de Latreille. Sans lui je n'eusse probablement pas su qu'il était si près de ceux qui furent assez heureux pour obtenir sa sortie. Trois mois après, mes parens avaient fait agir à Paris, et obtenu la radiation complète de l'honorable victime, qui nous quitta pour se rendre à pied dans la capitale. »

Observation. On trouve encore en France deux autres Nécrobies. L'une *N. rufipes*, Fab., est bleue ou verte, avec les pattes et l'origine des antennes rousses, et se trouve dans toutes les parties du monde; l'autre, *N. violacea*, Lin., est entièrement bleue, avec les antennes noires. Elle habite plus particulièrement nos maisons. On a distingué de cette dernière, sous le nom de *Chalybea*, une espèce semblable à la précédente, mais dont les tarses sont roux. Les antennes se terminent par trois articles moins larges, moins anguleux, et par conséquent moins séparés entre eux.

5.° LES OPILES. — *Opilo*, LATR.[1]

Ces insectes ont, comme les deux sous-genres suivants, les *palpes maxillaires* et *labiaux* terminés par un article large et triangulaire. On reconnaît plus particulièrement les Opiles à leurs *antennes* qui se terminent par trois articles un peu plus larges que les autres, et forment une massue alongée. Tel est,

L'OPILE MOU.

Opilo mollis, LIN.[2]

Insecte alongé, brun, pointillé et velu. Ses élytres sont parcourues par des stries formées de gros points, et ornées de trois taches ou bandes jaunâtres qui n'atteignent pas leur suture. Ses cuisses sont jaunâtres dans les deux premiers tiers de leur longueur. Ses palpes sont de la même couleur. Ses antennes, sa poitrine et son ventre sont d'un jaune roux.

Il est long de quatre à cinq lignes, et large de près d'une ligne et demie, et se trouve dans toute la France.

6.° LES ENOPLIES. — *Enoplium*. LATR.[3]

Le caractère de ce sous-genre consiste dans ses *antennes*, qui se terminent par trois articles beaucoup plus grands que les autres et conformés en dents de scie (*pl.* 9, *fig.* 4, *a*). Tel est,

1. Etym. Nom d'un animal en latin.—Syn. *Notoxus*, Fabricius; *Axina*, Kirby.
2. Fauna Suec., n.° 642.
3. Etym. ὅπλιος, armé. — Syn. *Tillus*, Fabricius, Olivier; *Platyno ptera*, Chevrolat.

L'ENOPLIE A ANTENNES EN SCIE. (Pl. 9, fig. 4.)

Enoplium serraticorne, OLIV. [1]

C'est un petit insecte à élytres fauves, avec tout le reste du corps noir et luisant. Il est revêtu d'un duvet jaunâtre. La surface de son corps est entièrement pointillée.

On le trouve dans une grande partie de l'Europe et aux environs de Paris. Il est long de deux lignes, et large d'une ligne seulement.

Observation. On ne doit pas distinguer des Enoplies les PLATYNOPTÈRES, *Platynoptera*, Chev. [2], qui ont les articles terminaux des antennes plus alongés que dans aucune autre espèce, et dont les élytres élargies au bout leur donnent l'apparence d'un Lyque, genre d'une famille suivante. Ils ont les palpes maxillaires et labiaux terminés par un article très large.

8.° LES EURYPES. — *Eurypus*, KIRBY [3].

Ce sous-genre renferme quelques espèces exotiques, dont le caractère consiste dans la forme des *tarses*, qui ont leur avant dernier article très large et divisé en deux lobes. Dans tous les autres Clairons, les

---

1. Ent. t. II, n.° 22, pag. 4, pl. 1, fig. 2.
2. Revue Entomologique de Silbermann, t. II, n.° 18.
3. Etym. εὐρύς, large; πούς, pied. — Syn. *Stilponotus*, Gray. — Voyez, pour les Clairons en général, les ouvrages de MM. Curtis et Stephens; les Transactions Linnéennes de Londres, tomes VI et XII; le Zoological journal, tome II; les Insectorum Species novæ et le Magasin de M. Germar; les Horæ Entomologiæ de M. Charpentier; le Delectus Anim. articul. de M. Perty; les Analecta Entomologica de M. Delman; l'Expédition scientifique de Morée; l'American Entomology de Say; le Bulletin des Natura-

deux ou les trois articles qui précèdent le dernier sont également larges et plus ou moins bilobés. Les Eury-pes ont les antennes en scie, et le dernier article des palpes maxillaires moins large que celui des labiaux. Ils se composent d'un petit nombre d'espèces exo-tiques.

QUATRIÈME FAMILLE.

LES MALACHIENS.

Cette famille est assez étendue et se compose de trois genres principaux qui sont les Dasytes, les Malachies et les Téléphores. On ne connaît guère que les habi-tudes de ces derniers. Ils vivent à l'état parfait sur les fleurs, où ils se nourrissent d'insectes comme sous la forme de larve. C'est aussi le cas des *Malachies*, dont l'instinct carnassier a été remarqué plus d'une fois et qui leur est commun avec les insectes de la famille sui-vante, dont ils se rapprochent aussi par quelques points de leur organisation. Mais ils s'en éloignent par la forme de leurs antennes qui sont grêles, un peu den-tées en scie, et jamais pectinées ni flabellées, comme dans les Lampyriens. Leurs tarses sont formés d'articles

listes de Moscou, n.º 4 (1829); les nouveaux Actes de la Soc. royale des Sciences d'Upsal; les Mémoires de la Société d'histoire naturelle de Berlin, tome V; les Mémoires de l'Académie des Sciences de Stockholm, année 1825; une note sur une nouvelle espèce d'insecte observée à Grenoble (in-8.º, 1814) par M. Champollion.

étroits, ordinairement garnis en dessous de cils ou de petites épines, mais ils n'offrent jamais de lamelles, comme dans la famille des Clairiens; ils sont seulement membraneux en dessous dans quelques uns (*Téléphores*). Ils ont, entre les crochets qui terminent leur dernier article, un appendice membraneux, ou bien leurs crochets sont doubles, soit que le crochet intérieur s'alonge autant que l'extérieur, soit qu'il n'occupe que la moitié de sa longueur. Ce dernier cas est en particulier celui des Téléphores.

Si les insectes de cette famille n'ont rien dans leurs habitudes, qui les rende dignes de notre intérêt, soit par les dégâts qu'ils nous causent, soit par les services que nous pourrions en retirer, ils plaisent généralement par la beauté et la disposition de leurs couleurs. Quoique le nom de Malachiens, que porte cette famille, indique le peu de dureté de leur enveloppe ou de leurs tégumens, il ne faut pas néanmoins y attacher une trop grande importance. Cette mollesse de la peau n'est pas un caractère invariable, et quelques espèces (*Dasytes*) y font au contraire exception; mais nous avons préféré le nom de Malachiens, formé du genre Malachie, à celui de Mélyriens, ou mieux de Mélyrides employé par Latreille, parce que le genre des Mélyres nous a paru trop peu fondé pour être conservé.

Le tableau suivant indique les caractères à l'aide desquels on peut reconnaître les divers groupes de cette famille.

TABLEAU DE LA DIVISION DE LA FAMILLE DES MALACHIENS,

EN GENRES ET EN SOUS-GENRES.

TARSES à troisième article

crochets des tarses

- simple; sans membrane; — point de pelotte entre les crochets; ceux-ci
  - doubles; dernier article des palpes
    - ovalaire... **DASYTES.**
    - tronqué... **DOLICHOSOMA.**
  - une pelotte entre les crochets; antennes
    - simples... **PRIONOCERUS.**
    - grenues... **PELECOPHORA.**
  - crochets des tarses
    - simples... **LAIUS.**
    - dentées... **MALACHIUS.**

- doublés d'une membrane en dedans...
  - coudées... **TYLOCERUS.**
  - élargis au bout; antennes droites; dernier article des palpes
    - ovalaire... **CHAULIOGNATHUS.**
    - triangulaire... **TELEPHORUS.**
  - bifide; palpes pointus... **MALTHINUS.**

GENRE DASYTE.

DASYTES. PAYKULL[1].

Les Dasytes sont des insectes très velus, ainsi que l'indique leur nom. Quelques uns sont ornés de couleurs agréables, mais la plupart n'offrent à l'œil que des nuances obscures de bronze ou de noir. Dans le premier cas, sont presque toutes les espèces des régions intertropicales, et dans le second, viennent se ranger la plupart de nos espèces indigènes. On reconnaît les Dasytes à leur corps ovalaire, généralement couvert de longs poils, mais surtout aux doubles crochets qui terminent leurs *tarses*, ce que montrent plus particulièrement les grandes espèces. Cependant le crochet intérieur se montre de plus en plus court, à mesure qu'on descend dans la série, et même dans un sous-genre voisin *(Prionocère)* il finit par disparaître entièrement. Les antennes des Dasytes ne sont pas moins variables que les crochets de leurs tarses, et ne peuvent guère mieux servir à les diviser en groupes secondaires. Tantôt elles sont longues, d'égale grosseur partout et légèrement comprimées; tantôt elles sont courtes, épaisses et dentées comme une espèce de scie. Tel est surtout le cas du plus grand nombre de nos espèces et de quelques Dasytes exotiques de la

1. Etym. δασυς, velu.—Syn. *Enicopus, Aplocnemus*, Stephens; *Zygia, Melyris*, Fabricius; *Melyris*, Olivier, Illiger.

moindre taille, sans qu'il soit possible d'assigner exactement la limite entre ces deux manières d'être des antennes. Les palpes des Dasytes sont grêles et terminés par un article ovalaire ; ce n'est que dans les sous-genres qui en dépendent que leur dernier article se montre plus large.

Le genre Dasyte est riche en espèces, et se trouve répandu sur presque toute la surface du globe ; cependant l'Europe est, de toutes les parties du monde, celle qui en possède le plus. Quoique ce soient des insectes très abondans partout où ils se montrent, et dans le midi de la France en particulier, on ne connaît pas leur manière de vivre. On les trouve à l'état parfait sur les fleurs, et de préférence sur les fleurs en ombelle, où leur nourriture se compose probablement de substance miellée. On présume que, sous la forme de larve, ils se creusent des galeries dans le bois ou dans la terre, et qu'ils y vivent aussi sous l'enveloppe de la nymphe, mais ce sont de simples conjectures que l'on n'a pas encore vérifiées.

La forme des Dasytes est la même dans toutes les espèces. Quelques unes seulement ont les côtés du corselet surmontés d'une carène ou ligne élevée ; dans d'autres la tête s'alonge et devient ovale, tandis que, dans le plus grand nombre, elle est circulaire. Leurs élytres enveloppent toujours le bout de l'abdomen, et leur corselet s'avance de manière à cacher la tête. Leurs tégumens sont assez épais, et les poils nombreux dont ils sont revêtus, et qui sortent d'autant de petites cavités, leur donnent un air de famille auquel on les reconnaît aisément. Cependant on remarque, dans les caractères de ces insectes, des variations

dont nous allons donner une idée. Ainsi, parmi les espèces à antennes filiformes (*pl.* 9, *fig.* 5, *a*), et que
l'on semble s'accorder à regarder comme les Dasytes
proprement dits, nous signalerons

1. LE DASYTE ANTÉE. (Pl. 9, fig. 5.)

Dasytes antis , PERTY[1].

Ainsi nommé à cause de sa taille, qui en fait un des
plus grands insectes de tout ce genre. Il est d'un bleu
violet très brillant, avec une large bande jaune placée
en travers des élytres. Cette bande couvre ordinairement le tiers de la surface des élytres, mais elle varie
beaucoup en largeur, et se montre quelquefois sous
l'apparence de deux taches obliques, comme l'indique
la figure citée.

Ce bel insecte, représenté de grandeur naturelle,
se rencontre au Brésil.

Parmi les espèces dont les antennes sont dentées,
ou en scie, on trouve, en première ligne, un insecte
plus grand que le précédent, et dont le mâle se fait surtout remarquer par le développement extraordinaire
de ses élytres. Ces organes sont beaucoup plus larges
que le corps, et se replient sur les côtés du ventre en
formant un très gros bourrelet. Dans le mâle, comme
dans la femelle, le corps, les pattes et les antennes
sont noirs; les élytres seules sont colorées en rouge,
avec une double bande noire en travers et une raie
noire sur leur suture; leur extrémité est frangée de
poils noirs. Cet insecte a été envoyé de la Colombie

1. Delectus Anim. articul., pag. 29, pl. 6, fig. 13.

par un voyageur français, M. Lebas, et porte le nom de
DASYTE A TUNIQUE (*pl.* 9, *fig.* 6, le mâle). C'est le *Dor-
cas* des collections.

Parmi les autres Dasytes à antennes dentées et dont
la plupart sont propres à l'Europe, il en est dont le
mâle se distingue par la structure singulière des
deux jambes postérieures. Ces jambes sont arquées et
presque coudées, et se terminent par un appendice
ou sorte d'éperon aplati et contourné sur lui-même
(*pl.* 10, *fig.* 1, *a*). Par suite de cette disposition, le
premier article du tarse de ces mêmes pattes est très
long, autrement le tarse serait devenu inutile à l'insecte. M. Stephens a placé ces espèces dans un genre
particulier (*Enicopus*). Quant au reste des Dasytes à
antennes dentées, il en a formé un autre groupe
(*Aplocnemus*), laissant parmi les vrais Dasytes tous
ceux à antennes filiformes. Nous n'adopterons point
ces noms et encore moins celui d'*Enicope*, qui ne rappelle qu'un caractère propre aux mâles de certaines
espèces. Un autre caractère sexuel, beaucoup moins
saillant il est vrai, mais qui se retrouve dans toutes les
espèces, consiste dans une échancrure de l'avant dernier anneau ventral, et quelquefois aussi dans une
armature particulière du dernier anneau, ou dans la
direction oblique d'une partie des anneaux de l'abdomen, qui sont fendus au milieu dans les mâles, tandis que dans la femelle les segmens de l'abdomen sont
entiers.

On trouve, dans le midi de la France et de l'Europe, un de ces Dasytes dont le mâle se reconnaît à la
structure singulière de ses jambes; tel est,

2. LE DASYTE VELU. (Pl. 10, fig. 1.)

Dasytes hirtus, LIN. [1]

Insecte noir ou d'une couleur de bronze très obscur, ayant le corps tout criblé de points d'où sortent de longs poils noirs. Il est long de quatre à cinq lignes.

Parmi les espèces dont les jambes sont simples dans les deux sexes, on distingue,

3. LE DASYTE NOBLE.

Dasytes nobilis, ILLIG. [2]

Joli insecte bleu ou vert, remarquable par sa forme alongée, et dont le corps est criblé de points plus nombreux sur la tête et le corselet que sur les élytres.

On le trouve dans le midi de la France, dans une grande partie de l'Europe méridionale, en Orient et en Barbarie. Il est long d'environ trois lignes.

Enfin, d'autres Dasytes à antennes plus dentées encore que les précédens, nous conduisent aux Zygies et aux Mélyres de Fabricius. Ils ont, comme ces deux derniers groupes, les crochets intérieurs des tarses fort courts, et n'en diffèrent que par leur tête à peu près aussi étendue en longueur qu'en largeur. Tel est,

1. Syst. nat., t. II, pag. 563. — *Ater*, Fab. Ent. Syst., t. II, pag. 80.
2. Coléopt. de Prusse, pag. 308 et 309.

4. LE DASYTE BIPUSTULÉ.

Dasytes bipustulatus, FAB.[1]

Qui a la forme du *Dasyte velu*, mais qui s'en distingue par une tache rouge située à la base de chaque élytre, et par la ténuité des points dont il est parsemé.

C'est un insecte du midi de l'Europe et de la France en particulier. Sa longueur est de deux lignes et demie.

Observation. Le *D. 4-pustulatus*, Fab., ne se distingue du précédent que par la présence d'une seconde tache au bout de chaque élytre.

Les Zygies ne sont que des Dasytes dont la tête est plus longue que large, et qui ont les élytres surmontées de trois côtes ou lignes longitudinales élevées. On en trouve en France une espèce qui est,

5. LE DASYTE OBLONG.

Dasytes oblongus, FAB.[2]

Insecte rouge, avec la tête verte et les élytres bleues. L'origine de ses antennes est rougeâtre, et leur extrémité est brune. Il a les élytres parsemées de gros points, et le tour du corselet noirâtre, excepté en avant et en arrière.

---

1. *Hispa bipustulata*, Ent. Syst., t. II, pag. 71.
2. Ent. Syst., t. II, pag. 48. — Voyez, pour les autres espèces de Dasytes, les Illustrations de M. Stephens; le British Entomology de M. Curtis.; les nouveaux Actes de la Société royale des Sciences d'Upsal, t. VIII; les Mém. de l'Acad. des Sciences de Stockholm, année 1799; les Insectorum Species novæ de M. Germar; le Delectus Anim. articul. de M. Perty; le Voyage de l'Astrolabe, et la partie entomologique de l'expédition de Morée.

On trouve cet insecte en France, en Italie, en Orient et jusqu'en Egypte. Sa longueur est de quatre lignes.

Enfin, les Mélyres ne se distinguent en aucune façon des Zygies. Ils ont pour type un insecte très commun sur les fleurs, au Cap de Bonne-Espérance.

On peut détacher des Dasytes plusieurs sous-genres qui en diffèrent par leur aspect et par quelques autres caractères. Ce sont :

1.° LES DOLICHOSOMES. — *Dolichosoma,* STEPH.[1]

Insectes longs et étroits, dont les *palpes* sont terminés par un article presque triangulaire, et dont les *antennes* sont légèrement dentées. Les crochets de leurs tarses sont presque simples, comme dans les dernières espèces de Dasytes. Tel est :

LE DOLICHOSOME LINÉAIRE.

Dolichosoma lineare, ROSSI[2].

Petit insecte vert, criblé de points très nombreux, d'où sortent autant de petits poils qui le font paraître gris ou cendré. Ces poils sont moins nombreux sur les pattes et le ventre, qu'à la partie supérieure du corps. Ses antennes sont de couleur brune.

On trouve cette espèce dans toute l'Europe, et autour de Paris en particulier. Elle se tient sur les fleurs de la famille des ombellifères, et se fait surtout remarquer par sa forme longue et étroite. Elle n'a, en

1. Etym. δόλιχος, long; σῶμα, corps. — Syn. *Dasytes* des auteurs.
2. Faunæ Etruscæ mantissa, t. II, pag. 92.

effet, qu'un quart de ligne de largeur, sur une longueur de deux et demie à trois lignes.

2.° LES PRIONOCÈRES. — *Prionocerus*, PERTY. [1]

Ces insectes se distinguent des Dasytes par leurs
palpes, dont le dernier article est large, et par leurs
antennes qui sont comprimées, tantôt dentées, avec
leur dernier article échancré et tantôt presque filiformes, avec leur dernier article long et sinueux. Ils
ont la tête étroite, et les yeux presque contigus; leur
bouche forme une espèce de museau très propre à les
faire reconnaître.

3.° LES PÉLÉCOPHORES. —*Pelecophora*, LATR. [2]

Ce sont des sortes de petites Dasytes assez larges et
un peu aplatis, qui sont propres à l'Ile Bourbon et à
l'Ile de France, et dont les *palpes maxillaires* sont
terminés par un article très large, tandis que les labiaux sont étroits. Ils ont les antennes dentées, et ce
qui les distingue le mieux des deux autres sous-genres
et des Dasytes en particulier, c'est que leurs tarses présentent entre les crochets un appendice membraneux.

4.° LES LAIUS. — *Laius*, GUERIN [3].

Ce sous-genre a, comme le précédent, une mem-

1. Etym. πρίων, scie; κέρας, corne. — Type : *P. cæruleipennis*, Perty,
Coleoptera Indiæ orientalis (Thèse inaugurale, 1831).

2. Etym. πέλεκυς, hache; φέρω, qui porte. — Type : *Notoxus Illigeri*,
Schönherr, Syn. Insect., t. II, pag. 53.

3. Etym.? λαιός, gauche. — Type : *L. cyaneus*, Guér., Expéd. Duperrey. Insectes, pl. 2, fig. 10. — Ce sous-genre paraît le même que celui de
Megadeuterus, Westwood (Linn., Trans., XVI, pag. 678).

brane entre les crochets des tarses ; mais ce qui le distingue, c'est que les deux premiers articles de ses
antennes sont plus gros que les autres, et que ceux-ci
sont grenus. Ses palpes sont ovalaires. On n'en connaît
qu'une espèce.

5.° LES DIGLOBICÈRES. — *Diglobicera*, LATR. [1]

Nous ne connaissons ce sous-genre que d'après ce
que Latreille nous en a dit, dans une note du *Règne
animal* de Cuvier (tom. V, pag. 475). Il se distingue de
tous les autres par le nombre des articles de ses antennes, qui n'est que de dix, et par la forme des
deux derniers qui sont plus gros que les autres et
globuleux. D'après ce peu de mots, il est assez difficile de reconnaître ce groupe, dont le type n'est décrit dans aucun ouvrage.

GENRE MALACHIE.

MALACHIUS. FABRICIUS [2].

Les insectes appelés Malachies sont, comme l'indique leur nom, revêtus d'une enveloppe très molle ;
aussi leur corps, et surtout leurs élytres, se déforment-
ils en se desséchant. Cette propriété des Malachies et
de quelques autres genres d'insectes de cette famille

---

1. Étym. δὶς, deux fois ; *globus*, globe ; κέρας, corne. (Nom hybride et
à changer).
2 Étym. μαλακία, mou. — Syn. *Cantharis*, Linné.

et de la suivante, leur a valu le nom commun de Ma-
lacodermes, c'est-à-dire *peau molle,* par lequel on a
désigné ces deux familles dans certains ouvrages.

Les Malachies sont abondantes sur les fleurs dès le
commencement de l'été, mais elles ne se nourrissent
pas de substance végétale comme on pourrait le croire ;
elles font, au contraire, la guerre aux insectes. Cette
habitude, qui leur est commune avec les Téléphores,
donne à croire que leurs larves sont carnassières,
comme celles de ces derniers insectes, mais on n'a
pas encore vérifié ce fait. Un des traits les plus remarquables de l'organisation des Malachies, c'est la
présence de petites vésicules qu'elles font sortir à volonté des côtés de leur corselet et des bords de leur
abdomen, surtout quand on les inquiète. Ces vésicules
sont de couleur jaune ou rouge, suivant les espèces,
et semblent avoir pour but, par leur apparition subite,
d'effrayer les insectes qui voudraient s'attaquer à
elles. C'est du moins ce que l'on suppose, faute d'observations plus complètes.

On reconnaît les Malachies à leurs *tarses* simples et
grêles, garnis seulement en dessous de quelques poils,
et dont les crochets sont bordés en dedans d'une membrane mince (*pl.* 10, *fig.* 2 , *a*). C'est le moyen le plus
certain de distinguer ces insectes de tous ceux de la
même famille. Ils ont en outre les *palpes* grêles et terminés par un article ovalaire.

La différence des sexes dans les Malachies apporte
souvent des modifications remarquables à la forme extérieure de leur corps. En général, les femelles se reconnaissent à l'uniformité des anneaux de leur abdomen,
dont tous les bords sont droits et entiers, et les mâles.

au contraire, ont leur dernier segment ventral fendu dans sa longueur ; souvent aussi le segment qui le précède est échancré au milieu de son bord. Mais d'autres caractères se manifestent dans certaines parties. Tel est l'aspect bizarre que prennent les élytres de certains mâles ; le bout de ces organes se contourne ou se replie, se chiffonne en quelque sorte (*pl.* 10, *fig.* 2, *b*), se renfle et donne lieu à une cavité d'où sort une espèce de lanière dont l'usage est tout-à-fait inconnu. Tel est encore le développement de certains articles des antennes, qui se renflent, qui se prolongent et se terminent par un petit crochet. Le but de cette structure singulière, et qui ressemble à une déformation véritable, est de permettre au mâle de s'assurer de sa femelle. A l'aide des crochets ou des éminences de ses antennes, il saisit celles de la femelle et se fait porter de fleur en fleur, sur le dos de celle-ci, jusqu'à ce qu'il lui plaise de s'en séparer.

Les couleurs les plus ordinaires des Malachies sont le vert et le bleu, ornés de taches rouges ou jaunes, qui sont situées le plus souvent au bout des élytres. Quelques espèces sont agréablement variées de noir et de rouge, ou de noir et de jaune ; telles sont, en particulier, de petites Malachies exotiques. Le nombre des espèces de ce genre est assez grand, et la plupart se trouve en Europe. On rencontre plus particulièrement autour de Paris le type du genre qui est,

LA MALACHIE ROUSSE. (Pl. 10, fig. 2.)

Malachius rufus, FAB. [1]

C'est un insecte très commun au printemps sur les
fleurs. Ses élytres et les côtés de son corselet sont d'un
rouge vermillon ; il a le devant de la tête jaune, comme
le plus grand nombre des Malachies, et tout le reste du
corps d'un vert métallique ; ainsi que les pattes. Le
bout de ses palpes et de ses mandibules est noir. Les
élytres de la femelle sont ovales, et ses antennes un
peu dentées en scie et plus minces à l'extrémité, comme
dans toutes les autres espèces. Les élytres du mâle
sont irrégulières à leur extrémité, comme le fait voir
là figure citée, qui les montre de profil ; ses antennes sont fortement dentées et colorées en jaune à
la partie inférieure, excepté vers le bout.

Non-seulement cet insecte est commun autour de
Paris, mais on le trouve encore dans la plus grande
partie de l'Europe, en Orient et en Barbarie. Il a trois
lignes de longueur.

Observation. On a pris pour une variété de l'espèce précédente, un insecte qui paraît n'en différer
que par la couleur de son corselet, dont les angles

---

1. Ent. syst., t. I, pag. 222. — Voyez, pour les autres espèces de ce
genre, outre les ouvrages généraux de Fabricius, Olivier, MM. Gyllenhall,
Stephens et autres ; les nouveaux Actes de la Société royale des Sciences
d'Upsal, t. IX ; une Monographie des Cantharides et des Malachies de la
Snède, citée par Fallen (Observ. Entom., part. 2, pag. 30) ; l'American Entomology de Say ; le Magasin de M. Germar, t. III, et les Insectorum Species novæ du même auteur ; le Zoological Miscellany de M. Gray ; le Bulletin de la Société des Naturalistes de Moscou, t. VI ; le Voyage de l'Astrolabe
et l'Expédition scientifique de Morée.

antérieurs seuls sont rouges, et par une bande verte
qui s'étend plus ou moins sur la suture des élytres.
C'est le *Malachius æneus*, Lin. Mais les élytres du
mâle ressemblent à celles de la femelle, et ses antennes
ont à l'extrémité des deuxième et troisième articles
une saillie en forme de crochet. — Une troisième espèce, non moins commune que les deux précédentes,
M. bipustulatus, Lin., a le bout des élytres jaune ou
rouge et le devant de la tête jaune, ainsi que le dessous
d'une partie des antennes. Les deuxième, troisième et
quatrième articles de celles-ci se prolongent en dedans. — Une quatrième espèce, *M. geniculatus*, Germ.,
ne diffère de la précédente que parce que les élytres
du mâle sont chiffonnées au bout comme dans l'*æneus*;
elle a d'ailleurs les troisième, quatrième et cinquième
articles des antennes échancrés.

GENRE **TÉLÉPHORE.**

TELEPHORUS. Schæffer.

Ces insectes sont les seuls de toute cette famille
dont les habitudes soient entièrement connues. Ils
ressemblent aux Malachies, par l'ensemble de leur
structure et par leur instinct carnassier, mais d'un
autre côté on ne peut nier qu'ils ont de grands rapports avec les premiers genres de la famille suivante.
Ces rapports se manifestent à l'extérieur par la forme
large et bifide du troisième article de leurs *tarses* qui
se retrouve dans tous les Lampyriens, et par les ha-

bitudes des larves qui sont à peu près les mêmes. Cependant la forme sétacée et rarement en scie des
antennes, la structure des crochets qui terminent les
tarses, et l'aspect extérieur, nous ont porté à placer
les Téléphores dans une même famille avec les Malachies, quoique la réunion des deux familles des Malachiens et des Lampyriens, soit peut-être la marche
la plus convenable.

L'origine du nom de Téléphore est assez douteuse.
Il fait allusion, suivant Latreille, à un phénomène très
analogue à celui qui a donné lieu dans ces derniers
temps à des interprétations si diverses. On a remarqué,
à différentes époques, dans plusieurs parties de la
Suède et de la Hongrie, des pluies très abondantes
d'insectes, toujours accompagnées d'ouragans et de
chute de neige. En examinant les espèces qui se
montraient ainsi tout d'un coup sur le sol, et dont il
était entièrement couvert, on les trouva différentes,
et l'on reconnut que les Téléphores et leurs larves en
formaient la plus grande partie. Latreille a donc supposé que le nom grec de Téléphore signifiait, d'après
son étymologie, *porté au loin*, et non pas comme on
l'avait dit, *qui porte la fin ou la mort*. Cette dernière
acception, qui s'accorde mieux avec la lettre, s'éloigne plus de tout sens raisonnable, mais ce n'est pas
un motif suffisant pour donner gain de cause à Latreille. Car il faudrait reconnaître que ce mot a été
bien mal formé, puisqu'il ne présente aucun rapport
avec son étymologie. Croyons plutôt qu'il a été donné
dans l'origine à quelques unes des espèces dont le
bout du corps est taché de noir, ce qui s'accorderait
beaucoup mieux avec l'étymologie.

Mais laissons cette question peu importante, pour nous occuper du curieux phénomène que nous avons mentionné. Les larves des Téléphores vivent dans la terre, où elles passent la mauvaise saison, et ces larves sont très abondantes, comme le prouve la multitude d'insectes parfaits qui couvrent les fleurs au commencement de l'été. C'est pourquoi l'on a supposé que les insectes qui surgissent tout à coup au milieu des neiges, étant enlevés avec la terre qui les renferme, lorsque les ouragans déracinent les arbres des montagnes, sont alors transportés au loin par les vents. De Géer, qui explique ainsi ce phénomène, avait pensé d'abord que ces insectes pouvaient sortir de terre pendant la chute de la neige, mais comme il le remarque lui-même, ils ne parviendraient pas à en percer la couche extérieure, solidifiée par le froid. L'observation lui apprit d'ailleurs que cette supposition n'était pas admissible. Comment expliquer, en effet, la présence d'une grande quantité d'insectes qui se montrèrent tout-à-coup dans une partie de la Suède, au milieu des neiges qui recouvrirent la surface d'un lac? Etait-il possible de croire que les insectes venaient d'un autre endroit que de l'air, et leur transport par les vents ne semblait-elle pas l'explication la plus naturelle? Aussi fut-elle admise par Latreille, et l'on doit avouer qu'elle s'accorde bien avec les habitudes des Téléphores, et en général de beaucoup d'insectes qui cherchent dans la terre un abri contre les grands froids. Quoique ce voyage aérien puisse paraître une chose incroyable, n'est-il pas plus vraisemblable que l'opinion de certains auteurs qui font sortir de terre les Téléphores pendant la chute de la neige, parce

que, disent-ils, ces insectes éprouvent alors le besoin
de venir respirer.

La larve des Téléphores est assez semblable à celle
des Brachélytres et de certains Carabiques, comme les
Procrustes et les Calosomes. C'est une espèce de ver
(*pl.* 10, *fig.* 3, *a*) un peu aplati, pourvu de six pattes,
ayant des palpes et des antennes fort courts et terminés en pointe ainsi que les pattes. Le dernier anneau
de son corps est muni en dessous d'un tubercule ou
mamelon, qui fait l'office d'une septième patte, et
peut servir à distinguer ces larves de celles auxquelles
nous les avons comparées. Chez ces dernières, le bout
de l'abdomen offre en dessous une sorte de tube et
deux filets articulés, qui manquent toujours aux larves
de Téléphores. Celles-ci vivent dans la terre humide,
et s'y pratiquent des galeries verticales, et comme,
suivant l'observation de M. Blanchard, elles guettent
les insectes au passage, on pourrait en tirer avantage
en les multipliant dans nos jardins. Si l'on enferme
plusieurs de ces larves dans le même vase et qu'elles
n'aient pas d'autre nourriture, elles ne tardent pas à
se dévorer. Après avoir vécu dans la terre sous la
forme de larve et de nymphe, elles en sortent à l'état
parfait, au commencement de la belle saison, et se répandent sur les fleurs. Les Téléphores conservent, sous
leur dernière forme, les goûts qu'ils avaient sous l'enveloppe de la larve et se livrent à la chasse des autres
insectes. Rien n'est plus ordinaire que de voir de ces
Téléphores tenant, saisie entre les pattes, quelque
victime qu'elles déchirent avec leurs mandibules.
Du reste, ces insectes ne s'épargnent pas plus entre
eux qu'ils n'épargnent les autres espèces, et ce n'est

pas sans danger que le mâle s'approche de la femelle ; la taille, ordinairement plus forte de cette dernière lui donnant une grande supériorité, elle en profite pour le dévorer. Quelque surprenant que puisse être, dans l'histoire des animaux, un instinct assez carnassier pour étouffer la voix de l'amour, ce n'est pas le seul exemple que nous en connaissions ; et, sans parler des Araignées, qui appartiennent à une classe différente, nous retrouvons le même fait dans l'histoire des Mantes, parmi l'ordre des Orthoptères.

Les espèces de Téléphores sont très nombreuses et se font remarquer par leurs couleurs qui sont assez variées, du moins parmi les Téléphores exotiques ; mais ces couleurs ne changent guère que du fauve au brun et au noir, parmi nos Téléphores indigènes. Les différences que présente la forme de leurs palpes et de leurs antennes les a fait diviser en quatre sous-genres, qui sont :

1.° LES TYLOCÈRES. — *Tylocerus*, DALM. [1]

Dont le premier article des *antennes* est très gros, et beaucoup plus long que les autres, avec lesquels il forme un coude. Les derniers sont plus longs et un peu plus gros que les précédens. Leur tête est en forme de carré long, et forme en avant une sorte de large museau.

Ce sous-genre se compose d'un petit nombre de Téléphores exotiques.

1. Etym. τύλος, cal, durillon ; κέρας, corne.

2.° LES TÉLÉPHORES proprement dits. — *Telephorus.* [1]

Ils ont les *palpes* terminés par un article en fer de hache, c'est-à-dire que son bord terminal est en arc de cercle ; leurs *antennes* sont sétacées et leurs tarses larges, membraneux, avec l'avant dernier article bi-lobé.

LE TÉLÉPHORE BRUN. (Pl. 10, fig. 3.)

Telephorus fuscus, LIN.[2]

Est brun, comme l'indique son nom, avec le cor-selet, le devant de la tête et l'origine des antennes fauves ; le devant de son corselet est marqué d'une ta-che brune. Son ventre est entièrement fauve en des-sus, et sur les côtés seulement en dessous. Ses élytres sont pointillées et revêtues de poils gris, ainsi que les pattes.

Il est long de cinq ou six lignes, et se trouve en France et en Allemagne.

On en distingue le *T. rusticus*, Gyll., qui a la tache noire du corselet située sur le milieu, et les cuisses presque entièrement fauves. Il a la taille du précédent. — Le *T. obscurus*, Lin., est entièrement noir, avec les côtés du corselet roux. — Le *T. pellucidus*, Fab., est noir, revêtu de poils gris, qui lui donnent un aspect soyeux. Tout le devant de la tête, l'origine des an-

1. Etym. τέλος, bout, fin ; φορὸς, qui porte. — Syn. *Cantharis*, Linné et autres.
2. Fauna Suec., n.° 700.

tennes, et quelquefois les antennes entières sont
fauves, ainsi que le corselet, l'abdomen et les pattes;
le bout des quatre cuisses postérieures est noir et
quelquefois aussi une partie des jambes de derrière.
Il se trouve en Europe, et n'a que quatre lignes et demie.—Le *T. dispar*, Fab., ne diffère pas du précédent.
—Parmi les espèces qui ont les élytres fauves, on distingue le *T. lividus*, Lin., qui est entièrement fauve,
avec une petite tache noire sur la tête. Il a la poitrine
noire et le dessous du ventre quelquefois fauve et
quelquefois noir dans son milieu. Ses quatre jambes de
derrière et le bout des cuisses sont noirs. Sa longueur
est de cinq à six lignes. — *T. melanurus*, Lin. Fauve,
avec le bout des élytres et les tarses noirs, ainsi que
les antennes, dont le premier article seul est fauve. Il
est long de quatre à cinq lignes.—*T. rufus*, Lin. D'un
fauve pâle, avec la poitrine et une partie du ventre
noires, et le bout des quatre cuisses postérieures obscur. Sa longueur est de trois à quatre lignes.—*T. pallidus*, Oliv. Fauve pâle; ayant la tête, le corselet, la
poitrine et le ventre noirs; les antennes brunes avec la
base seulement fauve. Il est long de trois lignes.

Les Silis ont une échancrure de chaque côté du
corselet vers le bout postérieur, et dans cette échancrure on remarque une petite saillie d'apparence cornée. Tel est,

2. LE TÉLÉPHORE A COL ROUGE.

Telephorus rubricollis, CHARP.[1]

Remarquable par ses antennes un peu en scie. Noi-

1. Horæ Entomologicæ, pag. 194.—Voyez, pour les Téléphores, les nouveaux Actes de la Société royale des Sciences d'Upsal, tomes IV, V et IX;

râtre, avec le devant de la tête, le corselet, les jambes,
l'abdomen fauves, et le disque du corselet inégal.

Cet insecte se trouve en France, où il est rare, et
plus fréquemment en Allemagne. Il a deux lignes et
demie de longueur.

3.° LES CHAULIOGNATHES. —*Chauliognathus,* HENTZ[1].

Ces insectes se distinguent des Téléphores par le développement tout particulier de leurs mâchoires, qui
se prolongent en sortes de lanières (*pl.* 10, *fig.* 4, *a*);
mais comme ce caractère n'est pas toujours visible,
on peut les reconnaître à la forme de leurs palpes, dont
le dernier article est ovalaire, et plus renflé en dedans
qu'en dehors (*fig.* 4, *b*). Toutes les espèces sont étrangères à l'Europe. Tel est,

LE CHAULIOGNATHE DE PENSYLVANIE. (Pl. 10, fig. 4.)

Chauliognathus Pensylvanicus, DE GÉER [2].

Dont le corselet et les élytres sont fauves. Une tache noire occupe le milieu de son corselet, et ses

Monographia Cantharidum et Malachiorum Sueciæ, par Fallen (deux thèses,
Lund. 1807); les nouv. Mém. de la Soc. royale de Danemarck, t. II; le
Voyage au Brésil de MM. Spix et Martius; le Voyage autour du monde de
MM. Duperrey et d'Urville; l'Expédition scientifique de Morée; le Magasin d'Entomologie de M. Germar; les Insectorum Species novæ du même;
les Insectes du voyage de M. Caillaud en Afrique; le Zoological Miscellany
de M. Gray; le tom. VI du Bulletin de la Société des Naturalistes de Moscou, et enfin les Horæ Entomologicæ de M. Carpentier.

1. Etym. χαυλιόδους, qui a les dents saillantes; γνάθος, mâchoire. —
Voyez, pour ce sous-genre, les Transactions de la Société de Philadelphie,
t. III, nouvelle série.

2. *Telephorus pensylvanicus,* nom pour l'histoire des Insectes, t. IV,
pag. 78.

élytres offrent une tache de la même couleur qui occupe ordinairement leur dernière moitié, et s'étend quelquefois sur toute leur longueur.

Cet insecte se trouve dans l'Amérique septentrionale. Il est long de quatre à six lignes.

4.° LES MALTHINES. — *Malthinus*, LATR.[1]

Ils diffèrent des Téléphores par le dernier article de leurs *palpes* qui est renflé et terminé en pointe. Leurs antennes sont très grêles et leurs élytres plus courtes que le ventre et rétrécies en arrière. Ce sont de petites espèces presque toutes indigènes. Tel est,

LE MALTHINE A DEUX TACHES.

Malthinus 2-guttatus, LIN.[2]

Insecte brun, avec le bord du corselet, celui des segmens de l'abdomen et le bout des élytres jaunâtres; son ventre est jaune, avec une grande tache brune sur le côté de chaque segment.

Il est long d'une ligne et demie.

1. Etym.? μαλθόω, amollir.—Syn. *Cantharis, Telephorus,* des auteurs.
2. Fauna Suecica, n.° 712.—Voyez, pour les Malthines, les nouveaux Actes de la Société royale des Sciences d'Upsal, t. V; le Voyage au Brésil de MM. Spix et Martius, et les Insectorum Species novæ de M. Germar.

CINQUIÈME FAMILLE.

LES LAMPYRIENS.

Cette famille se compose d'insectes carnassiers à leur premier état, ce qui leur donne de grands rapports avec les espèces de la famille précédente. Celles dont nous allons faire l'histoire sont nombreuses, et ont des formes très variées, mais rien n'étant plus incertain que la limite qui distingue chacune de ces formes, nous sommes obligés de nous en tenir à des caractères au-delà desquels on ne trouve que confusion et incertitude. On en verra la preuve dans les deux genres des *Lampyres* et des *Lyques*, que les Naturalistes ont subdivisés dans ces derniers temps, mais dont les subdivisions ne sont appuyées, en général, que sur des données de peu d'importance, comme il n'arrive que trop souvent, lorsqu'on sépare au-delà des besoins. La famille des Lampyriens prend ses caractères dans la forme des tarses dont le quatrième ou avant dernier article est toujours divisé en deux lobes. Les crochets de ses tarses sont quelquefois munis d'un second crochet, et ses antennes ont ordinairement leurs articles conformés comme les dents d'une scie. Dans certains cas, ces articles se prolongent en sortes de lamelles; ils sont dits alors pectinés ou flabellés, mot qui indique le développement le plus

grand qu'ils puissent prendre. Cette disposition en
lamelles, ou mieux en lanières, est d'ordinaire l'attribut des mâles, et donne à quelques Lampyriens l'aspect le plus gracieux; mais c'est principalement sous
le rapport de leurs propriétés ou de leurs habitudes,
que les Lampyriens se montrent curieux. Ils méritent
surtout notre intérêt par les services qu'ils peuvent
nous rendre en détruisant des animaux nuisibles à nos
jardins (les Limaçons) et dont ils sont très friands. Une
singularité de leur structure, assurément très digne de
remarque, c'est l'état de quelques femelles qui sont
tout-à-fait dépourvues des organes du vol. Incapables
qu'elles sont de se déplacer aisément, elles déposent
leurs œufs dans le lieu qui les a vues naître, et leur
possession doit-être enviée par les propriétaires de
jardins potagers, parce qu'elles partagent avec eux le
soin de détruire quelques uns des ennemis des plantes qui servent à notre nourriture. Plusieurs de ces
femelles, celles du genre des Lampyres, offrent un
phénomène remarquable dans la propriété qu'elles
ont d'être lumineuses, phénomène que présentent
également quelques espèces de la dernière famille,
celle des *Elatériens*.

Tels sont, en peu de mots, les traits qui distinguent au premier abord les insectes de cette famille,
et qui les recommandent à notre attention. Ne voulant point anticiper sur les détails qui sont propres à
chaque genre en particulier, nous n'entrerons pas dans
de plus longs développemens, et nous présenterons de
suite les caractères essentiels auxquels on peut reconnaître les divisions que nous avons admises.

TABLEAU DE LA DIVISION DE LA FAMILLE DES LAMPYRIENS,

EN GENRES ET EN SOUS-GENRES.

ANTENNES

écartées; tarses
{
(élargis; antennes des mâles pectinées. . . . . DRILUS.

grêles, articles des antennes dentés. . . . . MALACOGASTER.
}

rapprochées; tarses
{
à quatrième article bilobé; articles des antennes
{
au nombre de douze; ces articles
{
ayant chacun deux rameaux. . . . PHENGODES.

simples ou à un seul rameau. . . . LAMPYRIS.
}

en nombre illimité. . . . . AMYDETES.
}

à quatrième et cinquième articles bilobés. . . . . LYCUS.
}

GENRE DRILE.

DRILUS. OLIVIER.

Ces insectes sont peu remarquables par leur taille
et par leur couleur, mais on ne saurait en dire autant
de leur forme extérieure ni de leurs habitudes. Ils nous
offrent le singulier phénomène d'une différence si
grande entre la femelle et le mâle, que sans l'observation directe on n'aurait pu les reconnaître. Le
mâle (*pl.* 10, *fig.* 5) est un petit Coléoptère ailé,
dont les antennes sont élargies en peigne ou en panache, et que l'on reconnaît dans cette famille à l'é-
cartement des antennes. Il est noir; il a les élytres
fauves et velues, et le bout des tarses et des jambes
roussâtre. Sa taille ne dépasse guère trois lignes
ou trois lignes et demie. On le trouve en été sur
diverses plantes, et, en particulier, sur des tiges de
graminées où il monte, dit un auteur, comme pour
apercevoir de plus loin sa femelle qui se tient à terre.
Celle-ci passe sa vie sous les feuilles et parmi les her-
bes. Elle est tout–à–fait privée d'ailes, et n'a aux antennes que dix articles, qui sont formés en dents de
scie. Elle est d'un roux plus ou moins vif, ou même
orangé pendant la vie, et présente deux taches noires
sur chacun des anneaux de son corps (*pl.* 10, *fig.* 6).
Ces anneaux sont presque uniformes, excepté le
deuxième, ou corselet, qui est plus large que chacun
des suivans. Tous les anneaux du ventre, c'est–à–dire
ceux qui sont dépourvus de pattes, offrent de chaque

côté une saillie membraneuse, ou sorte de mamelon
pyriforme.

C'est le premier exemple que nous présentent les
Coléoptères, d'insectes privés des organes du vol.
Nous avons déjà trouvé des espèces dont les élytres
soudées ou réunies dans toute leur longueur, indi-
quaient l'absence d'ailes membraneuses, tels que
les *Gibbies*, plusieurs *Carabes* et autres ; mais nous
n'avions pas encore observé l'absence totale des ailes
et des élytres. Cette anomalie, dont nous n'avons
pas à rechercher ici la cause, se présentera de nouveau dans le genre suivant et dans la tribu des Lamellicornes. Elle coïncide parfaitement, chez les Driles
et chez les Lampyres, avec des habitudes voraces, et
nous pouvons regarder comme un bienfait de la nature, que les femelles de ces deux genres d'insectes
ne se déplacent pas aisément, car elles nous aident
d'une manière efficace à détruire des animaux qui
nous sont nuisibles. C'est ce que va prouver l'histoire
des Driles pendant leur état de larve.

Ces larves (*pl.* 10, *fig.* 6, *a*) se distinguent des femelles par leurs pattes terminées en pointe, et par
la brièveté de leurs antennes, ce qui leur est commun avec les larves des Lampyres leurs voisins.
Mais on reconnaît celles des Driles à la présence de
deux rangées de houppes de poils, supportées par
des mamelons charnus comme dans la femelle. Le
dernier segment de leur abdomen forme deux pro-
longemens ou saillies velues, et de sa partie inférieure
ou anale il sort une espèce de pied cartilagineux que
l'insecte retire à songré et qui lui sert beaucoup dans
la marche. Tels sont les traits principaux de la struc-

ture extérieure de cette larve. Voyons ses habitudes.

M. le comte Mielzinsky, étudiant un jour des Limaçons ou Escargots, en trouva un qui s'était retiré au fond de sa coquille, en compagnie d'une larve d'insecte. Curieux de savoir quel était cet insecte, il s'adressa aux Naturalistes qui ne purent lui donner à ce sujet aucun renseignement; cette larve était encore inconnue. Il dut, dès lors, se résoudre à étudier ses allures, pour savoir ce qu'elle deviendrait, et, après de nouvelles recherches, il remarqua que loin d'être pour l'Escargot une compagne, elle en était un ennemi cruel, et que le trait le plus saillant de ses habitudes était une grande voracité. Cette larve subit ses développemens successifs dans l'intérieur des coquilles d'Escargot, attaquant les plus petits quand elle est faible et choisissant peu à peu une proie plus forte à mesure qu'elle devient plus grosse. Lorsqu'elle attaque un Escargot, elle ne le quitte pas qu'elle ne l'ait dévoré. Mais elle semble n'avoir de force que dans la coquille même, contre les parois de laquelle elle se fixe avec son pied postérieur ou anal. Et, en effet, si elle trouve un Escargot hors de sa coquille, au lieu de l'attaquer, elle se contente de monter sur son corps et rentre dans sa demeure avec lui. C'est alors, dit M. Mielzinsky, qu'elle s'approche du flanc droit de l'Escargot, et qu'elle y plonge sa tête aussi avant qu'elle le peut. L'escargot s'agite avec force et montre encore à l'orifice de sa coquille une partie de son corps, mais bientôt il y rentre pour n'en plus ressortir. Si par hasard en s'agitant, il trouve un corps étranger auquel il puisse fixer son ennemi, à l'aide de la matière visqueuse dont il l'entoure, il parvient ainsi à lui échap-

per; mais ce cas est très rare. Un Escargot attaqué
par une larve de Drile, périt presque toujours en peu
d'instans, sans que M. Mielzinski ait pu savoir comment elle parvient à le tuer.

C'est dans les ruisseaux desséchés situés au dessous
des haies que l'on trouve les larves de Driles. Lorsqu'on voit, dit l'observateur déjà cité, une coquille
fraîchement tombée, renversée, propre en dedans, et
dont on n'aperçoit pas l'Escargot, on est presque sûr
d'y découvrir une larve occupée à le dévorer. Aussi
lorsqu'on rencontre dans les jardins de ces coquilles
vides en apparence, il faut bien se garder, comme le
remarque avec raison M. Desmarest de les détruire
ou de les rejeter, car souvent elles renferment autant
d'ennemis acharnés des Limaçons. On peut trouver
les Driles partout où les Escargots se montrent en
grand nombre, et si l'on fait la chasse à ceux-ci, on
doit bien s'assurer, avant de les tuer, que l'on ne
prend que les individus sains, ce que leur pesanteur
fait généralement reconnaître.

Lorsqu'une larve de Drile a dévoré un Escargot, ce
qui dure environ quinze jours, elle nettoie l'intérieur
de sa coquille, pour y subir un changement de peau.
On voit alors la coquille souillée au dehors d'une
matière noirâtre et fétide, sorte de résidu de l'animal
dévoré, tandis qu'à l'intérieur elle est parfaitement
propre. La larve subit alors sa transformation, après
laquelle elle cherche une nouvelle victime. Elle recommence ainsi plusieurs fois, jusqu'à ce qu'enfin
elle se change en nymphe; puis, elle reste environ deux
mois dans ce dernier état, et se montre à l'état parfait
vers le commencement de l'été.

Ici finissent les observations curieuses de M. Mielzinsky au sujet de la larve du Drile[1]. Trompé par la
forme anomale de la femelle de cet insecte, dont
il ne connut pas le mâle, ce Naturaliste en fit le type
d'un genre nouveau, sous le nom de *Cochléochtone*,
c'est-à-dire *qui tue les coquilles*. Mais il avait donné l'é-
veil et signalé à l'attention des Entomologistes un fait
sans exemple, c'est-à-dire l'existence d'un Coléoptère
privé d'ailes à l'état parfait. Son appel fut entendu, et
le printemps suivant, un de nos Zoologistes les plus
distingués, M. Desmarest, professeur à l'école d'Alfort,
se mit à la recherche des Cochléochtones, dans l'espoir de parvenir à en déterminer le sexe. Il ne tarda
pas à les trouver en grand nombre à Alfort même, dans
le parc de l'école vétérinaire, où se trouvaient beaucoup d'Escargots appartenant à l'*Hélice némorale*. Il
recueillit environ cent cinquante coquilles renfermant
de ces larves, les plaça dans des pots pleins de terre
qu'il recouvrit d'une plaque de verre, pour empê-
cher l'entrée et la sortie de tout autre insecte : il avait
eu la précaution de couper le sommet de la spire pour
mettre les larves à découvert. C'est ainsi que cet observateur put s'assurer par l'éclosion des larves, que
l'insecte connu depuis long-temps sous le nom de
Drile, était le mâle du Cochléochtone. Mais comme
le plus grand nombre des larves qu'il avait recueillies
étaient des femelles, et qu'il n'avait obtenu qu'un seul
mâle, il voulut s'assurer, par une seconde observation,
si ces insectes si différens appartenaient à la même
espèce. A cet effet, il se procura des mâles en promenant un filet sur les plantes, aux environs du lieu où il

---

1. Annales des Sciences naturelles, t. I, pag. 67 et suiv.

avait pris les larves, et les enfermant avec les femelles, fut témoin de leur mutuelle rencontre.

Ainsi l'histoire complète du développement des Driles est due aux recherches de deux Naturalistes. M. Desmarest a publié ses observations dans le même recueil que M. Mielzinsky et peu de temps après lui. Il a rectifié quelques erreurs de détail qui ont échappé à M. Mielzinsky, relativement à l'état de nymphe et à sa durée. Ce dernier observateur semble en effet avoir pris pour l'état de nymphe, un des changemens de peau de la larve; c'est ainsi, par exemple, qu'il dit que cette nymphe est mobile comme la larve, et qu'elle reste trois ou quatre mois sous cette forme. Une dernière remarque qu'il nous reste à faire sur les Driles, c'est que la femelle est plusieurs fois plus grosse que le mâle. M. Desmarest suppose que les larves qui doivent devenir des mâles sont plus petites, et que la cause pour laquelle les mâles étaient rares parmi les Driles qui sont éclos chez lui, c'est qu'il a négligé de recueillir les petites larves qu'il avait regardées comme trop jeunes et trop éloignées de leur dernier développement.

On connaît trois espèces de Driles qui sont toutes trois européennes; mais on ne trouve en France que celle dont nous avons fait l'histoire. Elle porte le nom de DRILE JAUNATRE, *Drilus flavescens*. Rossi, qui a décrit le premier cet insecte, l'avait classé parmi les *Hispes*, genre de Coléoptères de la grande section des Tétramères, et Geoffroy l'avait nommé *panache jaune*, à cause de la forme des antennes du mâle. M. Mielzinsky a désigné la femelle sous le nom de *Cochleochtonus vorax*, qui s'est trouvé supprimé, par suite des observations de M. Desmarest. Enfin, la description des deux autres espèces est due à M. Audouin, qui a publié un mémoire spécial sur l'anatomie de ce genre d'insectes [1].

M. Bassi, Entomologiste de Milan, a publié récemment, sous le nom de MALACOGASTRE, *Malacogaster* [2], un insecte qui doit former un sous-genre distinct à cause de ses *antennes* en scie. Il a, comme les Driles, les antennes écartées à leur insertion, mais les articles de ses tarses sont grêles, cylindroïdes, tandis qu'ils sont élargis dans les Driles. La seule espèce connue, *M. Passerinii* [3], est brune avec le corselet rouge. Nous ne la connaissons pas en nature.

GENRE LAMPYRE.

LAMPYRIS. LINNÉ.

On connaît généralement les Lampyres sous le nom commun de *Vers luisans*, qui indique la propriété la plus remarquable de ces insectes. Ils sont ainsi nommés parce qu'ils répandent une lumière analogue à celle du phosphore. Comme les Lampyres ne se montrent que la nuit, il semble que la nature ait voulu leur donner le moyen de se voir et de se reconnaître

1. Annales des Sciences naturelles, t. II, pag. 443.
2. Etym. μαλακός, mou; γαστήρ, ventre.
3. Magasin de Zoologie, 3.e année, n.º 99.

dans les ténèbres. Plusieurs femelles de ce genre sont privées des organes du vol, et ces espèces, peu nombreuses d'ailleurs, appartiennent toutes à nos climats tempérés. Comme la lumière que répandent ces femelles a plus d'éclat que celle des mâles, on en a conclu qu'elles ne jouissent de cette propriété, que pour faire connaître à ceux-ci leur présence. Ce qui semblait surtout justifier cette manière de voir, c'est que certains mâles sont peu lumineux, ou qu'ils ne le sont pas du tout. Mais, comme le remarque avec raison de Géer, non-seulement les femelles des Lampyres sont lumineuses à l'état parfait, elles le sont déjà sous la forme de nymphe et jusqu'à leur état de larve. Cependant elles sont loin de répandre, sous les deux premières conditions de leur vie, une lumière aussi vive que celle qu'elles jetteront par la suite ; mais si l'on considère que les œufs mêmes des Lampyres sont déjà lumineux, on en conclura que cette propriété est inhérente à la nature de ces insectes, et que le but de ce singulier phénomène peut bien n'être pas tout-à-fait celui que les hommes ont imaginé.

La propriété lumineuse des Lampyres a donné lieu à une fiction ingénieuse que l'on nous permettra de rapporter ici, et qui, si elle laisse à désirer quelque chose sous le rapport de l'élégance, n'en n'a pas moins le mérite de l'originalité. Elle nous peint une des habitudes les plus constantes des Lampyres, celle de ne sortir que la nuit, observation qui ne devait point échapper, puisqu'elle forme un des traits les plus caractéristiques de ces petits animaux. Cette allégorie, imitée des Allemands, a été publiée en vers français dans le deuxième trimestre de la *Décade phi-losophique* publiée en l'an X.

> » Tranquille au fond d'un bois, long-temps avant l'aurore,
> Un Ver luisant brillait sur le gazon ;
> Un lourd Crapaud, tout gonflé de poison,
> Le lance méchamment sur l'innocent phosphore,
> Cruel, que t'ai-je fait ! lui dit le vermisseau,
> Pour me lancer ton venin pestifère ?
> Ah ! j'en mourrai. Tant mieux, dit le Crapaud,
> Périsse ainsi qui répand la lumière. »

Ce qui semble prouver encore que la lumière n'a pas été donnée aux femelles des Lampyres, uniquement pour attirer les mâles, c'est que ceux-ci jouissent ordinairement de cette propriété ; mais non point comme l'écrivait Mouffet, que les mâles des espèces d'Italie et d'Allemagne en soient seuls pourvus à leur tour. C'est une erreur que partagèrent avec lui quelques Naturalistes qui avaient pris pour la femelle la larve de ces espèces. La cause de ce singulier phénomène, qui étonnait justement Mouffet, et dont il abandonnait l'explication aux philosophes[1], se trouve donc expliquée par des observations mieux faites. Celui-là fut le vrai philosophe, qui sut reconnaître les mâles et les femelles.

Lorsqu'à l'entrée de la nuit, après une belle journée d'été, on se promène dans les prairies ou dans les bois, on voit souvent briller dans l'herbe des étincelles lumineuses. Ces étincelles ne sont autre chose que la

---

1. « Mares, sive volucres Ciciudelæ (c'est le nom des Lampyres dans Mouffet), hic (uti et in Vasconia) non lucent, sed feminæ; quæ vermes sunt. Contrà verò in Italià atque agro Heidelbergensi feminæ omnes ἀλαμπἐτοι, mares lucigeri videntur. Causam philosophis disputandam relinquo. » (*Theatrum Insectorum*, pag. 109, Londini, 1634.)

lumière de nos Lampyres femelles. Dans les contrées méridionales de l'Europe, en Italie, en Espagne et ailleurs, où les mâles des Lampyres sont lumineux comme les femelles, on jouit souvent d'un très joli spectacle dans la saison où se montrent ces insectes. Ils semblent autant de petites étoiles, pour me servir de l'expression de Pline, qui les appelle des étoiles de terre, et souvent on les a regardés comme de véritables feux follets. Mais ce spectacle est plus brillant encore dans les régions intertropicales du globe, où il se montre avec toute la splendeur qu'offrent les phénomènes de la nature dans ces climats si supérieurs aux nôtres. Tous les récits des voyageurs s'accordent à nous le faire envier. Tous parlent avec admiration de cette multitude de Lampyres qui illuminent les buissons, et dont la présence au milieu de la nuit prête un charme nouveau à cette nature si brillante et si riche.

Maintenant on se demande quelle est la cause de la lumière que répandent les Lampyres? Il est aisé de la découvrir, et l'on a fait depuis fort long-temps à ce sujet des recherches dont nous allons donner le résultat, sans toutefois reproduire ici les détails que renferment les premiers volumes de l'ouvrage où elles sont consignées. Si l'on examine un Lampyre sous le ventre, on reconnaît aisément que les trois derniers anneaux de son corps sont autrement colorés que les autres, et cette disposition persiste après la mort de l'insecte. Leur couleur est un jaune plus ou moins foncé; tantôt pâle et semblable à de l'ivoire, tantôt offrant une teinte orangée. Si l'on enlève ces segmens colorés, on trouve au dessous d'eux plusieurs petits sacs qui sont les réservoirs de la matière lumineuse. C'est une matière fluide, qui jouit de la propriété d'émettre de la lumière, tant qu'elle reste à cet état, mais qui la perd lorsqu'elle se durcit. Si l'on plonge un Lampyre dans le gaz oxygène, il se manifeste une augmentation de lumière très sensible dans les petits réservoirs lumineux, soit par suite de l'action directe du gaz sur la matière de ces réservoirs, soit par l'excès d'activité qu'il communique à l'insecte. On a observé que la lumière des Lampyres continue à se manifester dans le vide, mais cette circonstance ne doit pas nous surprendre, car on sait que les insectes vivent assez long-temps sous la machine pneumatique. On a fait des essais pour savoir quelle action exercent, sur la matière lumineuse des Lampyres, différens gaz et quelques autres substances. On a remarqué que les gaz impropres à la respiration, suspendaient la phosphorescence; mais parmi les diverses substances à l'influence desquelles on a soumis cette matière, il paraît que les plus contraires à son action, sont l'huile et l'eau froide. L'eau tiède aurait un effet moins marqué. Il règne néanmoins quelque incertitude sur les résultats des expériences que l'on a tentées, et les mêmes phénomènes ne se sont pas toujours manifestés dans les mêmes circonstances.

L'intensité de la lumière que répand un Lampyre semble dépendre uniquement de la volonté de l'insecte, qui peut à son gré devenir lumineux ou cesser de l'être. Dans nos espèces indigènes, cette lumière est assez vive pour permettre de lire, en plaçant un de ces insectes dans un petit flacon transparent et à parois minces. Si l'on en réunit plusieurs ensemble, la

lumière augmente d'une manière sensible. Il est donc
facile de comprendre ce que rapportent certains voyageurs, au sujet des *Lampyres* d'Amérique, dont deux
ou trois, disent-ils, suffisent pour éclairer une chambre. On prétend même que, dans la Louisiane, les
femmes se font des colliers et des bracelets de ces
insectes, et se promènent avec cette parure éclatante.

Des insectes aussi remarquables que les Lampyres
ne pouvaient pas échapper aux anciens. On leur
trouve en effet dans les auteurs grecs et latins une
foule de noms différens. Ils les appelaient λαμπουρὶς,
λαμπυρὶς, d'où l'on a fait Lampyre. Ils leur donnaient
encore les noms de πυγολαμπὶς, κυσολαμπις, (qui luit
par le derrière), ce qui fait voir qu'ils avaient observé d'où part la lumière. Enfin, ils les désignaient
encore par les noms de πυρολαμπις ou πυριλαμπις, ce
qui veut dire brillant de feu. La nomenclature des
Lampyres n'était pas moins riche chez les Latins, qui
leur donnaient les noms de *cicindela* (appliqué par
Linné à des insectes très différens, voyez tom. IV),
noctiluca, qui semble n'avoir été qu'un adjectif; *nite-
dula* (dont on a fait *nitidule*, voyez tom. V), et ceux
de *lucio, lucula, luciola, flamis* ou *flames, lucernuta,
incendula* et autres. Les Italiens ont gardé ceux de *luc-
ciola, luccida, lucio;* ils donnent aussi quelquefois à
ces insectes le nom de *farfalla*, qui correspond chez
eux à notre mot papillon.

Ce fut pendant long-temps une question de savoir
comment se nourrissaient les Lampyres, et récemment encore on pensait qu'ilsse contentent de feuilles
sèches, parce qu'on rencontre souvent leurs larves
abritées sous ces feuilles. Mouffet, leur assigne une

nourriture dont on trouve certainement peu d'exemples. Suivant lui, ces insectes vivent plusieurs fois du
même repas, qui passe successivement des intestins
dans la bouche. Son opinion est trop curieuse pour
n'être pas rapportée[1]. De Géer, parlant des larves de
Lampyres, les soupçonne d'être carnassières; il en
jugeait par la forme de leurs mandibules. Cependant
ayant gardé une de ces larves pendant plusieurs jours
sur de la terre fraiche qu'il avait garnie d'herbe et de
feuilles, il voyait cette larve languir, lorsque la terre
cessait d'être humide. Ne semblait-il pas résulter de
cette observation que cette larve mangeait des feuilles?
Il ajoute qu'ayant vu sa larve se tenir pendant quelques jours sur le dos, sans faire aucun mouvement, le
corps courbé en arc de cercle, sa situation l'alarma;
je crus, dit-il, qu'elle allait mourir, mais je m'aperçus
bientôt qu'elle devait se transformer en nymphe. C'est
pour cela, en effet, que la larve ne mangeait plus,
comme tous les insectes qui touchent au moment de
leur transformation en nymphe. Les soupçons de de
Géer se trouvent aujourd'hui confirmés, et l'on sait
d'une manière positive que les Lampyres sont carnassiers, surtout sous la forme de larves. C'est aux Limaçons qu'ils s'attaquent comme les larves du genre
des Driles, et ils dévorent ces Mollusques avec une
grande voracité. Souvent on voit plusieurs larves se
réunir pour leur livrer combat; le Limaçon se retire
d'abord au fond de sa coquille, mais bientôt les Lam-

1. « Sub uropygio excrementum ab alvo reddit subviscidum et filosum,
mellis æmulum, quod caudæ furculis ad os reductum, denuo absorbet,
staminaque exinde retrocedens fingere videtur lentoris prodiga, quæ se-
cundo devorat, eorumque revomitione et resorbitione sese sustentat. »
(*Theatr. Ins.*, pag. 109.)

pyres y pénètrent, le mordent, le harcèlent et finissent par le dévorer. On a conseillé, avec beaucoup de raison, de ne pas détruire les larves des Lampyres, mais plutôt de les multiplier s'il est possible dans les jardins, où ils seront des auxiliaires de l'homme non moins puissans que les Driles. La femelle des Lampyres étant privée d'ailes, ferait sa ponte dans le jardin où elle serait née. Cette ponte consiste en plusieurs œufs ronds qu'elle applique les uns contre les autres autour d'une tige ou d'un brin d'herbe, de manière à figurer une sphère. En peu de temps les larves venant à éclore, se répandraient aux alentours, et pendant la longue période de temps qu'elles passent sous cette première forme, c'est-à-dire pendant près d'un an, elles détruiraient bon nombre de Limaçons, si même elles ne les fesaient tout-à-fait disparaître, surtout si l'on parvenait à les y multiplier en grand nombre.

La larve du Lampyre en question (*pl.* 11, *fig.* 2, *a*) ressemble beaucoup à la femelle. Elle a, comme elle, le corps composé d'anneaux uniformes, mais elle en diffère par ses pattes et par ses antennes, qui ne sont encore développées que d'une manière incomplète. Elle a d'ailleurs une tache de couleur de rouille de chaque côté des anneaux du corps. La nymphe diffère peu de la larve; les taches de rouille des côtés de son corps ont seulement disparu, et bientôt elle se recourbe en arc de cercle, pour rester dans cette position jusqu'à l'état parfait. Les tarses de la femelle, au contraire, sont formés, comme ceux du mâle, de cinq articles distincts, et leur dernier article, au lieu de se terminer en pointe, supporte deux crochets.

Ses antennes sont bien développées; on leur compte onze articles comme à celles du mâle, et le deuxième anneau de son corps, ou son corselet, a acquis plus de développement que les autres.

Tous les Lampyres sont lumineux, et quoique ce genre soit riche en espèces, aucune ne fait exception. Ceux des Lampyres privés de lumière dans les deux sexes, dont parlent certains auteurs, et de Géer en particulier, se rapportent au genre Lyque de cette même famille, et à certains autres tels que celui de *Pyrochre*, dont nous parlerons en son lieu. Les Lampyres varient beaucoup dans la forme et les proportions des parties extérieures de leur corps, et néanmoins ils constituent un des groupes les plus naturels. Quelques uns sont d'une très grande taille, avec le corselet et les élytres plus larges que le reste du corps ; d'autres ont les élytres étroites et leur corselet ne couvre plus la tête. Leurs antennes offrent de grandes différences dans la forme de leurs articles, et sont tantôt en panache ou en évantail, tantôt en lanière, tantôt sétacées, quelquefois dentées ou agréablement pectinées. On a enrichi ce genre d'une grande quantité de noms qui correspondent à chaque variation de forme du corps et des antennes ; nous donnerons une idée de celles de ces formes qui sont les plus remarquables, en parcourant la série des espèces. Une dernière remarque, à laquelle donnent lieu les Lampyres, c'est que leurs couleurs sont peu variées; elles ne sont jamais ni métalliques ni brillantes, et ne changent que du fauve plus ou moins clair au noir ou au brun. Réunies sur le même insecte, elles y forment des taches ou des bandes quelquefois agréables à l'œil, mais le plus ordinairement les Lampyres sont d'une nuance uniforme et revêtus d'une teinte brune, avec le dessous de leur corps plus pâle.

Les Lampyres se composent d'espèces dont les antennes se touchent presque à leur insertion, et qui ont l'avant dernier article des tarses plus large que les autres. Ces caractères suffisent pour les distinguer des Driles et des Lyques. Les articles de leurs antennes, ordinairement au nombre de onze, dépassent quelquefois de beaucoup ce nombre, ce qui a donné lieu à l'établissement d'un sous-genre très distinct (*Amydète*); d'autres Lampyres, non moins remarquables, (*Phengodes*) ont la tête découverte, les élytres courtes et rétrécies en arrière, et les antennes offrant deux rameaux à tous leurs articles. A l'exception de ces deux sous-genres, toutes les variations de forme des Lampyres nous ont paru trop peu importantes pour être constatées par un nom générique; en conséquence, nous les laisserons dans un même sous-genre.

1.° LES LAMPYRES proprem.ᵗ dits. — *Lampyris*, LIN.

Ce sous-genre renferme un grand nombre d'espèces dont les antennes sont très variables sous le rapport de la forme, mais non pas du nombre de leurs articles. Ce dernier, en effet, ne s'élève pas au dessus de onze. Le principal caractère des Lampyres consiste dans l'insertion des *antennes* qui sont très rapprochées à leur origine. C'est ce qui les distingue surtout des deux sous-genres suivans.

Peu de mots suffiront pour donner une idée des principales formes que l'on remarque chez les Lam-

pyres. Tantôt les articles de leurs antennes émettent
de chaque côté un large feuillet dans les mâles, ou
une simple dent chez les femelles, comme dans le
LAMPYRE GRAND, *Lampyris grandis,* Sturm. — Tantôt
les antennes sont comprimées, dentées d'un seul côté,
comme dans le LAMPYRE FLABELLÉ, *L. flabellata,* Fab.,
joli insecte du Brésil, qui varie de couleurs, et dont
les taches des élytres forment quelquefois deux bandes
noires, ou même ne laissent plus de chaque côté que
des traces de couleur jaune.—D'autres Lampyres ont,
comme les précédens, les antennes comprimées et
dentées d'un côté, et n'en diffèrent que par leur forme
moins large (*Lucidota,* Lap.) : tel est le LAMPYRE FLA-
BELLICORNE, *L. flabellicornis,* Fab., qui vient aussi du
Brésil. —Il en est quelques-uns (*lucernuta*), dont les
antennes forment dans les mâles un large éventail;
tel est un beau Lampyre publié par M. Kirby, sous le
nom de *Latreillei.* Il faut rapporter à cette division
les Mégalopthalmes de M. Gray. On a encore nommé
Vesta quelques espèces à antennes flabellées d'un
côté, et qui ont comme les précédentes, le plan de
leurs feuillets perpendiculaire à celui des articles qui
les supportent. Tel est le LAMPYRE DE CHEVROLAT, *L.
Chevrolatii,* Lap.

Quelques autres Lampyres à antennes flabellées,
(*Cladophorus,* Guérin et *Ethra,* Lap.), ont quelqu'a-
nalogie avec les Amydètes, à cause de la longueur des
rameaux que présentent leurs antennes. Ce sont autant de lanières étroites dont la forme est irrégulière
comme on le voit dans le LAMPYRE LATÉRAL, *L. latera-
lis,* Guér., qui se trouve au Brésil.

Le reste des Lampyres offre des antennes sétacées,

minces et très légèrement comprimées. Les uns ont
un large rebord formé par le corselet et les élytres
(*Photinus*, Lap,), comme dans le LAMPYRE GÉANT, *L.*
gigantea, Schœn., (*pl.* 11, *fig.* 1), insecte du Brésil,
remarquable par la bande jaune un peu oblique que
présentent ses élytres auprès du bord extérieur. Les
autres n'ont point de rebord distinct (*Telephoroides*),
comme dans le LAMPYRE DE PENSYLVANIE, *L. Pensylva-*
nica, de Géer, qui ne paraît pas différer du *versicolor*,
Fab. — D'autres ont une forme ovalaire; leur corselet
et leurs élytres débordent le corps et lui donnent
quelque ressemblance avec certaines Blattes (*Phoras-*
pis) de l'ordre des Orthoptères. Tel est le LAMPYRE
IGNÉ, *Lampyris* (*Aspisoma*, Lap.) *ignita*, Lin., dont les
élytres offrent des raies jaunes sur un fond brun, et une
tache jaune de chaque côté. Il vient de l'Amérique du
nord.

C'est encore à cette division des Lampyres à antennes simples que se rapportent nos espèces indigènes.
Dans les unes les antennes sont courtes et décroissent
brusquement d'épaisseur; tel est,

1. LE LAMPYRE LUISANT. (Pl. 11, fig. 2.)

Lampyris noctiluca, LIN.[1]

Insecte brun, ayant le dessus du corps un peu rugueux et couvert de petits poils jaunes, le corselet
marqué en avant de deux taches transparentes en
forme de croissant ou de demi-cercle, et les élytres
surmontées de trois côtes peu saillantes. Le dessous

1. Fauna Suecica, n.° 699.

de son corps et ses pattes sont jaunes, mais son ventre est brun, avec le milieu des trois derniers segmens de couleur de soufre.

La femelle est tout-à-fait privée d'ailes et sa couleur est brune. Elle a comme le mâle six lignes de longueur.

Observation. Une espèce très voisine, mais propre au midi de la France, est le *L. splendidula,* Lin., qui se distingue du précédent par la couleur jaunâtre du dessous de son corps, et par le tour de son corselet qui est jaune. La forme du corselet diffère d'ailleurs dans ces deux espèces ; il est court dans le *noctiluca,* et presque aussi long que large dans le *splendidula.* — Une troisième espèce du midi de la France, qui se trouve aussi en Barbarie, est le *L. Mauritanica,* Fab., qui est fauve avec les élytres brunes; le disque du corselet est quelquefois de cette dernière couleur. Il ressemble au *L. splendidula,* mais son corselet est rétréci en arrière, et les taches transparentes de son bord antérieur sont à peine visibles.

Une quatrième espèce indigène forme à elle seule une division à part (*Phosphœnus*) à cause de ses antennes épaisses et presque grenues; tel est,

2. LE LAMPYRE HÉMIPTÈRE. (Pl. 11, fig. 3.)

Lampyris hemiptera, Geoff.[1]

Insecte de petite taille et de couleur brune, ayant les élytres très-courtes dans les deux sexes.

On le trouve dans une grande partie de l'Europe

1. Ins., t. I, pag. 168.

et autour de Paris. Il n'atteint que trois lignes de longueur.

Enfin, quelques espèces, dont les unes sont indigènes à l'Europe, et les autres exotiques, composent
une dernière division (*Luciola*), à cause de leur corselet court et de leur tête en partie découverte; tel
est,

3. LE LAMPYRE D'ITALIE.

Lampyris Italica, Lin.[1]

Joli insecte noir, avec le corselet roux, ainsi que la
poitrine et les pattes. Le bout de son abdomen, c'est-
à-dire les deux derniers segmens, est d'un jaune très
brillant et un peu orangé.

On le trouve dans le midi de la France, en Italie et
en Espagne. Sa longueur varie entre quatre et six
lignes.

Observation. On en a distingué une espèce très voisine, *L. Lusitanica*, Charp., qui a les élytres plus fon-
cées, dont la taille est plus grande d'un tiers, et qui a
le corselet sans taches, tandis que le *L. Italica* a
souvent une tache brune sur le milieu du corselet.
Mais le caractère le plus sûr pour distinguer ces deux

---

1. Syst. nat., pag. 645 — Voyez, pour les espèces du genre Lampyre,
les Annales de la Société Entomologique de France; le Magasin de Zoologie de M. Guérin; le Magasin d'Entomologie de M. Germar et ses Insectorum Species novæ; le Delectus Animal. articul. de M. Perty; le Zoological Miscellany de M. Gray; les Transactions de la Société Linnéenne de
Londres, t. XII; les Voyages autour du monde de MM. Duperrey et
d'Urville; l'Expédition scientifique de Morée, et, enfin, une Dissertation
Entomologique de Thunberg (Upsal, 1784) et les Actes de la Société royale
des Sciences d'Upsal, t. IX.

espèces, se trouve dans le bout de l'abdomen, qui est d'un blanc d'ivoire dans l'*Italica*, et d'un jaune orangé dans l'autre Lampyre.

2.° LES PHENGODES. — *Phengodes*, HOFFMAN.[1]

Ce sous-genre renferme un petit nombre de Lampyres dont les *antennes*, à partir du troisième article, sont plumeuses, chaque article émettant deux rameaux grêles et enroulés. Leurs élytres sont de moitié plus courtes que le ventre, et rétrécies à l'extrémité.

3.° LES AMYDÈTES. — *Amydetes*, LATR.[2]

Ils se distinguent des Lampyres et de tous les insectes de cette famille, par leurs antennes flabellées en dedans, et dont les articles sont en nombre illimité (trente et au-delà). Ce sont des insectes propres au nouveau continent, et dont on ne connaît que les mâles.

GENRE **LYQUE.**

LYCUS. FABRICIUS.

Les Lyques sont de jolis insectes, revêtus pour l'ordinaire de couleurs agréables et remarquables par la

---

1. Etym. φεγγώδης, lumineux.—Type: *Lampyris plumosa*, Oliv.; Ent., t. II, n.° 58, pag. 26. — Voyez, de plus, le Zoological journal et les Insectorum Species novæ de M. Germar.

2. Etym. incertaine.—Type : *L. plumicornis*, Latr., Voyage de MM. de Humboldt et Bonpland.

forme élargie de leurs antennes, dont les articles se présentent tantôt sous la forme de dents de scie, et tantôt sous celle d'un rameau, comme dans quelques Lampyres. Quelquefois aussi les antennes sont tout-à-fait cylindriques ou plutôt sétacées; c'est le cas des espèces indigènes.

On a confondu dans l'origine les Lyques avec les Lampyres, mais ils ne jouissent jamais de la propriété lumineuse qui forme l'attribut le plus remarquable de ces derniers insectes. Si les Lyques le cèdent aux Lampyres sous ce rapport, ils leur sont supérieurs par la beauté de leur enveloppe, qui brille souvent du plus beau violet, et dont le fond noir, ou d'un rouge de sang, est souvent orné de bandes ou sortes de ceintures jaunes ou blanches. Les formes sont presque aussi variées dans les Lyques que dans les Lampyres, quoique les premiers soient beaucoup moins nombreux. Leurs élytres, qui, dans nos espèces indigènes, sont de la largeur du ventre auquel elles servent en quelque sorte d'étui ou de fourreau protecteur, prennent dans plusieurs espèces un développement surprenant, surtout en arrière, où elles dépassent le corps en tous sens. Les nervures qui parcourent ces élytres forment à leur surface un réseau des plus agréables. Les pattes des Lyques sont comprimées et très larges; les tarses ont leurs articles larges et garnis d'une membrane en dessous. La tête s'alonge dans quelques espèces et forme une sorte de museau étroit, qui porte à son extrémité les différentes pièces de la bouche; dans quelques autres, elle est courte et ne dépasse pas l'origine des antennes. Ces antennes sont très rapprochées, et ce caractère, commun tout-à-la-fois aux Lyques et aux

Lampyres, le distingue suffisamment des Driles. Les Lyques à leur tour s'éloignent des Lampyres par l'aspect membraneux ou spongieux du dessous de leurs tarses et par la forme large et renflée du dernier article de leurs palpes (*pl.* 11, *fig.* 5, *a*) qui semble terminé en pointe. Nous partagerons les Lyques en deux sous-genres :

1.° LES OMALISES. — *Omalisus*, OLIV.[1]

Ces insectes se distinguent par la forme étroite de leurs *tarses*, dont le quatrième article est cependant bilobé, et par celle du dernier article de leurs *palpes* qui n'est pas élargi ni terminé en pointe, mais simplement tronqué. Ils sont les seuls dont les deuxième et troisième articles des *antennes* soient courts et égaux entre eux. Ces antennes sont cylindroïdes et reçues sous un petit prolongement ou sous une saillie de la tête. Telle est,

L'OMALISE SUTURALE (Pl. 11, fig. 4.)

Omalisus suturalis, OLIV.[2]

Petit insecte brun, avec les élytres d'un rouge de brique, et une large bande noire le long de leur suture : il a les pattes rougeâtres avec les cuisses brunes.

On le prend ordinairement en promenant un filet sur les plantes, pendant les mois de juin ou de juillet, dans les clairières des bois aux environs de Paris. Il

1. Etym. ὁμαλίζω, aplanir.
2. Entom., t. II, n.° 24.

a deux lignes et demie et quelquefois trois lignes de
longueur.

Les autres espèces du genre Lyque, quelques variables qu'elles soient dans leur forme, constitueront
pour nous un seul sous-genre ou

2.° LES LYQUES PROPREMENT DITS. — *Lycus.* Fab.[1]

Dont les *tarses* sont élargis et qui ont le troisième
article des *antennes* plus long que le précédent. Quelques espèces ont les antennes cylindroïdes ou plutôt
sétacées comme les Omalises. Ce sont nos Lyques
indigènes que Latreille a séparés des autres sous le
nom de *Dictyoptères* (ailes à réseau), quoique ce
soient précisément les espèces dont les élytres soient
le moins réticulées. Tel est,

LE LYQUE SANGUIN (Pl. 11, fig. 5.)

Lycus sanguineus, Lin.[2]

Qui est noir, avec les élytres et les côtés du corselet rouges, et dont les élytres sont marquées de
stries régulières et peu profondes.

1. Etym. λύκος, loup, etc. — Syn. *Lampyris*, Linné. — Il ne faut
rapporter à ce sous-genre aucune des espèces publiées sous ce nom par
différens auteurs. Les uns sont des Lampyres; les autres appartiennent aux
Lycus.

2. Fauna Suecica, n.° 704. — Voyez, pour les autres espèces de Lycus,
le Journal d'Histoire naturelle de Lamarck, etc., t. I.er; la Description
des Insectes du Cap, par Wulfen; les nouveaux Actes de la Soc. royale des
Sciences d'Upsal, t. IX; l'American Entomology de Say; le Magasin d'Entomologie de M. Germar; les Insectorum Species novæ du même auteur;
le Zoological Miscellany de M. Gray; les Voyages autour du monde de

Cet insecte a de trois lignes et demie à quatre lignes de longueur. C'est un des plus répandus aux environs de Paris. Sa larve est décrite par Latreille. Elle est alongée, de forme linéaire, aplatie, noire, avec le dernier anneau du corps rouge, en forme de plaque, et pourvu de deux sortes de cornes cylindriques, comme annelées ou articulées et arquées. Elle a six pattes, comme les larves de toutes les familles que nous avons décrites jusqu'ici.

Observation. On trouve encore autour de Paris et dans le midi de la France deux autres espèces de Lyques, appartenant à la division des antennes sétacées. Ce sont : 1.° Le *L. minutus*, Fab., qui est noir avec les élytres rouges, marquées de petites stries longitudinales, traversées par de petits sillons. Le bout de ses antennes est rouge; 2.° Le *L. aurora*, Fab., qui a le corselet et les élytres rouges, et ces derniers organes striés comme dans le *minutus*. Ils sont à peu près de la même grandeur que le Lyque sanguin.

Dans les autres espèces de ce sous-genre, dont aucune n'appartient à notre continent, la forme des élytres, celle de la tête et des antennes sont si variables, que nous serions forcés, pour en donner une idée exacte, de faire l'histoire de chaque espèce en particulier. Il nous suffira de dire que l'on a établi onze divisions dans le genre de Lyques et que chacune de ces divisions porte un nom différent[1]. Pour montrer combien les espèces de ce genre sont susceptibles de varier, nous donnons la figure d'une des

MM. Duperrey et d'Urville, et les ouvrages anglais de MM. Stephens et Curtis.

1. Voyez le Voyage autour du monde du capitaine Duperrey.

plus grandes espèces, qui doit à sa forme le nom de
LYQUE TRÈS LARGE (*pl.* 11, *fig.* 6), *Lycus latissimus*,
Lin. Dans cette espèce et dans beaucoup d'autres encore, le mâle seul prend cette extension remarquable,
tandis que, dans la femelle, les élytres sont alongées
et seulement un peu plus larges en arrière qu'en
avant.

SIXIÈME FAMILLE.

LES RHIPICÉRIENS.

Cette famille peu nombreuse se compose d'insectes
qui se rattachent à la précédente, sous le rapport des
formes, mais dont les habitudes sont encore peu
connues. On y remarque deux divisions que Latreille
a considérées dans ces derniers temps comme deux
familles distinctes et qui peuvent se reconnaître au
développement de leurs mandibules, tantôt courtes
et peu visibles, tantôt longues et saillantes au dehors. La première division renferme quelques espèces
de petite taille, qui vivent à l'état d'insecte parfait
sur les plantes aquatiques, et dont on ne connaît
point les larves. Le peu de solidité de leur enveloppe,
et surtout de leurs élytres, leur donne de plus grands
rapports avec la famille précédente, que la forme même
de leur corps qui est hémisphérique ou ovale, suivant
les espèces. Outre leurs mandibules courtes et presqu'entièrement cachées sous le bord de la tête, ce

qui les distingue de la division suivante, elles ont un autre caractère dans le peu de largeur de leurs tarses, qui n'offrent en dessous aucune espèce d'appendice. Les insectes de la seconde division dont les mandibules sont longues et bien visibles, ont les tarses souvent pourvus en dessous de lamelles membraneuses, et leurs antennes se développent en forme d'éventail ou de houppe. Ils ont quelque analogie avec les Lampyriens, par la forme de leur corps et par la consistance assez molle de leurs élytres, mais ils se rapprochent également des insectes de la famille suivante, dont ils se distinguent aisément par l'absence de toute saillie pectorale. Quoique les insectes de chacune de ces deux divisions soient encore peu connus dans leurs habitudes, on peut croire qu'ils n'ont pas l'instinct carnassier des deux familles précédentes, comme l'indique la forme de leurs mâchoires tout-à-fait dépourvues de dents. On les trouve à l'état parfait sur les plantes, mais on ignore leur manière de vivre lorsqu'ils sont à l'état de larve, et leur forme pendant cet état. Ce dernier document pourrait être d'un puissant secours, pour confirmer ou détruire les rapports que l'on croit trouver entre cette famille et la suivante, qui diffère autant de toutes les autres de la même tribu, par la forme de quelques unes de ses larves, que par le genre de leur nourriture.

Le tableau suivant pourra donner une idée des caractères à l'aide desquels on reconnaît les groupes dont se compose cette famille, trop hétérogène d'ailleurs pour être soumise à un caractère qui soit commun à toutes ses espèces.

TABLEAU DE LA DIVISION DE LA FAMILLE DES RHIPICÉRIENS,

EN GENRES ET EN SOUS-GENRES.

MANDIBULES

- courtes; tarses
  - à quatrième article bilobé; cuisses postérieures
    - renflées.................................. SCYRTES.
    - grêles.................................... ELODES.
  - formés d'articles grêles; antennes
    - en scie................................... EUBRIA.
    - grenues.................................. NYCTEUS.
- saillantes; tarses
  - ayant une pelotte entre leurs crochets; antennes
    - de plus de onze articles.................. RHIPICERA.
    - de onze articles; pourvu de lamelles...... PTYOCERUS.
      - dessous des tarses sans lamelles......... CALLIRHIPIS.
  - sans pelotte entre leurs crochets; palpes
    - courts.................................... DASCILLUS.
    - longs..................................... CEBRIO.

GENRE SCYRTE.

SCYRTES. LATREILLE.

Les insectes qui rentrent dans ce genre et dans le suivant nous occuperont fort peu, dans l'ignorance où nous sommes des circonstances de leurs habitudes. On les trouve à l'état parfait sur les plantes aquatiques, au bord des marais, des étangs et des fleuves. Ce sont de petits animaux très mous, noirs ou revêtus de couleurs pâles, et tachés quelquefois de brun. La petitesse de leurs mandibules les distingue des six derniers genres, et la forme bilobée du quatrième article de leurs *tarses* empêche de les confondre avec le genre suivant. On les divise en deux sous-genres qui sont :

1.º LES SCYRTES proprement dits. — *Scyrtes*, LATR.[1]

Dont les cuisses de derrière sont très grosses, et les jambes qui leur font suite terminées par deux forts éperons, dont l'un est plus long que l'autre (*pl.* 12, *fig.* 1, *a*). Tel est un petit insecte des environs de Paris, qui saute avec vivacité lorsqu'on veut le saisir.

LE SCYRTE HÉMISPHÉRIQUE. (Pl. 12, fig. 1.)

Scyrtes hemisphericus, FAB.[2]

Sa forme est hémisphérique comme l'indique son

1. Etym. incertaine.— Syn. *Cyphon*, Fabricius; *Chrysomela*, Linné.
2. Ent. Syst., pag. 34.

nom, mais déprimée et sa couleur noirâtre. Il n'a pas une ligne de longueur.

2.° LES ELODES. — *Elodes*, LATR.[1]

Qui ont les cuisses postérieures à peine plus grosses que les précédentes, les éperons des jambes égaux et qui sont plus alongés que les Scyrtes.

GENRE NYCTÉE.

NYCTEUS. LATREILLE.

Les espèces de ce genre sont peu nombreuses et de fort petite taille. Elles tiennent des Scyrtes par leur peu d'éclat et par le peu de solidité de leur enveloppe, et s'en distinguent par la forme de leurs *tarses* dont tous les articles sont simples et grêles. On les a pareillement divisées en deux sous-genres qui sont :

1.° LES NYCTÉES proprement dits. — *Nycteus*, LATR.[2]

Dont les *antennes* ont les derniers articles grenus et qui ont les quatre jambes de derrière terminées par deux éperons bien distincts, avec les tarses plus grêles vers le bout.

---

1. Etym. ἱλώδης, de marais. — Type : *Cyphon pallidus*, Fab., Ent. Syst., t. II, pag. 46. *Cyphon*, Fabricius.

2. Etym. incertaine. — Syn. *Eucinetus*, Germar. Type : *Euc. hœmor-rhoidalis*, Germ., Fauna Insect. Europæ, fasc. V, n.° 11.

2.° LES EUBRIES. — *Eubria,* LATR.[1]

Dont les *antennes* sont un peu en scie, les éperons des jambes petits et presque nuls, et les tarses aussi épais à l'extrémité qu'à la base.

GENRE **PTILODACTYLE.**

PTILODACTYLA. LATREILLE[2].

Les Ptilodactyles sont des insectes encore peu connus. Ils se distinguent des autres genres de cette famille par le nombre des articles de leurs tarses, qui n'est que de quatre en apparence, mais dont le cinquième est probablement caché à l'origine de l'un des quatre autres. Les trois premiers de ces articles sont garnis en dessous d'une membrane, et le troisième est divisé en deux lobes. Les antennes des Ptilodactyles sont presque aussi longues que le corps, comprimées et d'égale épaisseur dans les femelles de quelques espèces, tandis que dans les mâles leurs articles émettent en dedans un petit rameau. D'autres espèces ont les articles de leurs antennes en forme de dents de scie.

---

1. Etym. incertaine.— Syn. *Cyphon,* Germar. Type : *C. palustris,* ibid. fasc. IV, n.° 3. — Voyez, de plus, le Magasin d'Entomologie du même auteur, t. III et IV, et l'Iconographie de M. Guérin.

2. Etym. πτίλον, aile ; δάκτυλος, doigt. — Type : *Pyrochroa nitida,* de Géer, Ins., t. V, mems. XIII.

Les espèces de ce genre sont encore peu nombreuses et presque toutes étrangères à l'Europe. On en trouve à Madagascar dont les antennes offrent une structure singulière. Elles ont le premier et le troisième articles très grands, et celui-ci est comprimé, légèrement arqué, et beaucoup plus large que les suivans. Cette disposition semble n'être propre qu'aux mâles.

Le nom de Ptilodactyle fait allusion à la membrane qui garnit le dessous des tarses, comme l'indique l'étymologie.

GENRE RHIPICÈRE.

RHIPICERA. LATREILLE.[1]

Ce groupe, peu riche en espèces, se compose de jolis insectes dont les antennes pectinées dans les mâles forment une sorte d'éventail ou de panache, qui leur donne un aspect très gracieux. On les reconnaît aisément au nombre des articles dont se composent leurs antennes, et qui s'élèvent de vingt à quarante, tandis que dans les genres suivans on n'en compte jamais plus de onze. Ils ont un caractère qui leur est commun avec les deux genres suivans, dans la présence d'une pelotte entre les crochets de leurs tarses, mais ils se distinguent du dernier de ces deux genres, parce que les articles de leurs tarses supportent en dessous de petites lamelles, ana-

1. Etym. ῥιπίς, éventail; κέρας, corne. — Syn. *Polytomus*, Dalmann.

logues à celles que nous ont présentées la famille des
Clériens.

Les Rhipicères sont ornés de couleurs assez agréables et revêtus d'un duvet court et épais qui en ternit
l'éclat. Leurs femelles, ordinairement plus grosses et
beaucoup plus rares, se reconnaissent à leurs antennes,
dont les articles sont toujours en moindre nombre que
ceux des mâles, et qui se prolongent d'ailleurs beaucoup moins que dans ces derniers ; c'est ce que montre la figure 2, *a* de la planche 12, qui représente
l'antenne d'un mâle, et la figure *b*, qui est celle de
l'antenne d'une femelle.

Le peu d'espèces de Rhipicères que l'on connaît
se trouve disséminé d'une manière inégale à la surface du globe. C'est ainsi qu'une seule se rencontre
sur le continent Australien, tandis que les autres vivent dans le Nouveau-Monde, et surtout dans la partie
méridionale de ce continent. Ce sont des insectes rares,
que l'on rencontre isolément, sans doute parce que
l'on ne connaît pas leurs habitudes, comme l'histoire
des Cébrions nous en donnera la preuve. M. Lacordaire est le seul voyageur qui ait recueilli jusqu'ici
quelques faits concernant ces insectes. Ils ont, dit-il,
en parlant d'une espèce commune au Brésil, et qui
forme le type de ce genre, la démarche lourde, et se
tiennent volontiers immobiles sur les feuilles, ou accrochés aux plantes. Leur vol est lent, difficile et de peu
de durée. Si l'on vient à les saisir, ils fléchissent leurs
antennes et contractent légèrement leurs pattes, sans
toutefois les ramener contre le corps. Mais bientôt ils
abandonnent cette position, et se remettent à marcher
si on les laisse en liberté. Ils exhalent une odeur assez

forte, peu agréable, et qui a quelques rapports avec celle de certains Téléphores. On les trouve pendant la saison des pluies, c'est-à-dire du mois d'octobre au mois de mars, mais plus particulièrement en février. Ils se tiennent sur les arbrisseaux, dans les forêts vierges et loin de toute habitation, où ils rongent les feuilles et souvent les tiges des plantes à demi-ligneuses. Jamais, suivant M. Lacordaire, ces insectes ne se trouvent sur les fleurs. On peut croire qu'à l'état de larve, ils vivent dans l'intérieur des arbres et qu'ils y subissent leurs métamorphoses, ce voyageur ayant trouvé un de ces insectes à l'état parfait et récemment transformé, auprès d'un trou qui semblait être le sien.

On doit à M. de Laporte un mémoire détaillé sur les espèces de ce genre et des deux suivans; nous y renverrons ceux qui voudront les connaître. Nous figurons seulement comme type, le RHIPICÈRE BORDÉ, *Rhipicera marginata*, Kirby [1] (*pl.* 12, *fig.* 2), dont nous avons indiqué sommairement les habitudes.

GENRE PTYOCÈRE.

PTYOCERUS. THUNBERG. [2]

On désigne sous ce nom des insectes voisins des Rhipicères par la structure de leurs *tarses*. La lon-

1. Transactions de la Société Linnéenne de Londres, t. XII, pag. 385.— Voyez, pour les Rhipicères et les deux genres suivans, la Monographie qu'a publiée M. de Laporte dans le troisième volume des Annales de la Société Entomologique de France.

2. Etym. πτύον, van; κέρας, corne. — Syn. *Microrhipis*, Guérin; *Eurhipis* et *Megarhipis*, Laporte.

gueur que peuvent acquérir les articles de leurs antennes, est un des traits les plus remarquables des
espèces de ce genre, mais on ignore si les deux sexes
offrent sous ce rapport la différence que l'on remarque
dans les Rhipicères. Le nombre des articles de ces
antennes ne s'élève jamais au delà de onze, ce qui
permet de distinguer des Rhipicères ce genre et le
suivant. Les habitudes de ces insectes sont sans doute
analogues à celles des Rhipicères, mais leurs couleurs
sont moins agréables. Ils appartiennent à l'ancien
continent, à l'exception d'une espèce qui se trouve
au Brésil. M. de Laporte les a partagés en trois sous-
genres, d'après la forme des articles de leurs tarses.

GENRE CALLIRHIPE.

CALLIRHIPIS. LATREILLE.[1]

Nous avons fort peu de chose à dire de ce genre
d'insectes, qui se distingue du précédent par ses *tarses,*
dont les articles sont grêles et dépourvus en dessous
de toute espèce d'appendice ou de lamelle. Les espèces
dont il se compose se font remarquer par la longueur
des rameaux que présentent les articles de leurs antennes, sans que l'on sache si les mâles sont les seuls qui
en soient pourvus. Ce genre a beaucoup de rapports
avec le précédent et se compose d'un grand nombre
d'espèces. On en trouve dans toutes les parties du
monde, à l'exception de l'Europe.

1. Etym. καλὸς, beau; ριπίς éventail. — Syn. *Chamærhipis,* Latreille.

Observation. On place dans le voisinage des Rhipicères un insecte connu par la description qu'en a
publiée un auteur allemand sous le nom de *Sandalus*[1].
Nous ne le connaissons pas en nature. Il a les antennes
composées de onze articles en forme de dents de scie,
et dont les quatre derniers sont plus larges et forment
une sorte de massue. Cet insecte paraît se rapprocher
des Rhipicères par la structure de ses tarses.

GENRE DASCILLE.

DASCILLUS. LATREILLE.[2]

Les insectes dont se compose ce genre, se reconnaissent à la structure de leurs *tarses,* dont les trois
premiers articles sont en forme de cœur avec le quatrième bilobé, mais qui ne supportent point de lamelles ou d'appendices en dessous. De plus, leur
dernier article est dépourvu, entre les crochets qui
le terminent, d'un petit appendice que l'on désigne
souvent par le nom de pelotte. Leurs antennes ne
se composent que de onze articles grêles et un peu
en forme de dents de scie.

C'est surtout par l'absence de la pelotte entre les
crochets de leurs tarses, que les Dascilles se distinguent
des Rhipicères et de deux genres qui en sont voisins,
tandis que la forme de leurs antennes empêche de lés

---

1. Knoch, nouveaux matériaux pour l'Histoire des Insectes.

2. Etym. δάσκιλλος, nom d'un animal chez les Grecs — Syn. *Chryso-
mel,* Linné, *Cistela,* Olivier, Fabricius, etc.

confondre avec les Cébrions. Ce sont des insectes
peu connus dans leurs habitudes, et que l'on trouve
ordinairement sur les fleurs. Ils n'ont d'ailleurs rien
dans leur forme ni dans leurs couleurs qui les rende
dignes de notre intérêt. Si l'on en juge par la structure de leur bouche, ils ne sont point carnassiers,
quoique leurs mandibules soient acérées, car leurs
mâchoires se terminent en deux ou trois appendices
velus, ainsi que leur lèvre inférieure. Ils tiennent, sous
ce rapport, de tous les genres de cette famille, et
surtout de la suivante, qui ne vivent que de végétaux,
même à l'état de larve, et qui s'éloignent ainsi des
autres Serricornes, dont quelques uns se nourrissent
de substances animales et d'autres rongent le bois sec.

Les espèces de Dascilles ne sont pas très nombreuses. On trouve dans le midi de la France et même
autour de Paris, mais rarement,

LE DASCILLE CERF. (Pl. 12, fig. 3.)

Dascillus cervinus, OLIV.[1]

Dont la couleur est en dessus d'un brun cendré uniforme et noirâtre dessous. Des poils soyeux couvrent
tout son corps. Ses élytres sont striées et entourées
d'un rebord étroit, et, dans une variété de cette espèce, elles sont fauves ainsi que les pattes.

Cet insecte est long de cinq à six lignes.

1. Faun. Suec., n.° 575. — Variété : *Cistela cinerea*, Fab. Ent. Syst.,
t. II, pag. 42.

GENRE CÉBRION.

CEBRIO. Olivier.

Les Cébrions ont de grands rapports avec les Driles et les Lampyres, et comme d'un autre côté, ils tiennent de près aux Rhipicères, on pourrait en conclure que ces insectes appartiennent tous à une même famille. Des mandibules fortes ou arquées comme celles des Rhipicères, mais une lèvre supérieure courte et toute en largeur; des palpes très longs, surtout ceux des mâchoires; des tarses grêles et sans appendices; tels sont les caractères propres aux Cébrions. On remarque chez ces insectes des différences frappantes entre les mâles et les femelles. Les premiers ont des antennes longues, comprimées et légèrement dentées en scie, qui se composent de onze articles, dont le deuxième et le troisième sont fort courts (*pl.* 12, *fig.* 4, *a*); les femelles n'ont au contraire les antennes formées que de dix articles courts, serrés et presque moniliformes (*fig.* 5, *b*), et leurs organes du vol, c'est-à-dire les élytres et les ailes, plus courts que le ventre, ne doivent leur être que d'un faible secours. Ces différences avaient fait prendre dans l'origine les deux sexes pour deux espèces distinctes, mais l'observation des habitudes des Cébrions est venue corriger cette erreur.

Les Cébrions vivent dans le midi de l'Europe et dans le nord de l'Afrique. On en trouve en France deux espèces, dont les habitudes ne sont connues que depuis quelques années, encore ne sait-on pas quelle est la forme de leurs larves, ni le genre de leur nourriture. Ces insectes vivent dans la terre et ne se montrent qu'à la suite des averses, pendant les chaleurs de l'été. Si la pluie tombe en assez grande abondance pour rendre le sol humide à une certaine profondeur, celle de plusieurs pieds, par exemple, et qu'elle cesse ensuite, on ne tarde pas à voir paraître un grand nombre de Cébrions, qui sortent tous par autant de petites ouvertures. Mais si la pluie continue de tomber, il se forme bientôt des flaques d'eau où se noient ces insectes au sortir de la terre. Leur apparition est tout-à-fait subordonnée aux pluies de l'été; elle n'a lieu que fort tard si les pluies viennent elles-mêmes fort tard. Cette circonstance sur laquelle tous les observateurs sont d'accord, fait présumer que les Cébrions attendent sous la forme de nymphes le moment où la terre devient humide et molle pour passer à l'état parfait. Une expérience de M. Graells, entomologiste de Barcelonne, qui s'est livré, dans ces dernières années, à l'étude des mœurs de ces insectes, vient à l'appui de cette opinion. L'année 1836 était très chaude et très sèche, et les Cébrions ne se montrèrent pas. M. Graells, curieux de voir paraître ces insectes, fit arroser abondamment une portion du champ dans lequel les Cébrions avaient paru les années précédentes, et deux jours après, en fouillant dans la terre, il trouva en effet plusieurs Cébrions, mais seulement des femelles, ce qui prouve que leur éclosion fut toute artificielle, puisque les Cébrions ne se montrèrent qu'à la fin de septembre de la même année.

On savait depuis long-temps déjà que les Cébrions mâles se montraient en grand nombre, et l'on avait reconnu que les pluies étaient la cause de cette apparition, mais il restait encore à savoir dans quelles circonstances se montraient les femelles. On en trouvait bien quelques individus chaque année, lorsqu'on s'aperçut que ces femelles ne sortent point de terre, mais qu'elles montent auprès de la surface, ne laissant sortir que l'extrémité de leur ventre. C'est là qu'elles attendent patiemment dans cette position la rencontre du mâle. Cette première remarque, dont on ignore l'auteur, fit bientôt découvrir que là où les mâles s'abattent en petites troupes, on est sûr de trouver des femelles. On n'a qu'à remuer la terre avec une bêche, et l'on en met bientôt plusieurs à découvert. Le volume de leur ventre indique qu'elles ont subi l'approche du mâle, après laquelle elles ne tardent pas à rentrer en terre pour procéder à la ponte de leurs œufs et pour mourir ensuite, comme tous les autres insectes.

Tel est l'état de nos connaissances concernant les habitudes des Cébrions. On ne peut douter que leur larve ne vive comme eux dans la terre, et même que la femelle n'en sorte peut-être jamais; mais il reste à connaître la forme de ces larves, la durée de leur vie à cet état et leur nourriture. C'est aux Entomologistes du midi de la France, dont plusieurs s'occupent de ce sujet, qu'il appartient de combler ces lacunes, et nous citerons en particulier un jeune chirurgien de la marine, M. Mittre, qui a adressé à M. Audouin des détails curieux sur la rencontre des Cébrions, et qui se propose de donner suite à ses premières recherches.

Il nous reste à faire connaître les deux espèces de Cébrions dont nous avons parlé jusqu'ici et qui se trouvent dans le midi de la France et de l'Espagne. La plus anciennement connue est,

LE CÉBRION GÉANT. (Pl. 12, fig. 4, le mâle, fig. 5, la femelle.)

Cebrio gigas, ROSSI.[1]

Dont la couleur est noirâtre, avec les élytres, le ventre et les cuisses fauves, et qui est revêtu d'un court duvet sur toutes les parties de son corps. Ses élytres sont pointillées avec des stries longitudinales peu marquées. La femelle est d'un roux fauve avec le bout des mandibules et des cuisses noir; elle est très peu velue et moins pointillée que le mâle.

On trouve plus particulièrement cette espèce dans le midi de la France; elle est longue de six à neuf lignes.

L'autre espèce, *C. xanthomerus*, est noire en dessus et jaune en dessous. Elle a de plus les cuisses jaunes et le reste des pattes brun, ainsi que les antennes.

1. Fauna Etrusca. t. 1, pag. 256. — *C. longicornis*, Oliv. (le mâle), *C. brevicornis*, ibid. (la femelle). Ent., t. II, n.º 31, pag. 5. — Voyez, pour les espèces de Cébrions en général, ou les Cébronites de Latreille, le t. III des Annales de la Soc. Entom. de France; la Monographie des Cébrions par Leach, dans le t. 1 du Zoological Journal; la Centurie d'insectes de M. Kirby, dans le t. XII des Trans. de la Soc. Linnéenne de Londres; les nouv. Actes de la Soc. royale des Sciences d'Upsal, t. IX, 1827; les insectes d'Afrique et d'Amérique, par Palisot de Beauvois; les Insectorum Species novæ de M. Germar; le Voyage de MM. Spix et Martius au Brésil; le t. VI des Mém. de la Soc. des naturalistes de Moscou, et enfin l'Iconographie de M. Guérin.

Son corselet et sa poitrine sont revêtus d'un long duvet jaunâtre, tout le dessus de son corps est pointillé, et ses élytres offrent des stries assez marquées. Sa femelle ressemble beaucoup à celle de l'espèce précédente, mais elle a sur les élytres des stries bien marquées, et la couleur de ses jambes et de ses tarses est brune. La taille du *C. xanthomerus* est la même que celle du *C. gigas*. On le trouve abondamment en Espagne et dans les départemens de la France qui avoisinent les Pyrénées.

Il existe des Cébrions dans les autres parties du monde, mais ils forment des sous-genres distincts, et un fort petit nombre se rapporte aux Cébrions proprement dits. Ils n'ont de commun avec ceux-ci, que la forme arquée de leurs mandibules, et l'on pourrait aussi bien les prendre pour des insectes de la famille suivante, s'ils n'étaient dépourvus de la saillie sternale qui caractérise ces derniers. On remarque d'ailleurs de grandes variations dans les caractères de ces Cébrions, mais comme ce sont des insectes rares, encore fort peu connus, et que nous n'avons pas vus tous en nature, il nous serait impossible de présenter ici le résumé de ces caractères. Il règne encore à leur égard une obscurité remarquable, quoique deux naturalistes aient entrepris successivement d'éclaircir ce sujet. Ces deux savans, Leach et Latreille, ont élevé au rang de famille le genre des Cébrions, à cause du grand nombre de sous-genres qu'ils y ont attachés, mais l'un des deux, le docteur Leach, a placé le mâle et la femelle d'une même espèce dans deux groupes différens. Le travail de Latreille, plus récent que celui de Leach, laisse aussi à désirer quelque chose, surtout sous le rapport de la clarté. La nature de notre ouvrage ne nous permet pas de le reproduire et de le commenter comme il faudrait le faire, et d'ailleurs les recherches auxquelles nous nous livrerions n'auraient pour résultat que d'éclaircir la nomenclature de quelques espèces exotiques qui n'offrent aucun intérêt sous le rapport de leurs habitudes.

SEPTIÈME FAMILLE.

LES ÉLATÉRIENS.

Les insectes que nous comprenons sous ce nom de famille forment aujourd'hui pour les Entomologistes deux familles distinctes, dont chacune a pour type un seul genre, savoir, celui des Taupins, en latin *Elater*, et celui des Buprestes. Si l'on n'avait égard qu'au nombre des espèces dont se compose chacun de ces genres, on serait certainement bien en droit de les regarder comme deux familles distinctes ; mais comme toutes ces espèces sont loin d'offrir assez de différences dans leurs caractères pour donner lieu sans incertitude à l'établissement même de deux genres, nous n'avons pas cru devoir élever au rang de familles, deux groupes qui ne tiennent l'un à l'autre que par des nuances pour ainsi dire insensibles. Nous croyons donc être fondé à réunir ces deux genres dans une même famille, puisque souvent il n'est pas facile

de les distinguer avec certitude ; il était, par conséquent, beaucoup plus convenable de ne donner à
leurs caractères qu'une valeur de second ordre, en
les regardant comme de simples genres, que de les
élever au premier rang, en les faisant servir à la distinction des deux familles. Les Elatériens, tels que
nous les présentons, répondent exactement à la tribu
des Sternoxes de Latreille. Ils ont reçu de lui ce nom,
à cause de la saillie remarquable que fait le plus ordinairement le sternum de leur prothorax, et qu'il a
exprimée par deux mots grecs, qui signifient *sternum
pointu.* C'est là le caractère le plus constant de cette
famille, ou pour mieux dire son unique caractère. On
ne distingue même les Buprestes d'avec les Taupins
que par la manière dont la saillie sternale est reçue
dans le mésothorax. En effet, lorsque cette partie médiane et inférieure du premier segment thoracique,
qui se prolonge en arrière, est plate et simplement
appliquée sur une portion déprimée du mésothorax, ou, mieux encore, du mésosternum, elle caractérise les Buprestes ; lorsque, au contraire, elle
pénètre dans une cavité profonde du mésosternum
on reconnaît les Taupins. Il existe un genre intermédiaire qui n'a pas cette saillie pectorale des Buprestes et des Taupins, et que néanmoins l'ensemble
de ses caractères doit faire entrer dans cette famille,
c'est le genre des Eucnémides. Si l'on sépare les Buprestes des Taupins et qu'on en fasse deux familles
distinctes, que deviendront ces Eucnémides ? Il faudra
nécessairement en former le type d'une troisième famille, et même les Entomologistes ne se sont pas bor-
nés là. C'est la conséquence inévitable des subdivisions

trop nombreuses dans le classement des êtres naturels; c'est contre ces subdivisions que nous combattons
aujourd'hui et que l'on combattra constamment, si
l'on veut parvenir à se reconnaître dans ces innombra-
bles produits. Si, au contraire, nous suivons aveuglé-
ment les fréquentes variations de formes qu'ils nous
présentent, il nous sera bientôt impossible de les ex-
primer toutes et de les faire comprendre aux autres.
Il faut donc ici, comme dans toutes les parties de l'histoire naturelle, signaler les caractères des organes les
plus importans sans tenir compte des changemens sans
nombre qu'éprouvent certains organes accessoires; or,
c'est précisément ce que les Entomologistes semblent
vouloir oublier.

La preuve de cette assertion se trouve dans les
travaux de Latreille lui-même. Ce savant, qui avait
été pendant si long-temps le flambeau de l'Entomologie, qui avait introduit dans l'étude des insectes des
méthodes si claires et si sûres, n'eut pas, vers la fin de
sa vie, le courage ou la volonté de s'opposer au mouvement qu'imprimèrent à cette science une foule de
naturalistes nouveaux-venus, tous jaloux de faire quelque chose de neuf, et de recueillir pour eux-mêmes
quelque portion de la célébrité qui l'entourait. Appré-
hendant de rester en arrière de ceux qu'il avait traî-
nés long-temps à sa suite, et dont il était encore le
maître, il crut devoir céder à leurs innovations et
suivre cette impulsion nouvelle, pour n'en être pas
débordé. C'est cette impulsion même, de plus en plus
rapide, qui fait prévaloir aujourd'hui l'étude de la nomenclature sur la recherche des faits, et qui aura pour
résultat d'amener l'Entomologie à n'être plus qu'une

vaine science de mots et de noms d'insectes. Latreille,
entraîné par le mouvement, voulut paraître le diriger,
et les derniers mois de son existence furent consacrés à
la rédaction d'un travail sur la tribu des Sternoxes,
ou sur notre famille des Elatériens, qui ne le cède
en rien pour la confusion à tout ce que l'on a fait
depuis sur plusieurs autres familles. Nous ne pouvons le reproduire ici, ni même en donner une
idée au lecteur, parce qu'il est nécessaire, pour le
comprendre, de connaître tous les insectes qui en
font le sujet. Or, les limites de cet ouvrage ne nous
permettraient pas d'entreprendre une semblable tâche.

Nous avons déjà fait connaître la différence essen-
tielle qui se trouve entre les Taupins et les Buprestes,
et même entre les Eucnémides et chacun des deux
autres genres. Or, cette différence est intimement
liée à une particularité de leurs habitudes. Les Taupins, qui ont la pointe sternale plus développée que
les autres, sont d'excellens sauteurs, tandis que les Buprestes et les Eucnémides sont privés de cette faculté.
C'est presque le seul fait qui offre quelque intérêt
dans l'histoire des Elatériens, dont les mœurs sont
très peu connues. Leurs larves vivent dans les végétaux, et le petit nombre de celles que nous connaissons nous offre des formes assez différentes. Ce
n'est que très récemment que celles des Buprestes
ont été observées; et parmi les Taupins, la larve
d'une seule espèce était déjà connue du temps de de
Géer. Nous décrirons ces larves à l'article des genres
auxquels elles appartiennent.

Si l'on considère les Elatériens sous le rapport des
formes et sous celui des couleurs, on trouvera que,

pour le premier cas, il est peu de familles qui soient
plus monotones; mais que, pour le second, il n'en est
pas qui puisse rivaliser avec celle-ci. En effet, aucun
genre d'insectes, à l'exception des Lépidoptères, n'offre des couleurs plus vives ni plus éclatantes. Les
nuances métalliques les plus riches se remarquent sur
leur enveloppe, et cette dernière circonstance leur
a fait donner par Geoffroy le nom générique de *Ri-*
chards, qu'il a rendu arbitrairement en latin par le mot
Cucujus. Ce dernier, qui eut beaucoup mieux convenu aux Taupins qu'aux Buprestes, n'a cependant
pas prévalu.

Comme le genre Eucnémide, intermédiaire entre
les Taupins et les Buprestes, se partage en plusieurs
sous-genres, nous faisons suivre ici le tableau des caractères des différens groupes que nous admettons
dans cette famille d'insectes.

TABLEAU DE LA DIVISION DE LA FAMILLE DES ÉLATÉRIENS,

EN GENRES ET EN SOUS-GENRES.

PROSTERNUM

avec ou sans saillie; cette saillie

- bien visible .... ELATER.
- nulle ou à peu près; tête
  - verticale,
    - petite et cachée; antennes
      - libres .... SILENUS.
      - reçues dans des fossettes;tarses
        - simples .... EUCNEMIS.
        - à lamelles .... PTEROTARSUS.
    - grosse et bien visible; tarses
      - simples .... MELASIS.
      - élargis .... CEROPHYTUM.
  - horisontale; antennes
    - filiformes ou en scie; tête
      - découverte .... LISSOMUS.
      - cachée .... CHELONARIUM.
    - terminées en massue .... THROSCUS.

n'ayant qu'une saillie plate et peu développée antennes

- en massue .... APHANISTICUS.
- filiformes ou en scie. BUPRESTIS.

GENRE TAUPIN.

ELATER. LINNÉ.

Les Taupins ne sont guère remarquables que par
la multitude presque prodigieuse des espèces dont
ils se composent, et par l'uniformité des couleurs
dont ils sont ornés. La grande similitude de leurs formes rend leur détermination extrêmement fastidieuse,
surtout lorsqu'il s'agit des espèces d'Europe, qui sont
fort nombreuses et très peu variées. Lorsque l'œil ne
trouve pas à se reposer sur des différences de structure,
il aime au moins à trouver des couleurs agréables. Mais
ici, c'est le gris qui domine, et après lui, le brun ou
le noir; et si l'on trouve quelquefois des couleurs
brillantes, ce n'est que parmi les espèces des régions intertropicales. Quand à la structure des Taupins, quelques parties de leur corps présentent des
variations dans leur forme; tels sont les antennes et
les tarses. Tantôt les antennes sont en scie ou dentées, tantôt elles sont élargies en rameaux, tantôt
encore, elles sont flabellées. Ici ces antennes sont
insérées à découvert; là, une fossette du corselet les
reçoit pendant le repos. Les tarses de leur côté, sont
tantôt grêles et cylindroïdes; tantôt ils sont élargis
et présentent en dessous de leurs articles des lamelles
membraneuses semblables à celles de la plupart des
espèces de la famille précédente. Dans les uns, on
comptera quatre de ces lamelles sous les tarses, dans

d'autres, il n'y en aura que trois, que deux, et quelquefois même qu'une seule. Les articles des tarses eux mêmes sont soumis à plusieurs variations, et si dans certains cas leurs articles sont simples, dans d'autres, ils sont bifides ou en forme de cœur, comme cela arrive fréquemment au quatrième article; les crochets de l'article terminal offrent encore des modifications, suivant qu'ils ont leur tranche ou leur arête inférieure entière ou pourvue de dentelures. Ces différentes considérations et quelques autres, que présentent les modifications des hanches, par exemple, pourraient être employées avec avantage pour grouper les espèces, mais comme elles reposent souvent sur des formes peu arrêtées et dont les limites sont très incertaines, il y a de grands inconvéniens à les employer. Sans parler de la difficulté que l'on éprouve à reconnaître les genres ainsi établis, sans parler surtout des rapports naturels et de l'aspect si caractéristique de tous les Taupins, quel avantage croit-on pouvoir retirer de tant de nouveaux genres que l'on a établis parmi eux, et qui s'élèvent en ce moment à plus de cinquante?

Mais quel que soit le peu d'importance ou même l'inopportunité de ces nouveaux genres, dont l'adoption n'a pas rencontré d'obstacles, parce que les Entomologistes sont aujourd'hui plus avides de noms que de faits, il semble que les larves des Taupins présentent dans leur forme d'assez grandes différences pour qu'au premier abord on les rapporte à des insectes de familles très éloignées entre elles. C'est ainsi, par exemple, que la larve d'une espèce dont de Géer a le premier fait mention, se rapproche par sa forme des larves de Lampyres, tändis que celle d'une autre espèce (*El. segetis*, Fab.), connue seulement depuis peu, a les plus grands rapports avec une larve d'Hélops, genre d'insectes de la section des Hétéromères, au point qu'elle n'en diffère que par l'absence des deux crochets du dernier segment de son corps et par quelques détails de peu d'importance. Dans la larve de de Géer, le dernier anneau du corps de l'insecte se termine bien par deux crochets, mais dont la direction est horizontale. Une troisième larve (*El. niger*, de G.) dont on trouve la figure dans les Transactions de la Société Entomologique de Londres [1] tient le milieu entre les deux premières. Ne serait-il pas présumable que les Taupins à l'état de larve présentent entre eux des différences comme ils en offrent plus tard à l'état parfait? Les observations que l'on a faites jusqu'ici, quoique peu nombreuses, nous permettent presque de répondre affirmativement.

La larve figurée et décrite par de Géer, se trouve, selon cet auteur, dans la terre et sous les pierres. Elle est longue de huit lignes, et large d'une ligne et demie. Son corps est convexe, plus large que haut, et sa couleur est d'un brun obscur et luisant, entrecoupée par des bandes d'un jaune d'ocre, couleur de la membrane qui réunit les segmens du corps. Le dessous de son corps, ses côtés et ses pattes sont aussi d'un jaune d'ocre, et l'on voit çà et là quelques longs poils sur la surface du corps. En dessous du dernier segment, il se trouve comme dans les larves de Téléphores et de plusieurs genres voisins, un mamelon charnu, que la larve peut faire rentrer et sortir à son

1. 1.re part., pl. 2, fig. 1.

gré, et qui lui sert comme de septième patte, car
elle la pose contre le sol, et s'y appuie pendant la
marche. Sa démarche est peu vive, à moins, dit de
Géer, qu'on ne la poursuive. Cet observateur si exact,
et surtout si persévérant, n'a pu connaître les transformations de cette larve, que deux ans après l'avoir
vue pour la première fois. Celle qu'il trouva alors était
dans le terreau d'un vieux tronc d'arbre pourri. L'ayant
placée dans un vase avec de la terre et du bois vermoulu, il la vit l'année suivante se transformer en
Taupin.

Parmi les espèces de Taupins exotiques, un assez
grand nombre sont remarquables par la propriété
qu'elles possèdent d'être lumineuses pendant les ténèbres, comme certaines espèces de Lampyres. Ces Taupins, qui se trouvent aux Antilles et sur le continent
d'Amérique, y portent les noms vulgaires de *Cucujo*,
Cocouye et autres, différens seulement par la manière
de les écrire, et qui semblent avoir été portés dans
ces pays par les Espagnols, s'il est vrai, comme le dit
Latreille, que les Anciens désignaient sous le nom de
Cucujus des insectes que nous ne connaissons pas, ou
dont l'analogie n'est pas bien certaine. Quant aux Taupins lumineux d'Amérique, ils ont sur le corselet deux
tubercules lisses, en forme d'yeux et de couleur jaune;
tel est celui que nous décrivons plus loin sous le nom
de Taupin lumineux (*El. noctilucus*). Ces insectes,
suivant le rapport des observateurs qui les ont vus
vivans, émettent la lumière par les deux taches de
leur corselet qui sont transparentes, et cette lumière est si vive, qu'elle permet de lire aisément,
surtout lorsqu'on réunit dans un même vase plusieurs

de ces Taupins[1]. Il paraît que toutes les parties
de leur corps sont également lumineuses, mais que la
lumière ne se manifeste que par les deux taches de
leur corselet. Lorsqu'on sépare du corps de ces insectes quelques uns de leurs anneaux, on voit la lumière
au travers de la membrane qui les ferme. Ces Taupins
volent pendant la nuit et se tiennent immobiles tout
le jour, pendant lequel on les trouve rarement; mais
on les attire facilement la nuit, par la lumière d'un
flambeau, comme la plupart des papillons nocturnes.
Les Indiens, dit-on, s'en servent pendant leurs voyages, et les attachent à leur tête et à leurs souliers;
les femmes mêmes travaillent à la lueur qu'ils répandent. Ce qui achève de donner à ces insectes les plus
grands rapports avec les Lampyres, c'est qu'ils peuvent à leur gré cesser d'être lumineux. M. Curtis
a publié, sur un de ces Taupins (ce même *El. noc-*

1. Cucuji oculi splendent uti candela, quorum splendore aer adeo illus-
tratur ut quivis in cubiculo legere, scribere ac alia necessaria peragere
possit. Plures conjuncti lucem multo clariorem ostendunt adeo ut facile
per noctem tenebricosam integræ cohortes quocumque velint solo hoc,
quod nec venti auferre nec tenebræ obscuræ, nec nebulæ pluviæve ex-
tingere valeant lumine, iter suscipere possint. Elatis alis. item clunes versus
magno splendore emicant. Incolæ alio lumine neque in ædibus, neque in
foris ante Hispanorum adventum utebantur. Hispani autem (quia hunc
splendorem una cum vitâ lucigeræ istius bestiolæ paulatim perdunt), lampa-
dum vul lucernarum lumine ad negocia necessaria intus abeunda jam
utuntur, si vero nocte foras eundum sit, aut cum hoste recens appulso
confligendum, hisce tantum indiciis viam prætentant, atque dum unus
miles quatuor gestat cucujos, inimicis varie imponunt. Quum enim nobilis ille Thomas Candisius (orbis totius mensor), atque Robertus Dudleius
eques, inclyti Roberti Comitis Leicestrensis filius, Indorum littus primum
conscenderent, atque ea ipsa quâ appulerant nocte in vicina sylva infinitas
quasi lucernas faculasve ardentes præter expectationem moventes conspi-
cerent, Hispanos cum sclopetis et fomitibus ignitis ex improviso haud
longe abesse rati, ad naves celeres rediêre. Mouffet, Theatrum insectorum, page 112.

tilucus déjà mentionné) des détails pleins d'intérêt [1]
que nous reproduisons ici :

« M. Lees ayant été frappé de l'éclat de cet insecte
à son arrivée aux Indes-Occidentales, fut curieux de
le conserver vivant. Il fit, pour y parvenir, plusieurs
tentatives pendant son séjour aux îles Bahama. Mais
ses efforts avaient été inutiles, jusqu'à ce qu'il apprit
par une dame que la petite cage dans laquelle il le
tenait renfermé, devait être plongée chaque jour dans
l'eau froide. Ce qui rend cette précaution nécessaire,
c'est que cet insecte reste ordinairement dans des prairies humides, où il se cache tout le jour dans l'herbe.
Peut-être serait-il favorable à sa conservation et conforme à sa manière de vivre de mettre de la mousse
humide dans la cage qui doit être faite en bois. Il se
nourrit de la canne à sucre, sur laquelle il se tient, et
les larves en font sans doute autant, ce que l'on peut
d'autant mieux conjecturer qu'elles sont xylophages
(mangeuses de bois). Elles doivent alors causer aux
planteurs d'incroyables dommages, car elles sont pro-
duites en abondance dans les îles des Indes-Occidentales, sur lesquelles elles sont également répandues.
M. Lees ayant embarqué avec lui quelques cannes à
sucre pour nourrir ses insectes, remarqua avec quelle
promptitude ils en enlevaient le bois à l'aide de leurs
mandibules, pour arriver à la matière sucrée dont ils se
nourrissent. Lorsque leurs provisions furent épuisées,
il leur donna du sucre brut, et par ce moyen, il les
conserva vivans pendant tout le voyage, depuis le
mois de juin jusqu'au milieu de septembre.

---

[1]. Zoological Journal, tom. III, pag. 379.

» Le Taupin lumineux, comme toutes les espèces
du même genre, a la faculté de pouvoir se replacer
sur ses pattes au moyen d'un saut, lorsqu'on l'a
renversé sur le dos. C'est à quoi lui sert la saillie de
son corselet; mais il n'a pas la même force musculaire
que plusieurs espèces beaucoup plus petites; ainsi, il
n'est pas capable d'exécuter plus de trois ou quatre
sauts de suite. La lumière brillante qui s'échappe des
deux points élevés de son corselet se montre ou dis-
paraît au gré de l'animal, et l'intensité de cette lumière, lorsque l'insecte était excité par le souffle ou
par quelque frottement, était assez grande pour me
permettre de lire distinctement les lignes d'un livre le
long desquelles je le promenais; je pus aussi, de la
même manière, distinguer parfaitement l'heure qu'il
était à ma montre.

» Quand cet insecte est vif et bien portant, il semble
saturé de la secrétion lumineuse. En effet, lorsqu'il a
les ailes et les élytres complétement écartées, son dos
présente l'aspect phosphorescent. Une vive lumière s'é-
chappe aussi de la base de son abdomen, à l'insertion
des hanches postérieures. Ne voyant d'abord ces phénomènes se produire que sur quelques individus, je
crus qu'ils pouvaient être l'indice d'une différence de
sexe, mais il est plus probable que leur cessation ou
leur absence n'était due qu'à l'état languissant de l'a-
nimal. La lumière que répand ce Taupin est bien plus
éclatante et bien plus intense que la lueur modeste
de nos vers luisans (*Lampyris noctiluca*), et la substance qui la produit, lorsqu'elle est retirée du corps
de l'insecte immédiatement après sa mort, continue
à être lumineuse et phosphorescente. »

Les insectes sur lesquels M. Curtis a fait ces observations, périrent au bout de peu de jours, à cause
de l'abaissement qui survint bientôt dans la température. « Il est à espérer, dit-il, en finissant, que l'on
nous rapportera de ces insectes vivans, dans une saison moins avancée, car je ne doute pas qu'ils ne puissent vivre dans ce climat pendant la saison chaude. Je
ne désespère pas, en conséquence, de voir nos jolies
dames dans leurs campagnes, se parer de ces perles
vivantes chez elles et au dehors, et relever, par ce
moyen, l'éclat de leurs attraits. A La Havane, on ra-
masse ces insectes, et on les vend pour orner la coiffure des dames; ils sont placés, je pense, sous la gaze
qui recouvre leur tête, et l'éclat de ces petits astres
terrestres brille dans toute sa beauté, parmi les bou-
cles de leurs cheveux. »

Nous terminerons l'histoire des Taupins par quelques détails sur la faculté de sauter, qui distingue ces
insectes. Nous les emprunterons à Latreille [1].

« Le nom de Taupin, dit cet auteur, donné à ces
insectes par Geoffroy, n'est qu'un dérivé du mot *No-
topeda*, employé par le plus grand nombre des Entomologistes anciens, pour désigner les insectes dont il
est ici question, parce que ces insectes ont la propriété
d'exécuter des sauts assez considérables, à l'aide d'un
mécanisme particulier qui mérite d'être décrit avec
détail.

« Les Taupins volent bien, mais il s'en faut de beaucoup qu'ils aient la facilité des Buprestes pour prendre
leur essor à l'instant où on va les saisir; leurs pattes,

---

1. Hist. Nat. des Crustacés et des Insectes, t. IX, p. 9.

très courtes, ne leur permettent guère non plus de se soustraire par la course aux recherches de leurs ennemis, et lorsque par quelque accident ils sont renversés sur le dos, ils ne peuvent se remettre dans leur position naturelle avec l'aide seule de leurs pattes. En un mot, de tous les insectes, ils seraient peut-être les moins bien partagés dans les moyens de repousser ou de fuir les attaques dirigées contre eux, si la prévoyante sagesse de la nature n'y avait remédié en leur donnant la faculté de disparaître tout à coup, et dans l'instant où le danger est le plus imminent.

« Le corselet des Taupins ne peut se mouvoir sur l'abdomen, que dans un seul sens, c'est-à-dire, de haut en bas, car les angles postérieurs de ce corselet, terminés en pointe, et appuyés en quelque sorte sur la base des élytres, empêchent tout mouvement latéral. En dessous de ce corselet, et dans son milieu, vers le bord postérieur, est une partie cornée, élevée, pointue, en forme de crochet, et dirigée vers la poitrine (*pl.* 12, *fig.* 6, *a*). Celle-ci présente, à l'endroit vers lequel arrive la pointe du corselet, une cavité assez profonde, dont les bords sont très lisses, et dans laquelle s'enfonce l'extrémité de la pointe en question, quand le Taupin est dans sa position naturelle, c'est-à-dire, lorsqu'il est placé sur le ventre et que son corselet et son abdomen ne font point d'angle entre eux.

« L'instrument étant décrit, il ne me reste plus qu'à indiquer la manière dont le Taupin sait s'en servir. Cet insecte placé sur le dos, baisse la tête et le corselet vers le plan de position; par ce mouvement, la pointe du corselet est retirée de la cavité de la poitrine

dans laquelle elle est logée dans l'état ordinaire. Ensuite, après avoir ramené les pattes le long du corps,
le Taupin rapprochant vivement le corselet de l'abdomen, en dessous, pousse avec force et rapidité, contre le bord du trou, la longue pointe qui retombe
comme un ressort en rentrant dans sa cavité; le corselet et la tête, heurtant fortement contre le plan de
position, concourent par leur élasticité à faire élever
le corps en l'air. Par ce moyen, le Taupin saute per-
pendiculairement, et souvent à une hauteur égale à
dix et douze fois la longueur de son corps. Cependant,
la vigueur de ce saut varie en raison de la solidité
du plan de position. Ainsi on ne peut guère établir de
règle certaine sur son étendue comparée dans les diverses espèces. Quoi qu'il en soit, le Taupin réitère
l'emploi de ce moyen jusqu'à ce qu'il se soit totalement soustrait aux recherches de ses ennemis, et lorsqu'il peut se perdre dans l'herbe ou dans la mousse,
il s'y tient fort tranquille en attendant que le moment
du danger soit passé. Il arrive aussi fort souvent qu'il
retombe sur le dos; alors il recommence à sauter, et
cela autant de fois qu'il le faut, jusqu'à ce qu'il se
trouve dans sa position naturelle [1].

« Rarement ornés des couleurs métalliques qui
font admirer les Buprestes, les Taupins ont aussi le
corps plus alongé et plus déprimé; leurs yeux plus
petits, et leurs antennes souvent pectinées ou en
éventail, mais le plus souvent en scie, sont un peu

---

[1]. Le mécanisme du saut dans les Taupins a été décrit par M. Strauss,
et long-temps auparavant par M Weiss, mais comme l'explication qu'ils
en donnent repose sur des considérations purement géométriques, nous
n'avons pas cru devoir la présenter ici.

plus longues comparativement. Leur corselet plus
long, ou au moins aussi long que large, est terminé
en arrière par deux pointes aiguës qui se retrouvent à
peine dans le corselet des Buprestes. »

Il serait tout-à-fait superflu d'entrer ici dans le détail des caractères qui ont servi à diviser les espèces,
et sur lesquels on a cru devoir établir autant de genres ; nous ne pouvons que renvoyer au mémoire même
de Latreille, les personnes qui seraient curieuses de
les approfondir. Elles verront si les différens groupes
qui y sont indiqués se distinguent d'une manière suffisante pour être aisément reconnus, et surtout si
chacun de ces groupes ne se lie pas à tous les autres
par une telle ressemblance dans l'aspect général, que
les débutans eux-mêmes en Entomologie ne sauraient
s'y méprendre. Or, une des moindres conditions de
l'établissement d'un genre nouveau, c'est une différence suffisante dans l'aspect extérieur des espèces que
l'on y renferme. Nous nous bornerons donc à signaler
ici quelques Taupins, qui pourront servir de types à
tout le genre. Tels sont,

1. LE TAUPIN FLABELLÉ. (Pl. 13, fig. 1.)

Elater flabellicornis, LIN.[1]

Grand et bel insecte, entièrement revêtu de poils
cendrés qui tombent par le frottement, et dont le
mâle a les antennes élégamment flabellées, tandis
qu'elles sont simplement en scie dans la femelle
(*pl.* 13 *fig.* 1, *a*). Cette espèce appartient à un groupe

1. Syst. nat., t. II, pag. 651.

peu nombreux dont les tarses sont garnis de lamelles sous leurs quatre premiers articles.

On trouve cette espèce dans les forêts du Sénégal. Elle atteint une longueur de deux pouces et demi.

2. LE TAUPIN LUMINEUX. (Pl. 12, fig. 6.)

Elater noctilucus, LIN.[1]

C'est une de ces espèces qui se font remarquer par leur propriété lumineuse, et qui présentent sur leur corselet deux points élevés de couleur d'ivoire. Celle qui nous occupe est entièrement couverte de poils dorés et offre des stries légères et ponctuées sur ses élytres, ainsi que deux impressions bien marquées vers le milieu de son corselet.

On la trouve aux Etats-Unis, à la Guiane et au Brésil. Elle atteint près de deux pouces de longueur.

3. LE TAUPIN SANGUIN. (Pl. 13, fig. 2.)

Elater sanguineus, LIN.[2]

C'est une des jolies espèces indigènes; elle a les élytres d'un rouge de sang et tout le reste du corps

---

1. Mus. Ludov. Ulr., n.º 82.

2. Fauna Suec., n.º 731. — On trouve des espèces de Taupins mentionnées dans une foule d'ouvrages; tels sont en particulier, outre les ouvrages généraux, les Archives de Fuesly, les Actes de la Société royale de Danemarck, les Mém. de la Soc. des Naturalistes de Berlin, les Bulletins de la même Soc. à Moscou, les Actes de l'Académie royale de Naples, et beaucoup d'autres Recueils de Sociétés savantes; tels sont encore les Actes de la Soc. des Sciences d'Upsal, où Thunberg en a décrit un grand

noir. Elle est revêtue d'un léger duvet, entièrement
pointillée, et ses élytres offrent des stries qui sont
ponctuées d'une manière très distincte.

On la trouve aux environs de Paris et dans une
grande partie de l'Europe. Sa longueur varie entre
quatre et six lignes.

GENRE EUCNÉMIDE.

EUCNEMIS.

Ce genre d'insectes fait le passage des Taupins aux
Buprestes ; mais il est fort pauvre en espèces, si on
le compare à ces deux derniers. Il forme, dans le
travail de Latreille, deux familles mieux distinguées
par leurs noms que par leurs caractères : ce sont
les Eucnémides et les Cérophytides. Les Eucnémides

nombre d'espèces du cap de Bonne-Espérance ; et une foule de publica-
tions particulières, comme le Zoological Journal, le Magasin de Zoologie
de M. Guérin, le Magasin d'Entomologie de M. Germar, le Magasin d'Illiger,
les Insectes d'Afrique et d'Amérique par Palisot Beauvois, le Zoological
Misellany de M. Gray, les Archives de Wiedemann pour la Zoologie, les
Observations Entomologiques de Fallén, une dissertation de Quensel, les
Insectes recueillis en Afrique par M. Caillaud et décrits par Latreille, les
Insectorum Species novæ de M. Germar, le Voyage de MM. Spix et
Martius, l'Expédition de Morée, les Voyages autour du Monde, exécutés
dans ces dernières années, les Insectes de Madagascar, décrits par M. Klug
dans les Actes des Curieux de la nature, et beaucoup d'autres qu'il est
impossible de nommer ici ; on trouvera aussi des figures de Taupins dans
l'Iconographie de M. Guérin. Il faut surtout consulter les Annales de la
Société Entomologique de France pour la distribution générique des
Taupins et les Archives de Thonn, en allemand, que nous n'avons pas
vues.

ont aussi été le sujet d'un mémoire tout récent de M. de Laporte, qui les a divisés en deux tribus, comme Latreille, les Eucnémites et les Cérophytites, dont la dernière se subdivise elle-même en deux groupes, les Lissomites et les Cryptostomites. Nous ne nous arrêterons pas à caractériser ces prétendues familles ou tribus, parce qu'elles ne peuvent pas l'être. La seule indication qui permette de reconnaître les Eucnémis, c'est qu'ils ont la tête fort petite et presque cachée par le corselet, qui est plus bombé que dans les vrais Taupins. Ce sont des insectes rares, qui n'ont point la faculté de sauter, quoiqu'ils aient comme les Taupins, une saillie au sternum. Une Monographie de ces insectes, dont une grande partie se trouve en Europe, a été publiée, il y a quelques années, par M. le comte Mannerrheim, et nous ne pouvons mieux faire que d'y renvoyer les personnes qui voudraient les connaître plus particulièrement. Nous indiquerons seulement ici les trois principales divisions qui se présentent dans la série des espèces, tant exotiques qu'indigènes ; ce sont :

1.° LES SILÈNES. — *Silenus,* LATR.[1]

Qui renferment des Eucnémis à *antennes* libres, composées d'articles simples et égaux, et dont les *tarses* sont grêles et filiformes. Ces espèces sont très étroites et pour la plupart indigènes.

1. Etym. Nom de la fable. —Syn. *Xylobius, Nematodes, Hylochares, Dirhagus,* Latreille.

2.° LES EUCNÉMIS PROPREMENT DITS. — *Eucnemis*, AHR.[1]

Dont les *antennes* se logent dans des fossettes situées sous les bords du corselet. Ils ont les *tarses* simples et les antennes plus ou moins dentées, selon les espèces.

3.° LES PTÉROTARSES. — *Pterotarsus*, GUÉR.[2]

Ce sont des espèces exotiques dont les *antennes* sont flabellées et se logent dans des fossettes situées sous le corselet. Leurs *tarses* sont garnis en dessous de lamelles, qui s'enroulent comme celles des Rhipicères (*pl.* 13, *fig.* 3, *a*). Tel est,

LE PTÉROTARSE A DEUX TACHES. (Pl. 13, fig. 3.)

Pterotarsus bimaculatus, SAUND.[3]

Joli insecte rouge, avec les rameaux des antennes noirs et une tache noire sur chaque élytre. Il a les élytres légèrement striées et tout le corps un peu velu.

On le trouve au Brésil. Sa longueur est de quatre à cinq lignes.

A la suite des Eucnémis viennent se placer deux sous-genres qui ont avec eux de grands rapports,

1. Etym. ευ, beau, bien; κνημίς guêtres ou κνημη jambe. — Syn. *Galba, Cryptostoma* (Scython Lap.), Latreille. *Dirhagus, Emathion, Fornax*, Laporte.

2. Etym. πτερὸν, aile; (tarses ailés). — Syn. *Galbodema*, Laporte.

3. Trans. of the Entom. Soc. of London, t. 1, pag. 150, pl. 14, fig. 2.

mais qui en diffèrent cependant par quelques caractères. Ce sont :

4.° LES MÉLASIS. — *Melasis*, OLIV.[1]

Qui ressemblent à certains Ptérotarses par leur
forme cylindroïde et par la grosseur de leur tête,
caractère opposé à celui des autres Eucnémides. Leurs
antennes sont pectinées, mais d'une manière plus
marquée dans le mâle que dans la femelle (*pl.* 13,
fig. 4, *a*). Tel est,

LE MÉLASIS FLABELLÉ. (Pl. 13, fig. 4.)

Melasis flabellicornis, FAB.[2]

Insecte noir, chagriné, ayant les jambes comprimées et les pattes brunes ainsi que les antennes. Ses
élytres sont fortement striées.

Il se trouve aux environs de Paris, et varie entre
trois et quatre lignes de longueur.

5.° LES CÉROPHYTES. — *Cerophytum*, LATR.[3]

Ce sont des insectes plus larges que le reste des
Eucnémides en proportion de leur grosseur, et dont
les *antennes*, insérées à découvert comme dans les
Mélasis, offrent entre les deux sexes la même différence que ces derniers. Le caractère de ce

---

1. Etym. μίλας, noir. — Syn. *Tharops*, Laporte.
2. Ent. Syst., t, I, pag. 224
3. Etym. κίρας, corne; φύω, pousser. Allusion aux rameaux des antennes.

sous-genre consiste dans ses *tarses*, qui sont élargis, et dont l'avant-dernier article est bilobé. La seule espèce connue est,

LE CÉROPHYTE ÉLATÉROÏDE. (Pl. 13, fig. 5.)

Cerophytum elateroides, LATR. [1]

Insecte noir, ayant le corselet ponctué, et des stries ponctuées sur les élytres. Ses jambes et ses antennes sont d'un brun obscur.

On le trouve autour de Paris, mais plus ordinairement dans le midi de la France. Sa longueur est de deux et demie à trois lignes.

D'autres insectes que nous rapportons à ce grand genre Eucnémide, se rapprochent des Cérophytes par leur forme élargie, et des Ptérotarses, par les lamelles de leurs tarses et les fossettes de leur corselet. Tels sont,

6.° LES LISSOMES. — *Lissomus*, DALM. [2]

Dont les *antennes* sont en scie, et se retirent dans une cavité fort courte située de chaque côté, sous le milieu du corselet. Leurs espèces sont peu nombreuses; parmi les exotiques on remarque,

1. LE LISSOME PONCTUÉ.

Lissomus punctulatus, DALM. [3]

Qui est finement ponctué, comme l'indique son nom, et dont la couleur est rougeâtre. Suivant M. La-

---

1. Hist. Nat. des Crust. et Ins., t. IX, p. 76.

2. Etym. λισσὸς, lissé; ὦμος, épaule. — Syn. *Drapetes* de quelques auteurs.

3. Ephemerides Entomologicæ, pag. 14.

cordaire, un des deux sexes serait entièrement noir, et aurait été pris jusqu'ici pour une espèce distincte.

Cet insecte se trouve au Brésil. Sa longueur varie entre quatre et cinq lignes.

Une seule espèce de Lissome appartient à nos contrées. Telle est,

2. LE LISSOME CHEVALIER. (Pl. 13, fig. 6.)

Lissomus equestris, Panz.[1]

Ainsi nommé à cause de la bande rouge un peu en forme de chevron qui décore ses élytres. Du reste, tout son corps est noir et parsemé de très petits points. Ses élytres sont finement striées.

Cet insecte est particulièrement répandu en Allemagne ; il n'a guère que deux lignes de longueur.

7.° LES CHELONAIRES. — *Chelonarium*, Fab. [2]

Qui doivent sans doute leur nom à la ressemblance que la forme voûtée de leur corps a paru leur donner avec une tortue. Ces insectes sont distingués de tous les autres, par la position singulière de leur tête, qui est entièrement cachée sous le corselet. Leurs *antennes* sont filiformes (*pl.* 14, *fig.* 1, *a*), et s'étendent, dans le repos, entre l'origine des pattes. Tel est,

---

1. Fauna Insect. Germ., Fasc. XXXI, n.° 21.
2. Etym. χιλώνη, tortue.

LE CHÉLONAIRE ORNÉ. (Pl. 14, fig. 1.)

Chelonarium ornatum, PERTY [1].

Jolie espèce dont la couleur est rougeâtre, un peu plus obscure en dessus, et dont les élytres ont au côté extérieur une bande sinueuse et de couleur fauve. Tout son corps est finement ponctué.

On la trouve au Brésil. Sa longueur est d'environ trois lignes.

Enfin le dernier sous-genre de ce groupe, ou

8.° LES THROSQUES. — *Throscus*, LATR. [2]

Se reconnaît à ses antennes, que termine une petite massue formée de trois articles (*pl.* 14, *fig.* 2, *a*), et qui peuvent se retirer dans deux cavités du dessous du corselet, que sépare une carène fort large. Ses tarses sont dépourvus de lamelles.

L'espèce la plus connue est,

LE THROSQUE RESSERRÉ. (Pl. 14, fig. 2.)

Throscus adstrictor, HERBST. [3]

Petit insecte brun, revêtu d'un duvet doré, et dont les élytres offrent des stries ponctuées bien régulières.

---

1. Delectus anim. articul., pag. 36, pl. 7, fig. 15.
2. Etym. θρώσκω, je saute.
3. Coléopt., t. IV, pag. 140.—Voyez pour les Eucnémides en général,

On le trouve aux environs de Paris, et dans la plus grande partie de l'Europe. Il n'a pas deux lignes de longueur.

GENRE BUPRESTE.

BUPRESTIS. LINNÉ.

Les anciens, dit Latreille, appliquaient le nom de *Buprestis* à des insectes auxquels ils avaient cru reconnaître la propriété de faire périr les bœufs, lorsque ceux-ci les mangeaient; par conséquent il ne retrouve pas ces mêmes insectes nuisibles dans les Buprestes de Linné. En effet, nous verrons ailleurs, au sujet des Cantharides, et de quelques autres insectes, quelles pouvaient être ces espèces répandues dans les prés, que les bestiaux avalaient en errant dans leurs pâturages. Nous voyons seulement ici, ce que nous retrouverons encore ailleurs, c'est-à-dire que lorsqu'on a donné des noms, dans les temps modernes, aux groupes d'insectes que l'on a établis, on n'a pas toujours cherché à les mettre en rapport avec

la Monographie qu'en a publiée à Saint-Pétersbourg M. le comte Mannerrheim, et qui a été reproduite et analysée par Latreille dans les Annales des Sciences naturelles; le Mémoire de ce dernier auteur, déjà cité au sujet des Taupins et faisant partie des Annales de la Soc. Entomologique; un Mémoire de M. de Laporte, dans la Revue Entomologique de M. Silbermann; les Voyages autour du Monde des capitaines Duperrey et d'Urville; l'Iconographie de M. Guérin; le Magasin de M. Germar; le British Entomology de M. Curtis, et les Illustrations de M. Stephens, qu'il faut aussi consulter pour les Taupins; le Voyage de MM. Spix et Martius; l'Entom. Brasilianæ specimen de M. Klug (dans les Actes des Curieux de la nature), etc.

les noms anciens. Il est vrai que souvent il serait impossible d'y parvenir, tant il y a d'incertitude à l'égard de beaucoup d'entre eux.

Nous avons vu que Geoffroy, voulant peindre l'éclat et la beauté de ces insectes, les avait appelés *Richards*, mais que ce nom fut abandonné, ainsi que celui de *Cucujus*, par lequel il les désigne en latin. Le nom de *Cucujus* a été appliqué par Fabricius à certains insectes dont nous parlerons plus loin et qui rentrent dans la tribu des Xylophages. On ne trouve d'ailleurs dans aucun Bupreste la propriété lumineuse de beaucoup de Taupins. Ce sont des insectes diurnes, dont les uns se tiennent sur la tige des arbres, les autres sur les feuilles, et d'autres s'accrochent aux panicules des graminées, restant ainsi tout à fait immobiles. Rien n'égale la promptitude avec laquelle quelques uns prennent le vol lorsqu'on veut les saisir; telle est en particulier une petite espèce connue sous le nom de *Manca*. Du reste, leurs habitudes n'ont offert jusqu'ici aucune particularité digne d'intérêt. Leurs larves ne sont connues que depuis peu de temps; elles vivent dans le bois, comme l'avait soupçonné Latreille, pour avoir trouvé plusieurs fois ces insectes morts à l'extrémité de petites galeries qu'il supposait avec raison avoir été celles de leurs larves. C'est M. Audouin qui les a signalées le premier, dans une communication qu'il fit en 1836, à la Société d'Entomologie. Il montra à cette Société une portion du tronc d'un hêtre qui provenait de la forêt de Compiègne. Ce tronc était sillonné dans la partie de l'aubier par des galeries nombreuses et qui se fai-

saient surtout remarquer par leur largeur. On eût
dit, suivant l'expression de M. Audouin, que l'origine de chacune de ces galeries était dûe à l'introduction d'un instrument plat et tranchant comme un ci-
seau de menuisier. Cette forme particulière est due à
celle de la larve elle-même, qui est plate, très large en
avant, et rétrécie subitement après les premiers anneaux de son corps. Elle se rapproche d'une manière
frappante des larves de la tribu des Longicornes, et
semble indiquer quelque analogie entre ceux-ci et
les Serricornes. A l'époque où M. Audouin fit connaître la larve en question, il n'en avait pas encore observé complettement les métamorphoses.
Mais, la présence d'insectes parfaits appartenant au
Buprestis connu sous le nom de *berolinensis,* en
même temps que cette larve, dans le même morceau
de bois, et dans les mêmes galeries, lui prouvèrent
qu'elle était celle du Bupreste cité. Quelques rapports anatomiques qu'il remarqua entre le canal
intestinal de cette larve et celui des Buprestes con-
firmèrent encore à ses yeux cette conjecture. Cependant ces faits ne parurent pas suffisans pour convaincre la plupart des Entomologistes ; la forme toute
nouvelle pour eux de la larve, et ses rapports extérieurs avec les larves des Longicornes, les fit pen-
cher vers ce rapprochement, lorsque l'année suivante, un d'entre eux, M. Aubé, qui avait été le
plus éloigné de l'opinion de M. Audouin, fit connaître
à son tour la larve d'un autre Bupreste appelé *viridis,*
que nous décrirons plus loin, et dont nous reproduirons
d'après lui la figure (*pl.* 14, *fig.* 6, *a*). Or, cette larve
a la plus grande analogie avec celle du *B. berolinensis.*

Une circonstance curieuse, qui se rattache à l'histoire de ces larves, c'est que l'on trouve dans l'ouvrage de Mlle Mérian, sur les insectes de Surinam, la figure d'une larve que l'auteur regarda comme celle du Bupreste géant (*B. gigantea*), espèce dont on trouvera plus loin la description et la figure. Cette larve, si la représentation qu'on en a donnée est exacte, a la plus grande analogie avec une larve de Lamellicornes, insectes de la tribu suivante. Elle aurait comme ceux-ci, le corps d'égale épaisseur, arqué et un peu enroulé, et s'éloignerait, par conséquent, beaucoup des larves récemment connues. Mais les observations faites successivement par M. Audouin et par M. Aubé, sur deux espèces différentes, viennent jeter de l'incertitude sur celles de Mlle Mérian, qui datent d'une époque où la forme exacte des larves était regardée comme une chose de trop peu d'importance, pour qu'on apportât, dans leur signalement, la même exactitude qu'aujourd'hui.

On voit par ces remarques sur les larves du genre Bupreste, que les Entomologistes sont encore loin aujourd'hui de connaître le premier état de tous les genres d'insectes; mais il faut toutefois ajouter que chaque jour voit naître à cet égard de nouvelles découvertes, et que bientôt nous serons à même de retirer de l'étude des larves toutes les données que leur comparaison peut fournir à la classification des insectes. La description des larves de la tribu suivante nous montrera combien leur étude offre d'intérêt sous ce point de vue.

Pour revenir aux Buprestes, nous aurons à jeter un coup-d'œil sur leur structure en général et sur les variations que présentent leurs organes extérieurs.

Nous dirons peu de chose sur ces deux sujets. En effet, la structure de ces insectes est trop analogue à celle des Taupins pour mériter de longs développemens. Les Buprestes se distinguent seulement de ces derniers par les angles postérieurs de leur corselet, qui sont toujours moins saillans, et par le peu de longueur de leur pointe sternale. Quelques espèces de Buprestes présentent cependant une saillie sternale, mais dans ce cas elle est due au mésosternum qui s'avance vers la tête, tandis que dans les autres espèces et dans tous les Taupins, c'est la partie postérieure du prosternum qui se prolonge en arrière. Une autre différence qui existe entre les Buprestes et les Taupins, c'est que les antennes des premiers semblent être simplement dentées ou en scie dans toutes les espèces, au lieu que dans les derniers elles se ramifient plus au moins. La forme des Buprestes est ordinairement plus bombée que celle des Taupins et généralement plus trapue et plus ramassée.

A l'égard des autres variations de formes des organes extérieurs des Buprestes, telles que celles des tarses par exemple, elles sont peu remarquables. Ces tarses sont ordinairement larges et garnis en dessous de lamelles, qui font sans doute l'office de ventouses. Les proportions des articles des tarses offrent aussi quelques variations, mais on peut dire en général qu'elles sont de très peu d'importance. On a néanmoins essayé, dans ces derniers temps, de séparer les Buprestes en plusieurs genres, et l'on n'est pas resté sous ce rapport au dessous des travaux dont nous avons parlé au sujet des Taupins. C'est encore dans les Annales de la Société Entomologique qu'ont été

publiées ces recherches, qui sont dues à M. Solier.
Il serait impossible d'en donner ici une idée suffisante. Nous renvoyons donc au mémoire cité pour
les caractères de tous les genres nouveaux; et quant
aux espèces si nombreuses dont se composent les
Buprestes en général, on ne pourra se dispenser de
consulter la Monographie complète que publient en
ce moment sur ces insectes MM. de Castelnau et
Gory.

Nous présenterons seulement, comme nous l'avons
fait pour les Taupins, quelques exemples qui servi-
ront à faire connaître les Buprestes.

Parmi ces nombreux insectes, il en est quelques
uns qui n'ont pas d'écusson. Tel est,

1. LE BUPRESTE DORÉ. (Pl. 14, fig. 3.)

Buprestis chrysis, FAB.[1]

Un des plus beaux insectes du genre. Il est d'un
vert brillant doré, avec les élytres et les pattes de couleur châtain et les antennes brunes. Sa tête et son corselet sont marqués de gros points enfoncés. Ce qui le
rend surtout remarquable, c'est la saillie du mésosternum, qui s'avance vers la tête. On a formé, avec
cette espèce et plusieurs autres qui offrent la même
disposition, le groupe des *Sternocères*.

Le Bupreste doré se trouve aux Indes-Orientales. Il
atteint quelquefois jusqu'à deux pouces et demi de
longueur.

1. Ent. Syst., t. II, pag. 194.

Observation. D'autres espèces à écusson caché, et dont le mésosternum est dépourvu de saillie, forment le groupe des *Iulodes.* Tel est,

2. LE BUPRESTE A POILS ROUGES. (Pl. 14, fig. 4.)

Buprestis rubro-hirta, LAP. et GORY[1].

Insecte remarquable par les touffes de poils dont il est revêtu, et dont celles de la tête et du bord des élytres sont d'un beau rouge. Ce groupe renferme un certain nombre d'espèces, dont la plupart se trouvent en Afrique; on en rencontre quelques unes dans le midi de l'Europe et surtout en Orient.

Le Bupreste à poils rouges se trouve au cap de Bonne-Espérance. Sa longueur est d'un pouce et demi.

Observation. Un troisième groupe de Buprestes, est celui des *Acméodères.* Il se compose de petites espèces, pour la plupart exotiques, qui ont le mésosternum sans saillie, comme les Iulodes, mais qui n'ont pas de touffes de poils sur le corps.

Les Buprestes à écusson renferment une immense quantité d'espèces, et les divisions dans lesquelles on les a réparties sont trop nombreuses pour être mentionnées ici. Une des plus grandes espèces est,

---

1. Hist. nat. et iconographique des Coléoptères.

3. LE BUPRESTE GÉANT. (Pl. 14, fig. 5.)

Buprestis gigantea, Lin.[1]

Bel insecte d'un vert brillant nuancé de rouge cuivreux, avec les pattes ordinairement bleuâtres; ses élytres sont couvertes de stries nombreuses et peu régulières.

C'est une des espèces les plus répandues. On la rapporte souvent du Brésil, et en particulier de Rio-Janeiro. Elle est longue de deux pouces et demi.

Enfin nous donnerons ici, comme type extrême de ce genre,

4. LE BUPRESTE VERT. (Pl. 14, fig. 6.)

Buprestis viridis, Lin.[2]

Insecte long et étroit, ayant le corselet marqué de chaque côté d'une forte impression, le corps finement pointillé et le bout des élytres tronqué. Sa couleur est tantôt verte et tantôt bleuâtre.

On le trouve dans une grande partie de l'Europe et aux environs de Paris. Il est long de trois lignes, et n'a pas une ligne de largeur.

On peut détacher des Buprestes, avec Latreille, un sous-genre, savoir :

LES APHANISTIQUES. — *Aphanisticus*, Latr.[3]

Dont les antennes se terminent en une massue brus-

---

1. Mus. Lud. Ulr., pag. 85.
2. Faun. Suec., n.° 762.
3. Etym. ἀφανιστικός, pernicieux. — Syn. *Buprestis* des auteurs.

que et un peu en scie, formée par les quatre derniers
articles. Ce sont de très petites espèces, qui ont
une forme analogue à celle du Bupreste vert et dont
le type, ou la seule espèce indigène, est

L'APHANISTIQUE ÉCHANCRÉ.

Aphanisticus emarginatus, Fab.[1]

Petit insecte d'un bronzé obscur, ayant le corps
pointillé et le bout des élytres échancré, comme l'indique son nom.

On le trouve aux environs de Paris. Il est long d'environ deux lignes.

1. Ent. Syst., t. II, pag. 214; Germar Fauna Insect., t. 3, n.º 9.—Voyez
pour les espèces de Buprestes la plupart des Ouvrages déjà cités pour les Taupins, et dont il n'est pas possible de donner ici une liste complète : ajoutez-y
la Synonymie des Insectes de M. Schönherr; le Mémoire de M. Solier, dans
les Annales de la Société Entomologique; les Transactions Linnéennes de
Londres, tomes I et X ; les Annals of the Lyceum of Natural History of
New-York, t. I; l'Entomologicæ Brasilianæ specimen de M. Klug; l'American Entomology de Say; le Naturalit's repository de Donovan; la Description des Insectes du Cap, par Wulfen; les Symbolæ physicæ de MM.
Klug et Ehremberg; les Annales générales des Sciences physiques; les
Icones Insectorum de Pallas; la Centurie d'Insectes de M. Kirby, dans les
Transactions de la Soc. linnéenne, etc.

SIXIÈME TRIBU.

LES LAMELLICORNES.

Les insectes de cette tribu sont désignés en général sous les noms de *Lamellicornes* ou *Pétalocères*, à cause de la forme feuilletée ou lamellée que présentent les derniers articles de leurs antennes. Cette disposition que l'on peut voir aisément dans le Hanneton, par exemple, est si remarquable, que cette tribu est une des plus naturelles et des mieux caractérisées. Ce sont ordinairement les trois derniers articles des antennes qui affectent la disposition feuilletée, et dans quelques cas seulement ces articles sont emboîtés les uns dans les autres comme des sortes de petits godets. La *massue feuilletée*, c'est ainsi qu'on appelle les derniers articles, forme dans la plupart des cas une sorte de coude avec les articles précédens, qui sont grêles, et dont la réunion constitue le *funicule* ou *stipes* des auteurs. Dans quelques cas plus rares, la massue des antennes n'est pas aussi distincte, et elles ne sont quelquefois coudées qu'après le premier article de leur funicule : dans ce cas, le nombre des articles qui s'élargissent en feuillets est variable, et ils prennent d'autant plus d'extension qu'ils sont plus près de l'extrémité. On distingue les insectes qui présentent cette dernière structure sous le nom de *Pectinicornes*, parce qu'en effet leurs antennes ressemblent assez à un peigne.

Les Lamellicornes et les Pectinicornes sont des insectes fouisseurs, et la forme de leurs jambes de devant indique assez leurs habitudes, car elles sont élargies et dentées, et souvent leur extrémité s'avance au delà de l'origine des tarses, afin de protéger ces organes. Leurs larves sont très nuisibles, parce qu'elles vivent de végétaux, dont elles dévorent les racines; celles des Hannetons en particulier, connues dans les campagnes sous le nom de *Ver blanc*, constituent un des grands fléaux de l'agriculture. Elles sont d'autant plus redoutables, qu'elles vivent à l'intérieur de la terre, où il est impossible de les poursuivre et d'arrêter leurs ravages. Après avoir passé environ deux ou trois ans sous cette forme, elles se construisent dans la terre une coque ronde ou ovale, suivant les espèces, dans laquelle elles se transforment en nymphes. Cette coque est faite en terre, et ses parois sont beaucoup plus lisses en dedans qu'en dehors. Enfin, à l'état parfait, les Lamellicornes se répandent sur les végétaux, à l'exception de ceux qui composent la première famille. Ces derniers se trouvent presque toujours dans les excrémens des animaux, et dans les bouses des ruminans en particulier, où ils se rendent pour déposer leurs œufs et pour prendre leur nourriture.

Les Lamellicornes vivent en général peu de temps sous leur dernière forme et quoique ces insectes rongent le bois et les feuilles, on voit rarement leurs mandibules, qui sont ordinairement cachées sous le bord de la tête. Dans certains cas elles sont membraneuses, et présentent ainsi une exception digne de remarque à la structure ordinaire de la bouche dans les insectes Coléoptères. Ces espèces à mâchoires membraneuses se tiennent sur les fleurs, et se contentent d'en recueillir les parties sucrées, à l'aide de leurs mâchoires et de leur lèvre inférieure garnies de poils.

L'enveloppe extérieure des Lamellicornes est quelquefois brillante, et ne le cède en rien sous le rapport des couleurs aux plus beaux insectes des autres familles. Dans un grand nombre d'espèces, la tête et le corselet, mais plus souvent encore ce dernier, se prolongent en sortes de cornes quelquefois très longues et présentent des saillies de toute espèce, qui sont ordinairement l'attribut des mâles. D'autres Lamellicornes ont le corps hérissé de poils et quelquefois ces poils sont remplacés par des écailles brillantes et analogues en apparence à celles des papillons.

Les larves des Lamellicornes sont différentes de celles de la plupart des tribus précédentes et n'ont guère de ressemblance qu'avec les larves des Anobies et des Ptines. Elles ont comme elles le corps de la même grosseur dans toute son étendue, et même plus gros vers le bout, où il se recourbe en dessous, de sorte qu'il leur est impossible de marcher sur un plan horizontal, et qu'elles se tiennent sur le côté. D'après les recherches de M. de Haan, auquel nous devons des observations pleines d'intérêt sur ces larves, deux caractères permettent de les distinguer des larves de Ptines. Le premier, c'est que celles-ci sont dépourvues d'antennes; le second, c'est qu'elles ont l'ouverture anale en forme de point. Les larves des Lamellicornes, au contraire, ont des antennes et leur fente anale est très large, tantôt verticale, et tantôt horizontale.

La peau des larves des Lamellicornes, de même que celle des Anobies et des Ptines, est molle et ordinairement blanche, et présente un grand nombre de rides. On ne leur aperçoit point d'yeux, suivant M. de Haan. Elles ont des antennes de quatre à cinq articles, d'après lesquelles on peut quelquefois les rapporter au genre de l'insecte parfait. On aperçoit aussi très bien leurs stigmates ou leurs ouvertures de respiration, qui sont au nombre de neuf sur chaque côté du corps. Nous devons à M. de Haan la connaissance des caractères qui sont propres aux larves des différentes familles des Lamellicornes, et nous les présenterons d'après lui. Ce Naturaliste a aussi remarqué dans les nymphes un caractère exclusivement propre à cette même famille ; c'est que les fourreaux qui enveloppent les ailes futures sont plus longs que ceux des élytres.

Abordons maintenant ce qui a plus spécialement rapport à la classification des Lamellicornes. Ces insectes peuvent être partagés en plusieurs familles, dont six répondent à la tribu des Scarabéides de Latreille, et la septième n'est autre chose que sa tribu des Lucanides ; ou, en d'autres termes, les six premières comprennent les vrais Lamellicornes, et la dernière se compose des Pectinicornes. Voici les caractères de chacune de ces sept familles :

La première famille est celle des *Aphodiens*, qui se reconnaît à son abdomen découvert à l'extrémité, à l'exception d'un seul genre d'insectes, et surtout à la saillie ordinairement dentée du bord de sa tête, qui cache les mandibules et le labre. Elle se compose d'insectes qui déposent leurs œufs dans les bouses, et dont les larves se métamorphosent dans la terre qui est au dessous : ce sont les Coprophages de Latreille.

La deuxième famille est celle des *Géotrupiens*, qui ont beaucoup de rapport avec les précédens, à cause de leur genre de vie, mais dont l'abdomen est enveloppé par les élytres, et qui ont en grande partie les mandibules découvertes : ce sont les Arénicoles de Latreille, ainsi nommés parce que plusieurs d'entre eux percent la terre elle-même, au lieu de rechercher les bouses pour y pondre leurs œufs.

La troisième famille, ou la section des Xylophiles de Latreille, préfère le bois, comme l'indique son nom. Nous l'appellerons, à cause de son genre principal, la famille des *Scarabéiens*. Elle se reconnaît à son écusson grand et distinct, au lieu qu'il est toujours peu ou point visible chez les deux autres familles, et à ses mandibules, qui sont cachées en dessus par la tête, mais qui la débordent sur les côtés. Cette famille renferme les plus grands insectes de toute la tribu. Ils offrent dans l'inégalité des crochets de leurs tarses une particularité qui devient beaucoup plus commune dans la famille suivante.

La quatrième famille est celle des *Mélolonthiens*, ainsi nommée du mot *Mélolonthe*, qui est le nom grec et latin du Hanneton. Elle forme pour Latreille la section des *Phyllophages*, c'est-à-dire mangeurs de feuilles. Elle a les mandibules cachées en dessus et en dessous, et visibles sur les côtés seulement, mais sans déborder la tête. Son labre est souvent distinct, en forme de feuillet transversal ou triangulaire et situé dans un plan vertical. Ses élytres se touchent dans tous les points de leur suture, ce qui la distingue de la famille suivante, où elles s'écartent au bout. Les ongles ou crochets des tarses sont très souvent inégaux, et présentent quelquefois des caractères commodes pour la distinction des sous-genres. Les habitudes de cette famille sont à peu près les mêmes que celles des précédentes, c'est-à-dire qu'on les trouve ordinairement sur les arbres ou sur les feuilles. Elle est beaucoup plus riche en espèces qu'aucune des autres familles.

La cinquième famille ne se distingue guère de la précédente que par l'écartement de ses élytres, qui restent béantes à l'extrémité, où elles sont plus étroites que dans le reste de leur étendue : c'est la famille des *Amphicomiens* ou la section des *Anthobies* de Latreille, qui l'a désignée par ce dernier nom, pour indiquer qu'elle vit sur les fleurs. Elle est d'ailleurs une des moins nombreuses.

La sixième et dernière famille des vrais Lamellicornes est celle des *Cétoniens,* ou *Mélitophiles* de Latreille, ainsi nommée parce qu'elle se tient sur les fleurs, dont ses mandibules membraneuses, et trop faibles pour lui être utiles, font croire qu'elle cherche le miel, ou plutôt le liquide sucré. Elle offre un caractère remarquable dans le développement d'une pièce du thorax (épisternum) qui remonte entre le corselet et l'angle extérieur des élytres. Ici les crochets des tarses redeviennent simples et égaux. Cette famille est une des plus belles de toute la tribu, et se compose d'un grand nombre d'espèces.

Enfin la septième famille des Lamellicornes est celle des *Lucaniens*. Son principal caractère consiste dans la disposition pectinée de ses antennes. Elle est assez nombreuse, et présente quelques types de formes très remarquables.

PREMIÈRE FAMILLE.

LES APHODIENS.

Cette famille se compose des trois genres Ateuque, Bousier et Aphodie. La dénomination de Coprophages que leur donne Latreille, exprime une de leurs habitudes les plus constantes, qui est de se trouver dans la fiente de divers animaux. Ce qui donne quelqu'intérêt à cette famille, c'est qu'elle renferme des insectes qui ont reçu les honneurs divins, et servi d'emblème aux anciens habitans de l'Egypte, qui en ont gravé les effigies sur leurs colonnes et sur leurs monumens. Tels sont quelques Ateuques, désignés autrefois sous le nom d'*Heliocanthares,* autrement, Scarabés du soleil, et sous celui de Scarabés. « Ces insectes, dit Latreille, dont les formes n'ont rien de saillant, dont l'habillement n'est que celui du deuil, dont le domicile même est établi dans ce qu'il y a de plus infect, ont reçu l'hommage de

quelques mortels, joui même des honneurs divins.
Tout atteste que l'Ateuque sacré et d'autres espèces
voisines, ont été, chez les Egyptiens, un objet de vénération. L'image de ces insectes est gravée sur les
colonnes, sur les pyramides, qui ont résisté aux ravages du temps et à la main destructive de l'homme.
On voit dans le cabinet des antiquaires, la même
image isolée, soit en relief, soit empreinte, en pierre
ou en métal. Ces monumens portent le nom de *scarabés*. Le bœuf Apis devait avoir sous la langue la figure de
ces mêmes insectes. Ce culte n'était sans doute que symbolique, car l'on ne peut refuser le bon sens aux Egyptiens. La sagesse de plusieurs de leurs institutions, comparées avec les nôtres, déposerait peut-être contre
nous. L'apparition de l'Ateuque sacré coïncidant avec
le printemps chez ces peuples, c'est-à-dire avec l'époque où le Nil étant rentré dans son lit, la terre devient
propre à recevoir les semences, cet insecte, d'ailleurs
remarquable par sa taille, son habitation, son occur-
rence, a pu être considéré, par les Egyptiens, comme
le messager d'une bonne nouvelle, comme l'annonce
du retour d'une saison fortunée. Chez nous-mêmes,
le *Géotrupe stercoraire* vient nous avertir, par son
bourdonnement du printemps, que l'hiver s'éloigne
de nous, et que le zéphyr chasse l'aquilon. Mais ne
nous perdons pas en vaines conjectures; laissons à ces
savans, que leur séjour en Egypte a plus initiés que
nous dans les mystères sacrés de cet ancien peuple,
l'explication de ce culte allégorique.

» On rapporte, continue Latreille, qu'un peintre, en
brisant un jour l'intérieur d'une momie, y trouva un
Ateuque sacré. Le professeur de zoologie. M. Geof-

froy, m'a fait voir quelques autres insectes qu'il avait retirés de la chair desséchée et enveloppée de langes, de différentes momies. Les Égyptiens employaient-ils, lorsqu'ils embaumaient leurs cadavres, la fiente de bœuf ou de vache? Toujours est-il vrai que les insectes trouvés dans les mòmies y avaient pénétré, ou qu'ils y étaient éclos, les femelles y ayant pondu leurs œufs, et que ce devait être à l'époque où les momies avaient été préparées. Ces insectes étaient bien conservés et ne différaient nullement de ceux que nous connaissons aujourd'hui. »

L'Ateuque sacré, suivant le rapport de différens auteurs, était chez les Égyptiens le symbole du monde, du soleil et de la bravoure. Il était le symbole du monde, à cause de la forme orbiculaire des boules de fiente qu'il roule à la surface du sol, et à cause de la manière dont on prétendait qu'il les roule, c'est-à-dire du couchant au levant ou du levant au couchant, car on trouve les deux opinions. En second lieu, le même insecte était, dit-on, le symbole du soleil, à cause des projections angulaires de sa tête, qui ressemblent à des rayons, et aussi, à cause des trente articles de ses six tarses, qui répondent aux trente jours du mois. Enfin, cet insecte était aussi le symbole du guerrier à cause de l'idée de courage qu'on lui supposait d'après son origine, qu'il ne devait, dit-on, qu'à un individu mâle. S'il faut en croire le récit du docteur Clarke, les femmes, en Egypte, mangent encore aujourd'hui des Ateuques sacrés, pour se rendre fécondes, car la fécondité est un des attributs du soleil, dont ces insectes sont l'emblème.

Les Ateuques se font remarquer par les manœuvres bizarres qui accompagnent la ponte de leurs œufs. « On les rencontre souvent occupés, dit encore Latreille, à faire des boules qui sont très grosses, comparativement à eux, et qu'ils tournent et font rouler devant eux. » Cependant c'est ordinairement par derrière qu'ils font rouler leur boule, à moins qu'ils ne commencent à la former. Ils se réunissent quelquefois plusieurs pour la faire mouvoir et la poussent à reculons avec leurs pattes de derrière. Si quelque inégalité du terrain vient à la faire retomber, ils ne se rebutent pas et se remettent à la rouler comme auparavant. C'est ce qui a valu à quelques espèces de ce genre le nom de Sisyphe. Cette boule est formée d'excrémens, et renferme, suivant Latreille, un œuf dans son centre. Il faudrait, dans ce cas, que la femelle eût commencé à pondre son œuf avant de l'entourer d'excrémens. Quoi qu'il en soit, les Ateuques font rouler leur boule jusqu'à ce qu'ils trouvent un endroit convenable, dans lequel ils puissent creuser une petite fosse à l'aide de leurs pattes de devant, qui sont larges et comme palmées. A cet effet, ils choisissent de préférence les terrains secs ou sablonneux, qui sont plus propres par leur nature à se laisser entamer.

« Qu'on se figure, dit un auteur, le travail qu'exige de la part d'un aussi petit animal, l'entière confection d'un pareil sépulcre, qui deviendra le berceau de sa postérité. Les témoins oculaires de ces opérations ne se lassaient pas d'admirer cette diligente industrie et cette activité à s'entre secourir de la part de ces petits êtres. Ils se mettent quelquefois trois et même davantage à rouler une boule ; viennent-ils à rencontrer un obstacle dans leur chemin, car la moindre inégalité du sol est pour eux une montagne, on en voit aussitôt d'autres accourir et les aider fidèlement. Il ne semble pas que chacun reconnaisse sa boule, et la regarde comme sa propriété ; une sorte d'esprit public leur inspire de l'intérêt pour chaque boule indistincte- ment. On a beau les interrompre aussi fréquemment qu'on le veut, il reprennent toujours de nouveau leur besogne, et s'il leur arrive de tomber avec leur boule dans un fossé, ces petits Sisyphes redoublent alors d'efforts pour remonter leur fardeau. »

Les habitudes que nous venons de décrire sont propres à tous les Ateuques et aux sous-genres voi- sins, qui peuvent se reconnaître à la forme grêle de leurs pattes de derrière : c'est là ce qui les dis- tingue des Bousiers, dont nous parlerons bientôt. On ne trouve pas aux environs de Paris les Ateu- ques proprement dits, mais seulement une espèce du sous-genre des *Sisyphes*, et deux autres de celui des *Gymnopleures*, dont l'une est nommée *Pilulaire*, à cause des boules qu'elle forme avec des excrémens, pour y pondre ses œufs. Ce nom de Pilulaire a été donné par les Latins à quelques insectes de ce même genre, et les premiers Entomologistes l'ont aussi appliqué aux Ateuques du Nouveau-Monde, té- moin ce passage de Catesby[1], où il est question d'une des espèces les plus communes du sous-genre *Copro- bie*, le *Coprobrius volvens*, et qui semble avoir servi de modèle au passage que nous venons de rapporter.

[1]. Histoire Naturelle de la Caroline.

« C'est ici, dit cet auteur, la plus nombreuse et la plus
singulière de toutes les espèces d'Escarbots[1] de l'Amérique septentrionale. Ces insectes commencent à paraître en avril, et continuent à se montrer pendant tout
l'été et jusqu'au mois de septembre, où ils disparaissent
entièrement pour reparaître au printemps suivant. Leur
occupation constante, et pour laquelle ils sont infati-
gables, a pour but de perpétuer leur espèce et de se
pourvoir de nids propres à y déposer leurs œufs : c'est
ce qu'ils font en façonnant des boules d'excrémens
humains ou de fiente d'animaux, au milieu desquelles
ils déposent un œuf. En septembre, ils font rouler
ces boules et les enterrent, pour ainsi dire, dans des
creux de trois pieds de profondeur, où elles restent
jusqu'aux approches du printemps. Alors les œufs
devenant animés, les larves qu'ils renfermaient s'ou-
vrent un chemin hors de terre. J'ai admiré attentive-
ment leur industrie, et l'assistance mutuelle que se
prêtent ces insectes pour faire rouler leurs boules depuis le lieu où ils les ont faites, jusqu'à celui où ils
les enterrent, et qui est ordinairement à la distance
de quelques verges. C'est ce qu'ils exécutent à reculons, en levant la partie postérieure de leur corps, et
se servant de leurs pattes de derrière pour pousser la
boule. Quelquefois deux ou trois d'entre eux sont occupés à la faire rouler, et s'il arrive que quelque obstacle, quelque inégalité dans le terrain la leur fassent
abandonner, d'autres se mettent à l'œuvre et l'exécutent
avec plus de succès, à moins que la boule ne vienne
à rouler dans quelque creux ou dans quelque crevasse

---

1. Ce mot est évidemment ici le synonyme du Scarabé.

trop profonde. Aucun d'eux ne semble connaître sa
propre boule, et un soin égal pour toutes semble être
le partage de la communauté toute entière. Ces insectes façonnent leur boule lorsque la fiente est encore
fraîche, et la laissent durcir au soleil avant que d'es-
sayer de la rouler. Pendant cette dernière manœuvre,
ils tombent et roulent continuellement eux et leurs
boules les uns sur les autres, surtout auprès de petites
éminences du terrain; mais loin de se décourager, ils
se remettent à l'œuvre, et surmontent d'ordinaire les
difficultés. C'est par la finesse de leur odorat qu'ils
découvrent leur nourriture, c'est-à-dire la fiente des
animaux; à peine est-elle déposée sur le sol qu'ils
y arrivent aussitôt, et se mettent de concert à l'ouvrage en y mêlant un peu de terre. Leur besogne les
occupe si fort, que bien qu'on les touche, et qu'on
cherche à les interrompre, ils persévèrent dans leur
travail sans manifester aucune crainte du danger. »

On trouve dans un journal anglais quelques détails
sur les habitudes de l'Ateuque sacré des Egyptiens.
Ils sont extraits des notes d'un voyageur dans les dé-
serts de la Lybie. « Etant de guet pendant la nuit,
est-il dit dans cette note, je pris pour la première fois
le Scarabé, nommé Ateuque sacré, qui a si souvent occupé l'imagination des anciens Egyptiens.
Mon attention fut attirée par un bruit très rapproché
de moi. A travers l'obscurité de la nuit, je découvris
une grosse boule qui roulait. Je la pris dans mes
mains, croyant que c'était quelque crabe ou quelque
tortue de terre, mais je vis que ce n'était qu'une masse
de crottin de cheval; immédiatement après, j'aperçus
une seconde boule semblable à la première et qui

roulait vers moi. Je pris alors ma lanterne, et j'examinai cet étrange spectacle. Je vis que cette boule couvrait un gros Scarabé noir qui la poussait en avant, à l'aide de ses longues pattes de derrière ; et à mesure que cette boule avançait, elle devenait plus grosse, à cause du sable qui s'accumulait autour d'elle. Enfin elle devint si grosse, que l'insecte lui-même était à peine visible. Il est plus que probable, ajoute le voyageur, que les prêtres des Égyptiens profitèrent de cette illusion pour en imposer à leurs sectateurs, et que ce fut là l'origine de la vénération que ce peuple conçut pour le Scarabé. Après quelques recherches à l'aide de ma lanterne, je découvris encore plusieurs autres de ces boules animées, et qui avaient plus de trois pouces de diamètre. Cependant les Arabes qui m'acccompagnaient ne parurent pas y faire attention [1]. »

Après ces détails sur les mœurs et les habitudes du Scarabé sacré, il ne sera pas sans intérêt de leur comparer ce qu'en ont dit les anciens. Nous aurons recours pour cela aux matériaux recueillis par Latreille dans un mémoire spécial sur les insectes sacrés des Égyptiens. Ce savant ne se borne pas à rapporter l'opinion des anciens à ce sujet, mais il cherche à s'en rendre compte et à la justifier autant que cela est possible.

« Les insectes, dit-il, appelés *Cantharoi* par les Grecs et *Scarabæi* par les Latins, purent, à cause de leurs habitudes, offrir aux prêtres égyptiens l'emblême des travaux d'Osiris et du soleil. Leur effigie fut multi-

_____

1. Quarterly Journal, 1829, pag. 426.

pliée de mille manières. Il ne suffisait pas à la superstition que cette effigie se trouvât dans tous les tem-
ples, sur les bas-reliefs et les chapiteaux des colonnes,
sur les obélisques, et qu'elle exerçât le talent du sta-
tuaire, elle exigeait encore qu'elle fût gravée, avec
d'autres hiéroglyphes, sur des pierres de diverses na-
tures et façonnées en manière de médaillons sur des
cornalines taillées en demi-perles, percées dans toute
la longueur de leur axe et propres à composer des colliers et des anneaux servant de cachet. L'image de ce
dieu tutélaire suivait partout les Egyptiens et descen-
dait même avec eux dans la tombe.

« Suivant Hor-Apollon, celui de tous les auteurs
anciens qui a parlé de ce Scarabé avec le plus de détails, tous les individus sont du sexe masculin. Lorsque l'insecte veut se reproduire, il cherche de la
fiente de bœuf et en forme une boule dont la figure
est celle du monde. Il la fait rouler avec les pieds de
derrière, en allant à reculons, *dans la direction de
l'est à l'ouest*, sens dans lequel le monde est emporté
par son mouvement. Le Scarabé enfouit sa boule dans
la terre, où elle demeure cachée pendant vingt-huit
jours, espace de temps égal à celui d'une révolution
lunaire, et pendant lequel la race du Scarabé s'a-
nime. Le vingt-neuvième jour, que l'insecte connaît
pour être celui de la conjonction de la lune avec le
soleil et de la naissance du monde, il ouvre cette
boule et la jette dans l'eau. Il sort de cette boule des
animaux qui sont des Scarabés. C'est par ces motifs que
les Egyptiens, voulant désigner un être unigène ou en-
gendré de lui-même, ou représenter une naissance, un
père, le monde, l'homme même, peignaient un Scarabé. »

Après l'opinion de Hor-Apollon au sujet des habitudes du Scarabé sacré, Latreille rapporte celle d'Aristote, suivant laquelle cet insecte passe l'hiver dans les boules de fiente qu'il a faites, et y dépose des œufs qui le reproduisent. On trouve ici le Naturaliste dépouillé des préjugés de la superstition. Le mode de génération du Scarabé y est bien reconnu, mais Aristote commet une erreur en affirmant qn'il passe l'hiver dans les boules, qu'il ne construit que pour renfermer ses œufs, et qui d'ailleurs ne sont pas creuses.

Latreille, voulant expliquer l'opinion des Egyptiens au sujet du sexe mâle du Scarabé sacré, s'appuie sur la ressemblance frappante du mâle et de la femelle, et sur une remarque à laquelle on n'a pas encore apporté l'attention qu'elle mérite, c'est que les mâles, suivant lui, partageraient les travaux de la femelle pour la conservation de leur postérité. Il n'est donc pas étonnant, dit-il, que les Égyptiens, à une époque où l'on n'avait que des idées fausses sur la génération des insectes, aient pensé que les Scarabés étaient unisexuels, et que, dans le choix du sexe, ils aient préféré celui qui a le plus de prérogatives, le sexe masculin. Si cette observation de Latreille est vraie, s'il a vu les mâles et les femelles occupés des mêmes soins pour la confection de leurs boules, elle nous offre un fait encore unique dans l'histoire des insectes, où les femelles sont les seules d'ordinaire qui pourvoient à la sûreté de leurs petits.

« Comme les travaux du Scarabé sacré, continue Latreille, durent un mois environ, on conçoit que les Égyptiens, si toutefois Hor-Apollon ne leur prête pas des idées qui lui étaient particulières, ont pu assimiler

ce laps de temps à la durée d'une révolution lunaire.
Ils auront ensuite suppléé à l'observation par des fa-
bles puisées dans leur système sur la formation des
insectes et dans leur goût pour l'allégorie. Ils avaient
cru que le Scarabé enterrait sa boule ; mais, ignorant
la vraie manière dont il se perpétue, et admettant
pour lui la génération spontanée, il fallait bien que
l'insecte déterrât sa boule et la jetât dans l'eau, car
cet élément, d'après leurs principes, produisait, avec
le contact de la chaleur, les êtres qui étaient censés
n'avoir ni père ni mère.

» On serait d'abord tenté, continue Latreille, de
mettre au rang de ces fictions ce qu'a dit Hor-Apollon du nombre des doigts dans les Scarabés ; il est,
selon lui, de trente (*Voy.* ci-dessus page 267). Cette
supputation, d'après la manière dont il envisage le
pied et le tarse de ces insectes, est cependant parfaitement juste, car cette partie est composée de cinq
articulations, et l'on prend chacune d'elles pour un
doigt ; les pattes étant au nombre de six et terminées
par un tarse de cinq articles, les Scarabés ont évidemment trente doigts. Cette explication est d'autant
plus naturelle, qu'une des amulettes figurées par
Montfaucon représente un Scarabé ayant à chaque
patte antérieure une main étendue et cinq doigts [1]. »

1. Ce passage prouve combien est ancienne l'erreur que nous avons relevée tout récemment au sujet des tarses du Scarabé sacré, qui manquent
toujours aux deux pattes antérieures. Si Hor-Apollon eût connu ce fait, il
eût cherché à expliquer la comparaison établie entre le soleil et ce Scarabé
autrement que par les trente jours du mois. D'ailleurs, l'analogie a pendant
très long-temps empêché de reconnaître cette anomalie, que les Naturalistes
remarquèrent dans ces derniers temps, mais qu'ils regardèrent à tort
comme un simple accident.

Pour compléter ce qui a rapport au Scarabé sacré, il nous reste à parler d'une circonstance remarquable qui se rapporte à sa situation géographique et à sa détermination exacte. L'insecte que les Naturalistes désignent sous le nom de Scarabé sacré et qui est aujourd'hui très commun en Egypte, où il s'en faut de beaucoup qu'il se rencontre exclusivement, est noir, tandis que certains passages des auteurs anciens attribuaient au Scarabé adoré en Egypte une belle couleur dorée. D'où pourrait donc venir une telle différence entre la description des auteurs et la nature elle-même? C'est ce que l'on ignora long-temps ; et l'on n'avait encore que des conjectures à former à ce sujet, lorsque M. Caillaud découvrit au Sennâr un Scarabé aux couleurs brillantes, tel que l'avaient dépeint les anciens, et tel aussi qu'on le trouvait représenté dans quelques peintures égyptiennes. Ecoutons-le lui-même à ce sujet :

« Un jour que je chassais des oiseaux, à une lieue de Sennâr, sur la route de Taybah, le hasard offrit à mes yeux le fameux Scarabé sacré des Égyptiens. Cet insecte est d'un vert parfois éclatant ; son corselet est nuancé d'une teinte cuivreuse à reflet métallique, ce qui se rapporte parfaitement à ce que disent Hor-Apollon et Élien, qu'il était doré et rayonnant. Ce Scarabé est fidèlement représenté dans les peintures de plusieurs monumens, et sur les caisses de momies les plus anciennes, je l'ai toujours vu colorié en vert et jamais en noir. Cependant un Scarabé qui se trouve aujourd'hui en Égypte, et qui a cette dernière couleur, a été regardé par les modernes comme le vrai Scarabé sacré. Cette opinion, selon moi, peut se soutenir aussi : n'est-il pas vraisemblable que l'espèce verte qui s'est conservée en Éthiopie se soit éteinte dans l'Égypte par succession de temps, et qu'à une époque moins reculée on lui en ait substitué une d'une couleur différente. Par exemple, un insecte est en effet peint en noir sur les caisses de momies égyptiennes de l'époque grecque. Quoi qu'il en soit, il n'en reste pas moins démontré que le Scarabé auquel les Égyptiens rendirent un culte, soit religieux, soit symbolique, était vert dans l'origine ; qu'ils tenaient cette superstition de l'Éthiopie, contrée à laquelle ils empruntèrent bien d'autres usages, et peut-être les élémens de leur civilisation et de leurs arts.[1] »

Cette découverte de M. Caillaud nous explique ce que l'on regardait comme inexact dans les auteurs en question, et ce que l'on croyait être une exagération de leur part. Mais devons-nous conclure avec lui que ce Scarabé doré a disparu de l'Égypte par la suite des temps? N'est-il pas tout aussi probable que les Égyptiens, le trouvant plus beau que le leur, lui ont donné la préférence dans beaucoup de cas, lorsqu'ils ont voulu le peindre? D'ailleurs, ce peuple, dans ses idées superstitieuses, semble avoir été indifférent au choix des espèces, comme le prouvent certaines amulettes représentant des Scarabés à élytres cannelées, tels qu'il en existe encore aujourd'hui en Égypte et ailleurs. Quoi qu'il en soit, le nom de Scarabé sacré a été donné à un insecte différent de celui du Sennâr, et comme il importe peu que ce soit telle ou telle espèce qui le porte, Latreille a décrit celui de M. Caillaud, sous le nom de Scarabé des Égyptiens (*Ateuchus*

1. Voyage à Méroé, t. II, pag. 311.

Ægyptiorum). Nous donnerons plus loin la description
et la figure de l'un et de l'autre de ces Scarabés, ou
plutôt de ces Ateuques, comme on les nomme aujour-
d'hui.

Tels sont les faits dont se compose l'histoire des
Ateuques et des sous-genres qui s'y rattachent. Il nous
resterait à faire connaître ces insectes aux deux premiers états de leur vie, c'est-à-dire sous la forme
de larve et sous celle de nymphe, mais nous n'avons
encore à cet égard aucune observation. Les seules
larves que l'on connaisse de cette famille appartiennent au genre Aphodie dont nous aurons à parler
plus loin. L'analogie nous permet de croire que la
larve des Ateuques se construit dans la terre une enveloppe semblable à celle des autres Lamellicornes,
et en particulier des Bousiers, dont il nous reste à
parler.

Les Bousiers forment un genre d'insectes voisin de
celui des Ateuques, dont ils diffèrent surtout par l'élar-
gissement des jambes postérieures, qui ont une forme
triangulaire. On les a nommés Bousiers, parce qu'on
les trouve dans les bouses des animaux ruminans, où
l'on croit qu'ils déposent leurs œufs. Mais c'est plutôt
dans la terre que recouvre ces bouses, que dans les
bouses elles-mêmes, que ces insectes doivent pondre
leurs œufs, et les larves qui en proviennent nous sont
encore inconnues. On sait cependant qu'elles se construisent une enveloppe en terre, dans laquelle elles
se transforment en nymphes, et où elles passent un
temps assez long, environ un an, avant de se montrer sous la forme d'insecte parfait. C'est ce que l'on
avait observé au sujet de certains Bousiers des contrées

méridionales de la France, tels que le *Copris hispana*, et tout récemment un observateur distingué, le colonel Sykes, pendant un séjour de plusieurs années qu'il fit aux Indes-Orientales, eut l'occasion de remarquer le même fait sur une grande espèce de ce pays, connue sous le nom de *Midas*. Voici le récit qu'il en a fait lui-même dans les Transactions de la Société entomologique de Londres [1].

« A Poona, au mois de juin 1826, quelques uns de mes hommes étaient occupés à extraire, dans un terrain formé d'un mica friable et d'une roche verte, appelée *Mohrum*, le sable destiné à garnir les allées de mon jardin, lorsqu'ils découvrirent sous leur pioche, et à quelque profondeur, quatre boules dures et bien formées. Ils les prirent d'abord pour des boulets de canon en pierre, parce que le cantonnement de Poona et ses environs avaient été le siége de deux grandes batailles ; mais, s'apercevant que la pioche avait entraîné une de ces boules, et qu'elles étaient creuses, ils me les apportèrent. Je m'assurai aussitôt qu'elles étaient faites d'une terre compacte, très bien pétrie et mélangée de brins d'herbe et de petites pierres, formant en réalité un excellent mortier. Elles avaient deux pouces de diamètre, et étaient parfaitement rondes et sans aucune fente ni ouverture. La boule entamée renfermait une masse animale informe, que je regardai dès ce moment comme la nymphe de quelque insecte nouveau, au moins pour moi. J'enlevai cette nymphe de l'intérieur de la boule, et je remarquai que les parois de celle-ci étaient formées de deux

1. Tom. I, pag. 130.

couches; leur surface intérieure était parfaitement
lisse, et faite d'une terre plus fine et bien mieux travaillée que la surface extérieure, qui était assez grossière.
Le diamètre de la cavité était d'un peu plus d'un pouce
et demi; ses parois n'avaient donc pas tout-à-fait un
demi-pouce. Voulant savoir quel était l'insecte qui
habitait ces singuliers domiciles, je mis deux de ces
boules dans une boîte d'étain, et pendant plusieurs
mois je les surveillai avec attention; mais ma patience
étant poussée à bout, je cessai de m'en occuper, et
mis la boîte de côté. Je donnai la troisième boule à
une dame qui, désespérant de lui voir éprouver aucun changement, la brisa après plusieurs mois d'observation, et trouva dans son intérieur la nymphe parfaitement fraîche. Treize mois s'étaient écoulés et
j'avais oublié les boules, lorsqu'un soir, le 19 juillet
1827, étant dans mon cabinet, j'entendis un bruit
sourd, comme celui d'une chose que l'on gratte. Il
se passa quelque temps avant que mon oreille se dirigeât vers la boîte où étaient mes boules, et que j'avais
placée sur une bibliothèque. Il était clair qu'un insecte essayait de s'en dégager. Cependant cette opération n'étant pas terminée à une heure du matin, je
me retirai. Le même bruit continua pendant toute la
journée du 20 et jusqu'à l'heure de me coucher. J'eus
la précaution alors de verser de l'eau sur la boule
pour en ramollir les parois, très dures et très compactes, et faciliter la sortie de l'insecte, et le matin
du 21 je le trouvai dégagé. Il devait avoir mis trente-
quatre heures à y parvenir. Je l'avais eu treize mois
en ma possession sous la forme de nymphe, et peut-
être avait-il passé trois fois autant de temps sous le

même état lorsque mes gens le trouvèrent. La seconde boule resta intacte, et rien n'indiquait encore le prochain développement de l'insecte qui l'habitait. Elle fut laissée dans la boîte et visitée à de courts intervalles. Ce ne fut que le 4 octobre que l'insecte se mit à l'œuvre pour sortir de prison, et son travail dut avoir été beaucoup plus pénible que celui du premier, parce que je n'eus pas la précaution de ramollir son enveloppe. Il avait passé chez moi seize mois sous la forme de nymphe. Comme il avait été pris dans la même localité que le précédent, nous pouvons en conclure avec presque certitude que les larves s'enferment à la même époque, et nous voyons néanmoins, les circonstances ayant été précisément les mêmes, que le développement de l'un de ces deux insectes précéda le développement de l'autre de deux mois et demi. »

Après l'histoire des Bousiers et des Ateuques devrait venir celle des Aphodies; mais elle se réduit à si peu de chose, que nous n'aurons guère qu'à donner les caractères de ce genre d'insectes. Avant de passer à ce qui regarde la classification des Aphodiens, il nous reste à parler d'une singularité de structure que l'on remarque dans un grand nombre d'Ateuques et dans beaucoup de Bousiers, ou l'absence des tarses antérieurs. Nous avons vu plus haut que l'Ateuque sacré était regardé comme le symbole du soleil, à cause des projections angulaires de sa tête et des trente articles de ses six tarses, qui répondent aux trente jours du mois. Nous avons vu aussi combien cette explication a été mal choisie, car les Ateuques véritables n'ont jamais de tarses aux deux pattes de devant. Au con-

traire, des sous-genres voisins nous présenteront ces
tarses, et d'autres en manqueront de nouveau. Parmi
les Bousiers mêmes, nous verrons un beau sous-genre,
les *Phanées*, chez lesquels l'absence ou la présence
de ces organes peut servir à reconnaître les sexes. C'est
un fait très curieux, que l'absence des tarses dans
quelques groupes d'Aphodiens, et il a fort peu d'analogues dans le reste de la classe des insectes, mais il
nous reste à savoir quelle influence on doit lui attribuer sur les habitudes des Aphodiens. Ceux d'entre
eux chez lesquels on l'observe ne présentent rien dans
leur manière d'être qui permette d'en donner une
explication satisfaisante, si ce n'est que les tarses de
devant sont en général d'un secours fort médiocre à
ceux de ces insectes qui les possèdent, à cause de
leur peu de longueur.

Avant d'aborder les détails de l'organisation extérieure des groupes dont se compose cette famille,
nous en résumerons les principaux caractères dans le
tableau suivant :

EXTRÉMITÉ de l'abdomen
- découverte; jambes postérieures et intermédiaires
  - non élargies au bout; troisième article des palpes labiaux
    - peu distinct; pattes interméd.
      - rapprochées; jambes interméd.
        - à un seul éperon
          - soudé..... ATEUCHUS.
          - mobile.... *PACHYSOMA.*
        - à deux éperons......{. EUCRANIUM.
      - écartées; jambes interméd.
        - à deux éper.; tarses intermédiaires
          - très longs. *STENODACTYLUS.*
          - courts.... *MEGATHOPA.*
        - à un seul éperon...... *GYMNOPLEURUS.*
    - distinct; leur troisième article
      - élargi en dedans...... SISYPHUS.
      - non élargi; tarses antérieurs
        - nuls; abdomen
          - triangulaire. *HYBOMA.*
          - en croissant. *CIRCELLIUM.*
        - existant; écusson
          - caché...... COPROBIUS.
          - visible...... EURYSTERNUS.
  - élargies au bout; troisième article des palpes labiaux
    - peu distinct, écusson
      - visible...... ONITICELLUS.
      - caché...... *ONTOPHAGUS.*
    - bien distinct; bouton des antennes
      - emboîté; écusson
        - visible; tarses
          - complets.... ONITIS.
          - incomplets.. *ENICOTARSUS.*
        - caché...... *PHANÆUS.*
      - libre; sternum
        - large, rhomboïdal..... *GROMPHAS.*
        - étroit...... COPRIS.
- cachée sous les élytres........ APHODIUS.

GENRE ATEUQUE.

ATEUCHUS. WEBER.

Toutes les espèces qui sont réunies sous ce nom
commun d'Ateuque et qui ont, comme nous l'avons
dit, les jambes postérieures et intermédiaires grêles,
et guère plus épaisses à une extrémité qu'à l'autre, ce
qui empêche de les confondre avec le genre suivant,
ou celui des Bousiers, s'en distinguent encore par l'absence de protubérances et de cornes sur la tête et sur
le corselet; c'est ce qui a engagé Weber a leur donner
le nom d'Ateuque. D'ailleurs un aspect uniforme,
des couleurs généralement sombres, des dentelures
au bord de la tête et au côté extérieur des pattes de
devant, l'extrémité de l'abdomen nue et fermée par
une plaque de forme elliptique, leur donnent une
physionomie si particulière, qu'on en reconnaît aisément les différentes espèces. Cependant, il se présente parmi elles des caractères que leur constance et
leur fixité ont rendus très utiles pour leur distinction,
ce qui a permis de former des sous-genres. Tels sont
l'écartement des pattes à leur naissance, le nombre
des éperons qui terminent les jambes, et surtout les
quatre jambes de derrière, la manière d'être de ces
éperons, suivant qu'ils sont libres ou soudés, enfin la
forme du bouton feuilleté des antennes, et la présence
ou l'absence de l'écusson entre les élytres. Il faut y

ajouter la considération si curieuse de l'absence ou de la présence des tarses aux jambes de devant, considération par laquelle on a pu parvenir à distinguer les sexes dans quelques groupes, comme nous le verrons dans le genre suivant. A cette uniformité de structure dans les Ateuques, vient se joindre l'uniformité dans leurs habitudes. C'est seulement parmi ces insectes que l'on trouve ces nouveaux Sisyphes, qui roulent avec persévérance leur boule de fiente, berceau de leur progéniture.

Les sous-genres formés aux dépens du genre Ateuque en général sont peu riches en espèces; il faut en excepter les Ateuques proprement dits, et les Gymnopleures, qui semblent propres à l'ancien continent. Après eux viennent les Sisyphes, qui sont encore des insectes de l'ancien continent, fort remarquables par les apophyses variées que présentent leurs pattes, et par la forme contournée de ces dernières. Les Circelles sont encore un sous-genre de l'ancien continent; ils ne renferment qu'une ou deux espèces du cap de Bonne-Espérance, remarquables par leur grosseur et leur figure hémisphérique. Les Coprobies, plus nombreux qu'aucun autre groupe, se trouvent répandus dans les contrées les plus chaudes des différentes parties du globe, et se font surtont remarquer par l'agilité de leur vol. Les autres sous-genres, excepté celui de *Pachysome*, tous voisins des vrais Ateuques et peu nombreux en espèces, se trouvent dans le nouveau continent. Les observations faites sur les lieux par M. Lacordaire, et reproduites en grande partie pas MM. Spix et Martius, nous permettent de donner quelques détails sur leur manière de vivre.

Suivant ces trois voyageurs, les Ateuques de l'Amérique méridionale offrent bien plus de variété dans leur structure et dans leur manière de vivre, que les espèces de notre hémisphère. Les uns se trouvent dans les cadavres au mois d'octobre. Les autres vivent dans les bouses, mais ils ne font pas de trous et volent très rarement. Il en est cependant (*Coprobies*) qui ne se trouvent que sur les feuilles, et qui sont très agiles, surtout pendant la grande chaleur. Plusieurs, ornés de couleurs vives et brillantes, se trouvent indistinctement dans les bouses et sur les feuilles; souvent aussi ils se réunissent sur les plaies des arbres, et sucent le liquide qui en découle. Ils volent agilement pendant le jour. D'autres se trouvent au mois de novembre dans les substances animales. Il en est dont l'odeur fétide comme celle des Silphes[1], et plus forte encore, peut faire croire qu'ils vivent dans des substances animales en décomposition, comme certaines espèces de *Phanées*. Mais le plus grand nombre se rencontre dans les excrémens des bœufs, où ils ne se creusent pas de trous. L'*Eucranie Arachnoïde*, si remarquable par sa forme bizarre, qui ressemble un peu à une Araignée, se trouve aussi dans les mêmes circonstances, ou se voit courant sur les chemins pendant la plus forte chaleur du jour. Les *Eurysternes* vivent dans les bouses de vaches, sans s'y creuser de trous, et volent aussi pendant le jour. Tels sont les détails relatifs aux espèces d'Amérique, nous allons maintenant présenter les caractères des différens sous-genres que renferme le genre Ateuque.

1. Insectes de la tribu des Clavicornes, t. VI, pag. 9.

1.° LES ATEUQUES proprement dits. — *Ateuchus*. WEBER.[1]

Qui se distinguent de tous les autres sous-genres parce que l'épine ou éperon du bout des quatre *jambes de derrière* est soudé avec la jambe et se recourbe en dedans (*pl.* 15, *fig.* 1, *a*). Ces insectes ont les jambes de devant dépourvues de tarses et garnies en dehors, ainsi que la tête, d'une rangée de dentelures moins aiguës dans le mâle que dans la femelle. L'espèce la plus remarquable de ce sous-genre est,

L'ATEUCHUS DES ÉGYPTIENS. (Pl. 15, fig. 1.)

Ateuchus Ægyptiorum. LAT.[2]

Que l'on croit avoir été adoré des Egyptiens. C'est un bel insecte d'un vert brillant, surtout dans la femelle, où le bord des élytres et la base de leur suture sont cuivreux. Son corps est finement pointillé, et ses élytres, très légèrement rugueuses, offrent des stries très faibles et un peu plus marquées dans la femelle que dans le mâle. Les bords du corselet sont crénelés dans les deux sexes, et celui de la tête offre six dentelures comme dans toutes les espèces du même sous-genre.

Cet insecte se trouve dans la Haute-Egypte et au

1. Etym. ἀτευχὴς, sans armes. — Syn. *Scarabæus.* Linné et autres.
2. Voyage de Caillaud à Meroé et au Fleuve-Blanc. — Voyez sur ce sous-genre l'Entomographie de la Russie, de M. Fischer, l'Iconographie de M. Guérin, les Annales générales des Sciences physiques, le Bulletin de la Société des Naturalistes de Moscou, t. I; les Mémoires de l'Académie des Sciences de Saint-Pétersbourg, t. VI, et surtout les Horæ Entomologicæ de M. Mac-Leay.

Sennâr. Il en a été rapporté il y a quelques années par M. Caillaud, et tout récemment par M. Botta, voyageur du Muséum d'Histoire naturelle. Il varie de grosseur entre six et quinze lignes.

Observations. On trouve en France plusieurs espèces d'*Ateuchus* qui sont, 1.° *A. sacer*, Lin., ainsi nommé à cause de la vénération que les anciens semblent avoir eue pour lui. Il est tout noir, très faiblement pointillé, excepté sur la tête, et offre sur les élytres des stries fort peu distinctes; son corselet est crénelé sur les bords. On y reconnaît deux espèces, sous les noms de *sacer* et de *pius*, Illig., suivant qu'il présente des tubercules sur le vertex ou qu'il en est privé. La dernière passe pour être propre au midi de l'Allemagne, mais cependant on les trouve l'une et l'autre dans le nord de l'Afrique, en Grèce et dans l'Asie mineure. — 2.° *A. variolosus*, Fab., qui se reconnaît aux larges points qui sont épars sur ses élytres et son corselet. Il est moins grand que les précédens. — 3.° *Semi-punctatus*, Fab., qui a les élytres lisses et le corselet seulement couvert de larges points enfoncés. — 4.° *Laticollis*, Fab. (*variolosus*, Oliv.), qui se distingue du précédent parce qu'il a les élytres fortement striées. — On a séparé de chacune de ces espèces quelques variétés auxquelles on a donné des noms différens.

2.° LES PACHYSOMES. — *Pachysoma*, KIRBY.[1]

Ces insectes peuvent se distinguer des Ateuques

1. Etym. παχὺς, épais ; σῶμα, corps. — Type *Scarab. æsculapius*. Oliv. t. 1, p. 154, pl. 24, fig. 207.

par l'éperon qui termine chacune de leurs quatre *jambes postérieures*, et qui s'articule sur leur extrémité au lieu de faire corps avec elles. Ils sont privés de tarses aux pattes de devant, comme les Ateuques, et en diffèrent aussi par la forme presque orbiculaire de leur corselet et de leurs élytres. C'est un groupe peu nombreux en espèces.

3.° LES EUCRANIES. — *Eucranium*, Dej. [1]

Ce sous-genre se rapproche du précédent par la forme générale du corps, mais il s'en distingue très bien par les deux larges éperons qui s'articulent au bout de ses *jambes intermédiaires*. Il n'y a point de tarses aux pattes de devant, et les jambes de derrière n'offrent qu'un seul éperon; leurs tarses sont larges et très velus.

4.° LES STÉNODACTYLES. — *Stenodactylus*, Br. [2]

Ici les *pattes intermédiaires* sont plus écartées que les autres à leur origine, comme dans la plupart des sous-genres suivans, et les *jambes de devant* sont pourvues de tarses. Les jambes intermédiaires ont deux éperons mobiles, et les tarses de ces mêmes jambes sont d'une longueur double de celle des tarses postérieurs, ce qui, joint à la présence d'un écusson bien visible, caractérise suffisamment ce groupe.

---

1. Etym. ὖ, bien, κρανίον, crâne. (Les caractères de ce sous-genre n'ont pas encore été publiés).

2. Etym. στενὸς, étroit, δάκτυλος, doigt. — Voyez la partie entomologique du Voyage de M. d'Orbigny dans l'Amérique méridionale.

5.° LES MÉGATHOPES. — *Megathopa*.[1]

Ces insectes se rapprochent un peu par leur forme des vrais Ateuques. Ils offrent deux éperons aux jambes intermédiaires, et sont pourvus de tarses aux jambes de devant. Ils se distinguent des Sténodactyles par la petitesse de leur écusson et par la longueur égale des tarses de leurs quatre pattes postérieures. Ce groupe et les deux précédens semblent propres à l'Amérique.

6.° LES GYMNOPLEURES. — *Gymnopleurus*, ILLIG.[2]

Ces insectes sont les seuls parmi ceux qui ont les *jambes intermédiaires* écartées à leur origine, dont ces mêmes jambes se terminent par un seul éperon. Les Gymnopleures ont d'ailleurs des tarses à leurs pattes de devant et la partie antérieure de leur mésosternum est saillante. On les reconnaît surtout à l'échancrure latérale de leurs élytres, qui découvre ainsi quelques unes des pièces du flanc; c'est même à cette particularité qu'est dû le nom de ce groupe d'insectes, dont le type est,

LE GYMNOPLEURE PILULAIRE. (Pl. 15, fig. 2.)

Gymnopleurus pilularius, LIN.[3]

Insecte noir et finement granuleux, avec des traces

1. Etym. incertaine. — Type : *M. villosa*, Esch. Mém. d'hist. nat. de Dorpat, t. I, p. 91 (Le Mémoire d'Eschscholtz, a été traduit en français et publié par le libraire Lequien).
2. Etym. γυμνὸς; nu ; πλευρα, côté. — Syn. *Ateuchus*, Fabricius et autres.
3. Mus. Lud. Ulr. n.° 19. — Consultez sur ce groupe le Voyage à Méroé, de M. Caillaud.

de stries sur les élytres et le bord de la tête simplement sinueux.

On le trouve en France et dans presque toute l'Europe, ainsi que dans le nord de l'Afrique et en Orient.
Sa longueur varie entre quatre et huit lignes.

Observation. Une seconde espèce indigène est le
G. flagellatus, Fab., qui a le dessus du corps parsemé
de larges points enfoncés, auxquels il doit son aspect
rugueux et inégal. Il est de la même taille que le précédent. Les autres espèces, en nombre assez limité,
sont revêtues de couleurs brillantes, et propres aux
contrées les plus chaudes de l'ancien continent.

7.° LES SISYPHES. — *Sisyphus,* LATR.[1]

On retrouve dans ce sous-genre deux éperons aux
jambes du milieu; mais ce qui le fait le mieux reconnaître, c'est la forme conique de ses élytres et la courbure de ses quatre jambes postérieures, qui sont
quelquefois armées, ainsi que leurs cuisses, de fortes
dentelures ou d'épines. Les quatre cuisses postérieures
sont généralement renflées, et les jambes de devant
sont pourvues de tarses. Le type de ce sous-genre est,

LE SISYPHE DE SCHŒFFER. (Pl. 15, fig. 3.)

Sisyphus Schœfferi, LIN.[2]

Insecte noir, d'assez petite taille, ayant la tête et le
corselet pointillés et les élytres finement striées.

1. Etym. Allusion au Sisyphe de la fable. — Syn. *Ateuchus,* Fabricius
et autres.

2. Syst. nat. t. II, p. 550. — Voyez la Monographie de ce sous-genre,
publiée par M. Gory.

C'est la seule espèce indigène de ce groupe. Elle a
de trois à cinq lignes de longueur. On la trouve en
France, dans le midi de l'Europe, au nord de l'Afrique et en Orient. Les autres espèces sont peu nombreuses.

8.° LES HYBOMES. — *Hyboma*, LEP. et SERV.[1]

Ces insectes ont, suivant Latreille, un caractère
qui leur est commun avec les précédens et ceux
des deux groupes suivans, dans la forme du premier
article de leurs *palpes labiaux*, qui s'élargit au côté
intérieur, et dans la présence d'un troisième article.
Quoi qu'il en soit, on reconnaîtra les Hybomes à
l'absence de tarses antérieurs, ce qui les fera aisément distinguer de tous les autres Aphodiens qui
ont les pattes du milieu écartées entre elles. La forme
arquée de leurs jambes rappelle un peu celle des
Sisyphes, et leur corps est ordinairement très bombé.
Tel est,

L'HYBOME ICARE. (Pl. 15, fig. 4.)

Hyboma Icarus, OLIV.[2]

Joli insecte d'un cuivreux bronzé, avec de larges
stries sur les élytres et une double rangée de points le
long de chaque strie. Il a la tête et le corselet poin-

---

1. Etym. ὕβωμα, bosse; courbure. — Syn. *Anamnesis*, Vigors, *Delto-
chilum*, Eschscholtz.
2. Eut. t. I, pag. 155, pl. 16, fig. 151. — Voyez le Zoological Journal,
t. II.; l'Iconographie de M. Guérin et les Mém. de la Soc. de Dorpat, déjà
cités.

tillés et le bord de la tête découpé en trois dentelures de chaque côté.

On le trouve à Cayenne et au Brésil. Il a près d'un pouce de longueur.

Observation. Nous ne voyons aucun caractère pour séparer des espèces de ce genre l'*Ateuchus cupreus*, Fab., que M. le comte Dejean regarde comme le type d'un sous-genre distinct qu'il nomme *Chalconotus*, et qui nous semble le même que celui d'*Anamnesis* de M. Vigors.

9.° LES CIRCELLIES. — *Circellium*, ¦LATR.[1]

Ce sont des insectes de forme hémisphérique, privés de tarses aux pattes de devant comme les Hybomes, et qui se reconnaissent à la longueur de leurs pièces sternales et au peu de développement de leur abdomen, dont la forme est celle d'un croissant. Ils ont les jambes épaisses, anguleuses et dentées. Leur type est une grande espèce,

LA CIRCELLIE BACCHUS. (Pl. 15, fig. 5.)

Circellium Bacchus, FAB.[2]

Grand insecte noir, lisse ou très finement pointillé, avec deux dentelures ou saillies obtuses sur le bord de la tête. Ces saillies sont un peu plus fortes dans le mâle que dans la femelle.

1. Etym. incertaine.
2. Ent. Syst. t. I, pag. 164. — *Observ.* Le *Circellium hemisphericum* de l'Iconographie de M. Guérin est un *Coprobius*.

On le trouve au cap de Bonne-Espérance. Sa longueur est d'un pouce et demi environ, et sa largeur
d'un peu plus d'un pouce.

10.° LES COPROBIES. — *Coprobius*, LAT.[1]

Ces insectes se rapporteraient au sous-genre des
Hybomes, s'ils n'étaient pourvus de tarses à leurs
pattes de devant. Ils en ont à peu près la forme,
comme le montre l'espèce suivante, que nous leur
donnerons pour type,

LE COPROBIE ÉCLATANT. (Pl. 15, fig. 6.)

Coprobius smaragdulus, FAB.[2]

Joli insecte d'un vert brillant et quelquefois cuivreux, dont le corps est parfaitement lisse. Il a
deux dentelures au bout de la tête, et les côtés de
son corselet forment vers le milieu une petite saillie
anguleuse qui n'est pas aussi prononcée dans toutes
les espèces de ce groupe.

On le trouve au Brésil, où il est très répandu. Sa
longueur varie entre quatre et six lignes.

Observation. Une espèce non moins répandue que
la précédente, et qui la remplace aux Etats-Unis, est

---

1. Etym. κόπρος, fiente; βιόω, je vis. — Syn. *Ateuchus*, Fabricius;
Canthon de M. Germar et quelques autres.

2. Ent. Syst. t. I, pag. 70. — Voyez les nouv. Mém. des Naturalistes de
Moscou, t. I.; les Insectorum species novæ, de M. Germar ; les Insectes
de MM. Spix et Martius, et les Coléoptères de Madagascar décrits par
M. Klug.

le *C. volvens*, que nous avons déjà mentionné sous le nom de *Bousier pilulaire*, et dont les habitudes nous ont été indiquées par Catesby. Elle est d'un bronze obscur en dessus, presque noir en dessous, et la surface de sa tête, de son corselet et de ses élytres est très finement granuleuse. Sa taille est ordinairement plus grande que celle du *Smaragdulus*.

11.° LES EURYSTERNES. — *Eurysternus*, DALM.[1]

Ils doivent leur dénomination à l'écartement de leurs pattes du milieu, qui est bien plus considérable encore que dans les Coprobies et dans les Hybomes. Leurs jambes antérieures sont pourvues de tarses, et la présence d'un écusson bien distinct les fait distinguer d'avec les Coprobies. Ils ont d'ailleurs dans la forme alongée de leur corps un caractère qui n'appartient qu'à eux seuls.

GENRE **BOUSIER.**

COPRIS.

Les Bousiers forment un genre nombreux, qui renferme de très grandes espèces, dont plusieurs sont ornées de couleurs éclatantes, mais elles sont moins variées que celles des Ateuques. On les reconnaît toutes à la forme élargie de leurs jambes

1. Etym. εὐρύς, large; ςέρνον, sternum. Syn. *Æschrotes*, Encycl.—Voyez Dalmann, Ephémérides entomologiques et l'Encyclopédie méthodique.

de derrière, et les mâles ont généralement sur la
tête ou sur le corselet, quelquefois sur les deux
ensemble, des cornes, des saillies de forme variée,
qui ne sont pas exclusivement l'apanage de ce sexe,
car dans quelques espèces, ce sont au contraire les
femelles qui les présentent, comme on le voit dans
les Onitis. Il est vrai que le mâle offre souvent sous
les premières pattes et au sternum des apophyses
qui semblent remplacer les protubérances dorsales
qui lui manquent. Dans d'autres espèces de Bousiers, qui appartiennent au sous-genre des Phanées,
le plus brillant de tous, quelques grandes espèces
ont sur la tête une corne droite et élevée qui est commune aux deux sexes. Les mâles ont seulement quelques replis de plus que les femelles, dans les inégalités de leur corselet. Ils s'en distinguent d'ailleurs
par l'absence de tarses aux pattes antérieures. Ces
tarses, qui sont ici fort petits et presque rudimentaires, se voient aussi dans quelques femelles
d'Onitis, dont les mâles en sont dépourvus. Si l'on
ajoute à ces deux groupes d'insectes le sous-genre si
curieux des *Enicotarses*, on aura sous les yeux les trois
sous-genres qui manquent de tarses antérieurs, sans
que l'on puisse rien conclure de cette absence de
tarses à l'égard des habitudes de ces insectes, qui
ressemblent, sous ce rapport, aux autres sous-genres,
comme le prouvent les observations que nous allons
emprunter à M. Lacordaire. Avant de présenter ces
observations, il est utile de faire remarquer que les
Bousiers ne font pas, comme les Ateuques, avec des
excrémens d'animaux, de petites boules pour renfermer leurs œufs, mais qu'ils creusent la terre sous les

bouses ou sous les tas d'excrémens, et y percent des trous qui atteignent à plus d'un pied de profondeur ; c'est dans ces trous que les larves se retirent et qu'elles se construisent, à l'époque de leur changement en nymphes, une coque en terre, ordinairement de forme ronde, et semblable à celle dont nous avons parlé à l'occasion du Bousier Midas. C'est peut-être à cause de ces habitudes différentes que les Bousiers, qui sont plus fouisseurs que les Ateuques, ont les jambes élargies au bout, tandis que ces derniers n'ayant besoin de leurs pattes que pour façonner leurs petites boules, ont ces pattes également minces dans toute leur étendue.

Les espèces de Bousiers proprement dites sont très nombreuses et se trouvent dans toutes les parties du monde. On a remarqué que leurs trous ne sont jamais percés en ligne droite, mais toujours obliquement. Ce sous-genre renferme les plus grandes espèces de toute la famille, ce qui n'empêche pas qu'il n'y en ait de très petites, que l'on a désignées sous le nom de *Chœridies*, mais qui n'en diffèrent pas, si ce n'est que leur tête n'offre jamais de cornes, ni leur corselet de saillies dans les mâles. Un autre sous-genre, que l'on a distingué des Bousiers, sous le nom de *Phanée*, renferme des espèces qui sont toutes du nouveau continent, et dont les couleurs sont généralement très brillantes, tandis que c'est le contraire dans les autres Bousiers. Les Phanées se trouvent tous dans les bouses, et leurs habitudes ne diffèrent pas de celles des Bousiers proprement dits. Suivant M. Lacordaire, ils produisent, lorsqu'on les saisit, un bruit assez aigu en frottant l'extrémité de leur ventre contre le bord

intérieur de leurs élytres, ainsi que le font les Bousiers. Ces insectes, ajoute le même voyageur, recherchent avidement les déjections du Tapir, et l'on est
sûr de les y rencontrer. Les trous qu'ils creusent ne
sont pas proportionnés à leur grosseur, et n'égalent
pas en longueur ceux des Bousiers véritables. Il faut
rapporter aux Bousiers ce que dit M. Lacordaire au
sujet d'une espèce d'Ateuque, qui creuse, comme
eux des trous profonds dans la terre, sous les excrémens des chevaux; cette espèce forme aujour-
d'hui le sous-genre *Gromphas*, qui appartient aux
Bousiers tant par ses habitudes que par l'ensemble
de sa structure. Mais une des espèces les plus curieuses est le Phanée connu dans les collections sous le
nom de *Milon*, qui s'éloigne de tous ses congénères parce qu'il se nourrit exclusivement de matières
animales décomposées. M. Lacordaire ne l'a jamais
trouvé dans les bouses, mais bien sous les poissons
morts que la Plata rejette sur son rivage. Il répand
une odeur musquée analogue à celle des Nécrophores,
des Silphes et des genres voisins.

MM. Spix et Martius citent deux autres espèces qui
ont, de plus, avec les Nécrophores, l'habitude de
creuser des trous sous des couleuvres mortes et d'y
ensevelir l'animal en quelques heures. Une observation de ce genre avait déjà été faite par d'Azara,
au rapport de M. Perty (voyage de MM. Spix et
Martius), dans la province du Paraguay, où il vit
une espèce de Phanée enterrant le cadavre d'un petit
rat. En général les voyageurs s'accordent tous au sujet
de l'empressement que mettent ces insectes à se rendre sur les excrémens dès qu'ils sont déposés; souvent

même ils n'attendent pas, dit-on, qu'ils le soient entièrement, et plus d'une fois leur arrivée subite causa une frayeur involontaire aux Européens nouvellement débarqués sur le continent d'Amérique. C'est un rapport de plus entre les Phanées et les Nécrophores, chez lesquels l'organe de l'odorat paraît développé au plus haut degré.

Un autre sous-genre de Bousiers qui semble exclusivement propre au nouveau continent, est celui des *Enicotarses*, qui se compose d'un très petit nombre d'espèces fort remarquables par la structure de leurs tarses. Quant aux sous-genres *Onitis*, *Oniticelle* et *Ontophage*, ils se composent d'espèces qui sont plus généralement répandues dans l'ancien continent; un très petit nombre d'entre eux se trouve en Amérique. Ces insectes n'ont rien dans leurs habitudes qui mérite de fixer l'attention. Ils ont la manière de vivre des Bousiers véritables, et creusent comme ceux-ci des trous dans le sol. Parmi eux, les Onitis se distinguent par la forme de leurs pattes de devant, qui sont longues et arquées dans les mâles, avec des dentelures moins marquées que dans les femelles, et par les autres singularités que nous avons déjà signalées.

Nous allons entrer dans le détail des caractères qui permettent de répartir les Bousiers en plusieurs sous-genres, comme nous l'avons déjà indiqué dans le tableau synoptique de la famille des Aphodiens. Ces sous-genres sont au nombre de sept, savoir :

1.° LES ONITICELLES. — *Oniticellus* LAT.[1]

Qui se rapprochent des Eurysternes, dernier groupe
du genre précédent, par leur forme alongée; ils ont,
comme eux, l'écusson bien distinct. Leurs pattes antérieures sont pourvues de tarses. Tel est,

L'ONITICELLE A PIEDS FAUVES. (Pl. 16, fig. 1.)

Oniticellus flavipes. FAB.[2]

Insecte fauve, nuancé de teintes d'un vert bronzé.
Il a la tête et le corselet pointillés et les élytres marquées de stries légères. Le bord de sa tête est simplement sinueux.

On le trouve dans presque toute l'Europe. Il a de
trois à quatre lignes de longueur, et sa largeur varie
entre une et demie et deux lignes.

2.° LES ONTOPHAGES. — *Ontophagus.* LAT.[3]

Ce sont des insectes voisins des précédens par leur
forme, mais qui s'en distinguent parce que leur *écusson*
reste caché sous les élytres. On en compte autour de
Paris un grand nombre d'espèces. Tel est entre autres,

L'ONTOPHAGE TAUREAU (Pl. 16, fig. 2.)

Ontophagus taurus. LIN.[4]

Ainsi nommé à cause des deux longues cornes qui

1. Etym. diminutif d'*Onitis* (Voyez plus loin).
2. Ent. syst. t. I, pag. 70. — Voyez les Insectes de Madagascar, par
M. Klug, et l'Iconographie de M. Guérin.
3. Etym, ὄνϑος, fumier; φάγος, qui mange.
4. Syst. nat. t. II, pag. 547.—Voyez la Centurie d'insectes de M. Kirby,

surmontent la tête du mâle. C'est un insecte noir,
légèrement pointillé, ayant des stries faibles sur les
élytres, et dont la femelle a la tête dépourvue de
cornes.

On le trouve fréquemment dans les excrémens d'a-
nimaux et dans les bouses de vaches. Il est long de
trois à quatre lignes et large de deux environ.

Observation. Les espèces de ce sous-genre sont
trop nombreuses pour que nous puissions espérer d'en
faire saisir ici les différences. Nous renverrons pour
cela aux ouvrages qui traitent de leur description.

3.° LES ONITIS. — *Onitis.* Fab.[1]

Ce sont des insectes sans éclat et qui n'ont de remarquable que la massue de leurs antennes, dont
le premier article emboîte les deux autres. Les mâles
ont les jambes de devant longues, arquées et quelquefois armées d'épines en dessous. Les tarses antérieures de ces jambes manquent ordinairement dans
les deux sexes, mais ils existent dans quelques femelles. Dans le premier cas, l'écusson est très petit,
presque nul; dans le dernier, il est très distinct.

---

dans les Transactions Linnéennes de Londres, les Insectorum species novæ
de M. Germar, la Description des Insectes de l'île du Prince et de Madagascar, par M. Klug, le Magasin de Zoologie, et l'Iconographie de M. Guérin,
les Illustrations of british Entomology de M. Curtis et beaucoup d'autres
ouvrages qui sont trop nombreux pour que nous puissions les citer
tous ici.

1. Etym. ὄνιτις, nom d'une plante, etc. — Voyez Wulfen, Description
des Insectes du Cap; les Horæ Entomologicæ, de M. Charpentier, les Insectes de l'île du Prince, par M. Klug, les Mém. de l'Acad. de Saint-Pétersbourg, t. VI, les Insectorum species novæ de M. Germar, le Bulletin de
la Soc. des Nat. de Moscou, t. I, etc.

4.° LES ENICOTARSES. — *Enicotarsus*. LAP.[1]

Ces insectes sont également remarquables par la structure de leurs antennes (*pl.* 16, *fig.* 3, *a*), dont les derniers articles sont reçus dans une espèce de cornet formé par un des précédens, et par la forme de leurs tarses postérieurs et intermédiaires, qui n'ont que trois articles, et sont dépourvus de crochets au bout du dernier (*fig.* 3, *b*). Les tarses antérieurs manquent tout à fait. Tel est,

L'ENICOTARSE A AILES VERTES (Pl. 16, fig. 3).

Enicotarsus viridipennis. LAP.[2]

Joli insecte dont les élytres sont d'un vert brillant, tandis que tout le reste de son corps est noir. Sa tête offre des rides transversales élevées, deux dents sur le bord antérieur, et une saillie placée en travers sur le vertex. Son corselet est plus large en avant qu'en arrière, et présente au bord antérieur une échancrure surmontée d'une petite saillie. Ses élytres ont des stries profondes.

On le trouve au Brésil, d'où on le rapporte assez rarement. Il est long de six lignes et large de trois environ.

5.° LES PHANÉES. — *Phanœus*, MAC-LEAY[3].

Ces insectes sont les plus brillans de toute cette

1. Etym. ἐνικός, singulier; ταρσός, tarse.
2. Magasin de Zoologie de M. Guérin.
3. Etym. incertaine. — Syn. *Loncophorus*, Germar. — Voyez les Insectorum Species novæ de M. Germar et le Voyage de MM. Spix et Martius.

famille. Ils ont les antennes organisées comme celles des Onitis, et peuvent se reconnaître à leur sternum fort large, en forme de plaque rhomboïdale. De même que dans certains Onitis, les pattes antérieures sont dépourvues de tarses dans les mâles, tandis que ces organes existent dans les femelles. Le sternum de quelques Phanées se prolonge en forme d'épine entre les pattes antérieures, mais dans le plus grand nombre il n'offre en avant qu'une saillie anguleuse. Tel est,

1. LE PHANÉE PORTE-LANCE. (Pl. 16, fig. 4.)

Phanœus lancifer, LIN.[1]

Grand et bel insecte nuancé de bleu et de vert, dont le corselet présente une large impression, au des-sus de laquelle on aperçoit de fortes saillies, comme le représente la figure citée. Sa femelle se reconnaît seulement à la présence des tarses antérieurs; le mâle, qui en est dépourvu, est connu dans les col-lections sous le nom de *Heros.* Ce que cette espèce offre de plus remarquable, c'est que la tête de la fe-melle supporte une corne aussi grande et aussi déve-loppée que celle du mâle, ce qui s'observe encore dans deux ou trois autres espèces. Les élytres sont surmontées de quelques côtes, entre lesquelles se trouve une double rangée de tubercules qui s'effacent vers l'extrémité pour faire place à des stries.

On trouve au Brésil cette espèce, la plus grande de tout le sous-genre. Elle a près de deux pouces de lon-gueur. Une seconde espèce beaucoup plus répandue, est,

1. Syst. nat., t. II, pag. 544.

2. LE PHANÉE MIMAS.

Phanæus mimas, Lin.[1]

Insecte vert, avec des reflets dorés sur les côtés du corps et à son extrémité, et sur les quatre cuisses postérieures. Il a le corselet surmonté d'une éminence très épaisse et les élytres marquées de stries profondes. Le mâle se distingue de la femelle par la présence de deux petites cornes sur le vertex.

On trouve cette espèce à la Guiane et au Brésil. Elle est longue d'un pouce, et quelquefois au delà.

Parmi les espèces dont le sternum s'avance en pointe entre les pattes, on distingue,

3. LE PHANÉE BRILLANT.

Phanæus festivus, Lin.[2]

Le plus éclatant de tous les insectes de ce sousgenre. Il est noir, avec le corselet et les élytres d'un rouge brillant. Dans le mâle, la tête supporte une corne longue et un peu arquée, et le corselet est surmonté de deux éminences larges et triangulaires. La femelle a la tête dépourvue de cornes et le corselet marqué de plusieurs taches noires.

6.° LES GROMPHES. — *Gromphas*, Dej.[3]

Ce sous-genre se compose d'une seule espèce qui a

1. Mus. Lud. Ulr. n.° 9.
2. Syst. nat., t. II, pag. 552.
3. Etym. γρομφἀ', une vieille truie. — (Sous-genre encore inédit).

l'aspect des Phanées et leur large plaque sternale, ainsi que leurs antennes à articles de la massue arqués et en gobelets ; il s'en distingue seulement par la présence des tarses antérieurs dans le mâle comme dans la femelle.

7.° LES BOUSIERS. — *Copris*, GEOFF.[1]

C'est un des groupes les plus riches en espèces. Il se distingue des Phanées et des Onitis par le peu d'écartement de ses pattes intermédiaires, qui ne laissent entre leur naissance qu'un espace parallélogrammique, et par les trois derniers articles de ses antennes, qui sont libres et simplement accolés l'un à l'autre. Tel est,

1. LE BOUSIER LUNAIRE. (Pl. 16, fig. 5.)

Copris lunaris, LIN.[2]

Insecte noir, ayant la tête armée d'une corne longue et un peu arquée dans le mâle, et le corselet surmonté de saillies, dont l'intermédiaire est très épaisse. Ses élytres sont marquées de stries peu profondes. La femelle se distingue du mâle par la corne de sa tête, qui est courte et tronquée près de son origine, et par l'absence des saillies du corselet.

C'est la seule espèce de ce genre qui se trouve aux environs de Paris. Elle est longue de neuf à dix lignes.

Les Bousiers qui vivent dans les régions chaudes,

1. Etym. κόπρος, fiente ; allusion à l'habitation de ces insectes.
2. Faun. Suec. n.º 379.

et surtout dans l'ancien continent, atteignent quelquefois une très grande taille, mais néanmoins ils ne se font jamais remarquer par l'éclat de leurs couleurs. La seule espèce qui soit dans ce cas est d'une assez petite taille, et se trouve dans le Nouveau-Monde. Tel est,

2. LE BOUSIER HESPERUS. (Pl. 16, fig. 6.)

Copris hesperus, OLIV.[1]

Insecte d'un vert brillant en dessus et d'un rouge cuivreux en dessous, avec la moitié antérieure de la tête noire et ridée en travers. Sa partie verte est au contraire ponctuée, ainsi que le corselet, et supporte trois tubercules, dont le médian est le plus élevé. Un point enfoncé assez gros se fait remarquer de chaque côté du corselet. Enfin les élytres sont marquées de stries, dans lesquelles on distingue une double rangée de petits points. Les pattes sont de la même couleur que le dessous du corps.

On trouve cette jolie espèce au Brésil. Elle est longue de six à huit lignes. C'est par erreur sans doute qu'Olivier la fait venir des Indes-Orientales.

---

1. Ent. t. I, pag. 158, pl. 14, fig. 129. — Voyez le tome VI des Mém. de l'Acad. des Sc. de Saint-Pétersbourg, les Icones Insectorum de M. Pallas; l'Entomologische Versuche de M. Creutzer; les Archives de Zoologie de M. Wiedemann; les Insectorum Species novæ de M. Germar; la Centurie d'insectes de M. Kirby; les Mém. de l'Acad. des Sc. de Stockolm, an 1799; les Insectes de l'île du Prince, par M. Klug; l'Iconographie de M. Guérin; le Voyage à Méroé, par M. Caillaud, et celui de MM. Spix et Martius au Brésil.

GENRE APHODIE.

APHODIUS. ILLIGER [1].

Ce genre renferme un très grand nombre d'insectes dont la plupart sont européens, et n'ont rien de très intéressant dans leurs formes, leurs couleurs, et leurs habitudes. Ce sont des insectes de taille généralement petite, de forme alongée ou ovale, dont les pattes sont toutes insérées à égale distance, c'est-à-dire que celles de chaque paire ne sont ni plus rapprochées ni plus éloignées entre elles que celles des deux autres paires. On les reconnaît aussi à leurs élytres, assez longues pour recouvrir l'extrémité du ventre, et à la forme élargie de leur tête, qui cache entièrement les pièces de la bouche. Les Aphodies sont très communs dans la nature; ce sont les premiers insectes que l'on voit voler pendant les beaux jours du printemps et à la fin de l'hiver. Ils s'abattent sur la fiente des chevaux et des vaches pour y pondre leurs œufs; et quand on soulève la couche extérieure qui sert d'enveloppe aux bouses de ces derniers animaux, on y trouve quelquefois les Aphodies en très grand nombre, ainsi que les espèces d'un des sous-genres d'Ateuques, celui des Ontophages.

1. Etym. ἄφοδος, excrément. — Syn. *Scarabæus* et *Copris* des auteurs anciens.

Les métamorphoses des Aphodies sont aussi peu connues que celles des deux genres précédens, savoir les Ateuques et les Bousiers. Latreille semble avoir connu leurs larves, qu'il trouvait, dit-il, sous des pierres, et qui ressemblent à celles du *Hanneton* et du *Scarabé nasicorne* dont nous parlerons plus loin. On peut être surpris que ces larves se retirent sous les pierres, au lieu de s'enfoncer dans la terre que recouvrent les bouses; mais, n'ayant pas d'observations positives, nous sommes obligé de nous contenter de ce peu de mots. Cependant M. de Haan a fait connaître dans ces derniers temps, parmi les larves de beaucoup d'autres Lamellicornes, celles du genre Aphodie, qui sont remarquables par la position de leur fente anale, placée en travers, comme dans les larves des vrais Lamellicornes, mais située à la partie supérieure du dernier segment du corps, au lieu d'en occuper la partie inférieure, ou même l'extrémité. Un autre caractère peut également faire reconnaître ces larves, c'est que leurs antennes ont cinq articles, au lieu que dans les autres Lamellicornes elles n'en ont jamais que quatre. Ces larves offrent encore plusieurs autres caractères moins saillans, et que l'on pourra trouver dans le mémoire de M. de Haan. Nous ajouterons seulement d'après lui que les larves des Aphodies se trouvent pendant toute l'année dans les bouses des vaches.

Les espèces d'Aphodies propres à nos climats sont trop nombreuses pour que nous puissions entreprendre de les décrire. Nous leur donnerons seulement pour type,

L'APHODIE DU FUMIER. (Pl. 17, fig. 1.)

Aphodius fimetarius, LIN.[1]   -

Qui est noir, et dont les élytres sont fauves, ainsi qu'une tache située de chaque côté du corselet. Ses élytres sont marquées de stries qui sont ponctuées, et sa tête offre trois tubercules.

Observation. On a distingué des Aphodies deux sous-genres, dont l'un, *Psammodius*, Gyll., renferme un petit nombre d'espèces à corselet sillonné en travers et à ventre renflé; et l'autre, *Euparia*, Lep. et Serv., se compose d'un insecte tout-à-fait singulier, dont la tête est triangulaire, et dont les épaules ou la partie extérieure de la base des élytres se prolongent en manière de pointe. Il faut voir, pour le premier de ces deux sous-genres, les Insectes de Suède, de M. Gyllenhall; et pour le second, le tome X de la partie entomologique de l'Encyclopédie méthodique, qui est dû à MM. Lepelletier de Saint-Fargeau et Serville.

1. Faun. Suec. n° 385. — Consultez sur ce genre : l'Entomologische Versuche de M. Creuzer; le British entomology de M. Curtis; les Illustrations of British entomology de M. Stephens; le Deutschlands fauna de M. Sturm; les Icones insectorum de Pallas; les Archives de Fuesly pour l'Entomologie; les Horæ entomologicæ de M. Charpentier; les Insectorum species novæ de M. Germar; les Insecta suecica de M. Gyllenhall; les Mém. de l'Acad. des Sciences de Saint-Pétersbourg, t. VI; ceux de l'Académie des Sciences de Stockholm, 1792 et 1824; les Nouv. Commentaires de l'Académie des Sciences de Saint-Pétersbourg, t. XIV; les Annales générales des Sciences physiques; l'Iconographie de M. Guérin; les Insectes de Madagascar, décrits par M. Klug; ceux de l'île du Prince, par le même; les Insectes de la Mongolie, par M. Faldermann, etc., etc.

DEUXIÈME FAMILLE.

LES GÉOTRUPIENS.

Les insectes dont se compose cette famille, bien moins nombreuse que la précédente, se rapprochent beaucoup de celle-ci par leurs habitudes. Ils vivent de la même manière dans les excrémens d'animaux, et creusent dans la terre qui se trouve au dessous des galeries analogues à celles que font les Bousiers. Ces insectes ne constituent qu'un seul genre, celui des Géotrupes, ainsi nommé parce qu'il fait des trous dans la terre. On les reconnaît tous à leur corps hémisphérique ou ovalaire, à leurs élytres enveloppant l'abdomen, et surtout à leurs mandibules, qui sont découvertes en grande partie, très fortes et arquées. Comme ces insectes sont essentiellement fouisseurs, leurs jambes sont armées d'épines ou de saillies qui offrent une disposition singulière, car elles sont comme étagées tout le long de la jambe, et s'y disposent en séries obliques. Si l'on coupe une de ces jambes en travers, on trouvera que le plan de la coupe est quadrilatère, ce qui donne à ces jambes une force beaucoup plus grande que dans les Ateuques. Les bousiers, qui ont les jambes organisées pour fouir, les ont cependant moins perfectionnées sous ce rapport ; seulement, chez ces insectes, elles sont très élargies à l'extrémité.

Le type des Géotrupes est le Bousier stercoraire des anciens auteurs. C'est un insecte extrêmement répandu et qui se trouve dans presque toute l'Europe. On le connaît sous le nom de *Pilulaire*, parce qu'il forme avec des excrémens de vache ou de cheval de petites boules, dans lesquelles il dépose ses œufs. Cette habitude est commune à d'autres espèces, et l'une d'elles, *vernalis*, se sert dans le même but, suivant MM. Sturm[1] et Kirby[2], des petites boules toutes faites que forment les excrémens des moutons. On prétend que ces Pilulaires, auxquels on a donné des noms beaucoup moins relevés, mais tirés des lieux qu'ils fréquentent, étaient autrefois employés dans la coiffure des dames, ou du moins quelques parties de leur corps, telles que les cuisses, qui ont un éclat cuivreux très brillant; c'est du moins ce que rapporte Latreille, d'après un auteur allemand qu'il ne cite pas. Mais une particularité plus frappante qu'offrent ces insectes, c'est la manière dont ils s'y prennent pour contrefaire le mort. Au lieu de replier les pattes et les antennes sous le corps, comme le font la plupart des autres insectes, ils les étendent et les tiennent aussi raides que s'ils étaient morts réellement et tout-à-fait secs. C'est par cette ruse qu'ils trompent leurs ennemis, et entre autres les corneilles, *qui les croquent et les mangent*, comme dit de Géer, lorsqu'ils sont vivans, mais qui dédaignent les insectes morts. Latreille rapporte, nous ne savons sur quelle autorité, que les pies-grièches d'Europe saisissent les Géotrupes et les enfilent sur

1. Deutschlands Fauna, t. XXVII.
2. Introd. Entom. t. II, 475.

les haies aux épines du prunier épineux pour en faire
un dépôt de vivres pour leurs petits. Ces insectes volent en bourdonnant pendant tout l'été, vers le soir
particulièrement; et de Géer rapporte un proverbe
suédois, suivant lequel on doit avoir beau temps lorsque ces insectes se montrent en grand nombre, mais,
ajoute-t-il aussitôt, ces insectes ne volent guère que
lorsque le temps est déjà beau.

Les larves des Géotrupes vivent dans les mêmes endroits que les insectes parfaits eux-mêmes, et se rencontrent surtout dans les bouses un peu vieilles et qui
commencent à se réduire en terreau. Ces insectes
contribuent eux mêmes, dit de Géer, à cette opération, parce qu'ils les fouillent et qu'ils en disper-
sent les particules, que le vent emporte ensuite sur
les terres pour les engraisser. Ainsi les larves des
Géotrupes étaient déjà connues du temps de Géer, et
Frisch en a même donné la figure dans la planche 6
du tome IV de son ouvrage ; mais comme cette figure
est imparfaite, et que l'on n'a pas eu depuis l'occasion
de se procurer ces larves, nous ne savons pas encore
à quel caractère on peut les reconnaître.

Ce que nous avons dit jusqu'ici ferait croire que les
Géotrupes ne nous sont aucunement nuisibles, et cependant ces insectes font tort à l'agriculture. On prétend que leurs larves commencent à se nourrir de la
fiente qui les entoure et dans laquelle elles sont éclo-
ses, mais que bientôt elles s'enfoncent profondément
dans la terre pour y dévorer les racines des plantes,
comme le font les Hannetons. Or, comme elles passent un ou deux ans sous la forme de larves, elles doivent occasionner des dégâts appréciables. Ce qui rend

cette opinion plus probable, c'est la connaissance que
nous avons des habitudes d'un sous-genre qui se distingue des Géotrupes par la figure en entonnoir des
derniers articles de ses antennes; c'est le sous-genre des
Lèthres. Nous devons cette connaissance à MM. Koy
et Bœhm, qui ont publié dans un recueil allemand [1]
les détails suivans sur l'espèce la plus répandue, que
nous décrivons plus loin sous le nom de *cephalotes*.

« Cet insecte, disent-ils, qui, suivant Pallas, Fabricius, Panzer et autres, se tient dans les plaines arides,
est commun partout dans nos contrées, et mérite d'ê-
tre rangé parmi les insectes les plus pernicieux. Son
apparition a lieu chez nous à l'époque où la vigne
commence à mûrir, et elle n'a pas d'ennemi plus re-
doutable pendant toute sa croissance que le *Lethrus
cephalotes*, qui coupe les plus jeunes pousses avec ses
mandibules et les porte dans les trous qu'il s'est creu-
sés, comme des provisions délicates. Aussi les vigne-
rons poursuivent-ils cet insecte avec la plus grande
animosité, et ils le tuent impitoyablement lorsqu'il
tombe entre leurs mains. Plus d'une fois, dans nos
promenades entomologiques, nous trouvâmes des es-
paliers entiers garnis de ces insectes pendus ou accrochés et sans vie. Leur nom vulgaire est *schneider*,
coupeur. Ils offrent à l'observateur le sujet des entre-
tiens les plus curieux, s'il veut suivre toutes leurs allures. Ils sortent régulièrement pour aller à la provi-
sion, grimpent sur les plantes les plus élevées et en
enlèvent chaque fois la portion la plus tendre, et se
dirigent ensuite vers leur trou en marchant à recu-

1. Der naturforscher.

lons, comme une écrevisse, de peur de heurter avec
leur proie contre quelque obstacle, et sans s'écarter
de leur route de l'épaisseur d'un cheveu. En général, s'ils trouvent un obstacle, ils ont l'habitude de
prendre la fuite à reculons. Il arrive souvent, à l'époque des amours, qu'un mâle étranger s'approche d'un
trou déjà occupé ; il s'engage alors entre les deux mâles un combat opiniâtre. Le propriétaire s'avance à l'entrée du trou et lutte vigoureusement contre son adver-
saire, pendant que la femelle, pour interdire la retraite
à son mâle, le pousse jusqu'à ce que le mâle étranger
ait abandonné le champ de bataille. Souvent même
un de ces deux mâles perd le combat avec la vie. »

Nous n'avons pas sur les habitudes des autres sous-
genres qui se rapportent aux Géotrupes des connaissances aussi exactes et aussi précises. Ainsi les *Ocho-
dées*, espèce de petits Géotrupes, dont une seule
espèce se trouve en Europe et l'autre à Madagascar,
ne nous offrent rien sous ce rapport. Les *Bolbocères*,
qui ne renferment que deux espèces indigènes, ont
les habitudes des Bousiers, suivant M. Lacordaire,
qui les a observés en Amérique. Ils se trouvent dans
les bouses, et s'enfoncent profondément dans la
terre. Les *Athyrées* ne diffèrent pas des Bolbocères
sous le rapport de leurs habitudes. Les *Trox* sont des
insectes que l'on trouve surtout dans la campagne et
dans les bois, sur le bord des chemins, dans les lieux
secs particulièrement, et aussi bien sous les pierres
que sous les cadavres. Ils diffèrent des Géotrupes en
ce qu'ils contractent leurs pattes pour contrefaire le
mort. Ils font entendre un bruit particulier, produit
par le frottement du bout de leur ventre contre leurs

élytres. Ce sont des insectes omnivores, qui rongent aussi bien les parties sèches des cadavres d'animaux épars dans la campagne, que les matières fécales des animaux ruminans. Les habitudes des espèces d'Amérique rapprochent les Trox des Coléoptères nécrophages de la tribu des Clavicornes, suivant M. Lacordaire. On les rencontre toujours sous les cadavres à demi secs, dont ils rongent les parties tendineuses, ou dans les excrémens de l'homme et des animaux herbivores. Ces insectes volent assez souvent pendant le jour, mais leur vol est lourd et dure peu, comme dans les espèces européennes. Les *Acanthocères*, insectes remarquables par la propriété qu'ils ont de pouvoir se rouler en boules, et dont aucun ne se trouve en Europe, se prennent en Amérique sur les fleurs ou dans le bois pourri. Enfin trois autres sous-genres, les *Egialies*, les *Hybosores* et les *Hybales*, se trouvent dans la terre et dans les excrémens. Les Egialies et les Hybales se rencontrent plus particulièrement dans la terre, et nous avons pris plus d'une fois ces derniers sous des pierres, à quelques pouces de la surface du sol, sur les côtes du Péloponèse. Il nous reste, comme on le voit, beaucoup à apprendre sur la manière de vivre de ces insectes. Il reste surtout à observer leurs larves mieux qu'on ne l'a fait jusqu'ici, et à constater le temps qu'elles emploient à subir toutes leurs transformations. Quant aux espèces nuisibles à l'homme, elles semblent limitées aux deux groupes des Lèthres et des Géotrupes proprement dits. Avant d'entrer dans l'exposition des caractères des différens groupes ou sous-genres, nous allons les résumer dans le tableau suivant :

TABLEAU DE LA DIVISION DE LA FAMILLE DES GÉOTRUPIENS,

EN GENRES ET EN SOUS-GENRES.

ARTICLES DES ANTENNES au nombre de..............

- neuf.. *ÆGIALIA.*
  - dix; le premier article
    - petit; bouton des antennes
      - emboîté..... *HYBOSORUS.*
      - libre........ *HYBALUS.*
    - très grand,
      - élargi en dehors.... *ACANTHOCERUS.*
      - revêtu de poils raides. *TROX.*

- au nombre de onze; bouton des antennes
  - en forme d'entonnoir................................. *LETHRUS.*
  - feuilleté, libre, ayant
    - ses trois articles visibles; libre
      - entier....... *GÉOTRUPES.*
      - échancré..... *OCHODÆUS.*
    - l'article intermédiaire caché; écusson
      - visible; palpes maxillaires et labiaux
        - égaux...... *BOLBOCERUS.*
        - inégaux(1)... *ELEPHASTOMA.*
      - caché................................... *ATHYREUS.*

(1) Les maxillaires trois fois plus longs que les labiaux.

GENRE GÉOTRUPE.

GEOTRUPES. LATREILLE.

La grande ressemblance qu'ont entre eux les divers sous-genres de la famille des Géotrupiens les a fait rapporter tous au seul genre Géotrupe, qui n'est pas tout-à-fait celui de Fabricius. Nous ferons connaître plus loin celui-ci sous le nom de Scarabé. On pourrait cependant diviser les Géotrupes en trois groupes, suivant qu'ils ont neuf, dix ou onze articles à leurs antennes, et le dernier de ces groupes pourrait aussi se partager en deux ou trois autres, suivant la différence des formes que présentent les antennes. Mais les Géotrupes sont trop peu nombreux pour nécessiter toutes ces divisions. En conséquence, nous n'admettrons ici que le seul genre des Géotrupes, pour ceux qui ne voudront pas aborder les détails de la classification des insectes. Quant aux autres, ils trouveront tous les caractères essentiels à la détermination des espèces exposés dans la série des sous-genres, telle que nous la présentons ici. Nous avons été forcé d'admettre avec Latreille la considération du nombre des articles des antennes, quoique difficile à vérifier, parce qu'une fois qu'on l'aura constaté dans un groupe, les caractères accessoires seront suffisans pour faire désormais rapporter au même groupe les espèces qui lui appartiennent.

1.° LES EGIALIES. — *Ægialia*, LATR.[1]

Ils ressemblent beaucoup aux Aphodies, et surtout au sous-genre des Psammodies par la forme renflée de leurs élytres. Ils se distinguent de tous les autres Géotrupiens par le nombre des articles de leurs *antennes*, qui n'est que de neuf, et se reconnaissent à la forme elliptique des deux éperons qui terminent leurs jambes postérieures. La seule espèce décrite jusqu'ici est,

L'EGIALIE DES SABLES.

Ægialia arenaria, FAB.[2]

Petit insecte noir, avec de légères stries sur les élytres et la tête fortement pointillée. Les côtés de son corps sont garnis tout autour de quelques poils, qui forment une bordure frangée.

On le trouve dans le nord de la France et de l'Europe. Il a deux lignes et demie de longueur.

2.° LES HYBOSORES. — *Hybosorus*, MAC-L.[3]

Ces insectes ont dans leur forme ovalaire des rapports avec les précédens, mais ils s'en distinguent par le

---

1. Etym. αἰγιαλὸς, le bord de la mer. — Syn. *Aphodius*, Fabricius et autres; *Psammodius*, Gyllenhall.

2. Ent. Syst., t. I, pag. 39.

3. Etym. ὕβος, bossu; ὄρυς, animal qui hurle. — Syn. *Scarabæus*, *Geotrupes*, Fabricius.

nombre des articles de leurs *antennes*, qui est de dix. Ils se reconnaissent plus spécialement à la structure du bouton de leurs antennes, dont les deux derniers articles sont emboîtés dans le précédent. Ce groupe renferme une espèce indigène, qui est,

L'HYBOSORE LABOUREUR.

Hybosorus arator, FAB.[1]

Insecte brun, ayant souvent le corselet d'une couleur ferrugineuse et la surface de la tête et du corselet finement pointillée. Ses élytres sont couvertes de stries nombreuses, que forment de petits points enfoncés.

Cet insecte se trouve dans le midi de la France et dans le nord de l'Afrique jusqu'au Sénégal et en Nubie. Il a de trois à quatre lignes de longueur.

3.° LES HYBALES. — *Hybalus*, DEJ.[2]

Ce groupe se distingue du précédent par la forme du bouton de ses *antennes*, qui se compose de trois feuillets libres. Il ne renferme qu'une seule espèce du midi de l'Europe, qui se trouve aussi en Orient et dans le nord de l'Afrique. Le mâle porte sur la tête une petite corne, assez semblable à celle du rhinocéros. La forme de cet insecte est plus globuleuse que celle des précédens.

1. Ent. Syst. t. I, pag. 33.
2. Etymologie incertaine. — Syn. *Geobius*, Brullé (Exp. de Morée. Voyez cet ouvrage pour le type de ce sous-genre, qui porte le nom de *cornifrons*).

4.° LES ACANTHOCÈRES. — *Acanthocerus*, MAC-L.[1]

Ce sont des insectes remarquables à cause de la forme de leur corps, qui s'enroule presque à la manière des Cloportes; la tête et le corselet se replient sous la poitrine. On les reconnaît en outre à la figure large et épaisse de leurs quatre jambes de derrière et à celle du premier article de leurs antennes, qui est élargi supérieurement en forme de lame. Ce dernier caractère ne peut guère se voir qu'en détachant l'antenne.

5.° LES TROX. — *Trox*, FAB.[2]

Ce groupe, assez nombreux, se rapproche du précédent sous le rapport des *antennes*, dont le premier article est grand et velu; du reste, sa forme est plus analogue à celle des Hybosores qu'à celle des Acanthocères. Les élytres sont ordinairement couvertes de tubercules disposés en séries longitudinales. Tel est,

LE TROX HISPIDE. (Pl. 17, fig. 2.)

Trox hispidus, OLIV.[3]

Dont le corselet est inégal, et dont chaque tuber-

1. Etym. ἄκανθα, épine; κέρας, corne. — Voyez pour ce sous-genre les Horæ entomologicæ de M. Mac-Leay; les remarques sur ses affinités, par Latreille, dans les Annales du Muséum, et les Insectes de Madagascar, par M. Klug.

2. Etym. τρώξ, insecte, formé de τρώγω, je ronge.

3. Entom. t. I, n.° 4, pag. 8, pl. 2, fig. 19. — Voyez pour les autres espèces les Icones Insectorum de Pallas; la Centurie d'Insectes de M. Kirby

cule des élytres supporte une petite touffe de poils. C'est une des espèces indigènes. Elle se trouve dans une grande partie de l'Europe et autour de Paris. Sa longueur est d'environ quatre lignes.

6.° LES LÉTHRES. — *Lethrus*, FAB.[1]

Ici commence la série des Géotrupiens dont les antennes sont de onze articles. Parmi eux, les Léthres se reconnaissent à la manière dont le bouton de leurs antennes est conformé. Le premier article de ce bouton a la forme d'un entonnoir et reçoit les deux autres articles, qu'il cache entièrement (*pl.* 17, *fig.* 3, *a*). En outre, les mandibules des Léthres sont remarquables par leur développement, surtout par une apophyse qu'elles offrent à leur face inférieure dans les mâles, et qui est aussi grande que les mandibules mêmes (*fig.* 3, *b*). Tel est,

LE LÉTHRE A GROSSE TÊTE. (Pl. 17, fig. 3.)

Lethrus cephalotes, FAB.

Insecte noir, avec la surface du corps très légèrement chagrinée. Il est répandu dans une grande partie de l'Allemagne. Sa longueur est d'environ six et même huit lignes.

(Trans. Linn. Soc.); le Bulletin de la Société des Naturalistes de Moscou, n.° 6; les Insectorum species novæ de M. de Germar; les Coleoptera Mongoliæ de M. Faldermann, etc.

1. Etym. incertaine. — Voyez, sur ce sous-genre bien connu, le t. II de l'Entomographie de la Russie, de M. Fischer; les Mém. de l'Académie des Sciences de Saint-Pétersbourg, t. VI; les Nouv. Comment. de la même Académie, t. XIV.

7.° LES GÉOTRUPES prop. dits. — *Geotrupes*, LATR.[1]

Ces insectes sont les plus répandus, et par suite les plus connus de toute cette famille. Ils se distinguent des Léthres par la forme transversale ou parallélogrammique de leur labre, tandis qu'il est profondément échancré dans ceux-ci. Ils ont d'ailleurs le bouton des antennes formé de trois feuillets libres.

On peut partager les Géotrupes en deux groupes, d'après les différences qu'ils offrent dans les deux sexes. Dans le premier, qui renferme la plus grande partie des espèces, on reconnaît les mâles à la présence d'une ou de plusieurs petites saillies ou épines au bord postérieur des cuisses de derrière; et dans le second se placent quelques Géotrupes dont les mâles ont le corselet armé de cornes à direction horizontale. On a fait, mais à tort, un sous-genre particulier de ces dernières espèces.

Parmi les Géotrupes dont la tête est dépourvue de cornes dans les deux sexes, on distingue,

1. LE GÉOTRUPE STERCORAIRE. (Pl. 17, fig. 4.)

Geotrupes stercorarius, LIN.[2]

Insecte extrêmement répandu en Europe, et dont les couleurs sont variables. Tantôt il est d'un vert brillant, tantôt d'un bleu violet, tantôt entièrement

---

1. Etym. γη ou γαῖα, terre; τρύπάω, je perce. — Syn. *Scarabœus*, Fabricius. *Ceratophyus*, Fischer.
2. Fauna Succ. n.° 388.

brun avec un reflet bronzé, et quelquefois encore
tout le dessous de son corps et ses pattes sont verts ou
bleus, tandis que le dessus est brun. Ses élytres offrent des stries profondes, et sa tête est surmontée,
dans les deux sexes, d'un petit tubercule.

Cet insecte a de huit à douze lignes de longueur.

Observation. Une autre espèce non moins répandue est le *G. sylvaticus,* moindre d'un tiers que le
précédent, et dont les stries des élytres sont peu profondes et ponctuées. On le reconnaît aux points épars
de son corselet. — On distingue encore sous le nom
de *G. hypocrita* une autre espèce, plus rare que les
deux autres aux environs de Paris, et qui a le dessus
du corps d'un brun foncé et le dessous d'un vert cuivreux, ainsi que les pattes. Les stries de ses élytres
sont ponctuées, mais à peine visibles, ce qui le distingue du *stercorarius,* avec lequel on le confondrait
plutôt, à cause de son corselet sans points. — On connaît aussi sous le nom de *vernalis* une autre espèce
presque hémisphérique, dont le corselet est finement
pointillé, et qui a sur les élytres des stries de points
presque imperceptibles. C'est un insecte d'un bleu
violet, dont l'espèce connue dans les collections sous
le nom d'*alpinus,* et ornée d'une couleur de vert cuivreux très brillant, ne se distingue pas d'une manière
certaine.

Parmi les espèces dont les mâles sont armés de cornes au corselet, la plus connue est,

2. LE GÉOTRUPE PHALANGISTE.

Geotrupus typhæus, Lin.[1]

Insecte noir, avec les élytres striées et trois cornes sur le corselet, dont l'intermédiaire est fort courte. La femelle a la tête et les côtés du corselet rugueux ou grossièrement ponctués. On la distingue des femelles dont le corselet des mâles est sans cornes, ainsi que plusieurs espèces voisines, par le bord antérieur de son corselet, qui est inégal et tuberculeux.

Le G. phalangiste varie beaucoup sous le rapport de la grosseur et sous celui de la longueur des cornes du mâle, qui sont proportionnelles à sa taille. On en trouve depuis cinq jusqu'à neuf lignes de longueur.

8.° LES OCHODÉES. — *Ochodæus,* Latr.[2]

Ce sont de petits Géotrupes, un peu plus déprimés que les précédens, et dont la lèvre supérieure offre une échancrure profonde et triangulaire, ce qui les en distingue. La structure de leurs antennes est la même que dans les Géotrupes proprement dits. Latreille remarque que les jambes antérieures n'ont que

---

1. **Mus. Sud. Ulr.,** n.° 8. — Voyez, pour les autres espèces, le Deutschlands Fauna de M. Sturm; les Illustrations of British Entomology de M. Stephens; le British Entomology de M. Curtis; les Insectorum species novæ de M. Germar; les Insectes de Madagascar, par M. Klug; ceux de l'île du Prince, par le même; les Mém. de l'Académie des Sciences de Saint-Pétersbourg, t. VI, et l'Entomographie de la Russie, par M. Fischer.

2. Etym. incertaine. — Syn. *Melolontha,* Fabricius.

deux dentelures en dehors, mais ceci paraît ne convenir qu'à l'espèce d'Europe, qui est,

L'OCHODÉE CHRYSOMÈLE. (Pl. 17, fig. 5.)

Ochodœus chrysomelinus, FAB.[1]

Petit insecte fauve, revêtu de poils courts et redressés, couvert d'une infinité de petits points d'où sortent ces poils, et dont les élytres sont striées.

Il paraît propre à l'Allemagne, et surtout aux contrées méridionales de cette partie de l'Europe. Sa longueur est d'une ligne et démie à trois lignes.

9.° LES BOLBOCÈRES. — *Bolbocerus*, KIRBY.[2]

Ce sous-genre et les deux suivans se distinguent par la grosseur du *bouton* de leurs antennes (*pl.* 17, *fig.* 6, *a*), dont les deux articles extérieurs emboîtent et cachent l'intermédiaire. Les Bolbocères proprement dits ont l'écusson bien distinct et les pattes insérées à égale distance. Tel est,

LE BOLBOCÈRE MOBILICORNE. (Pl. 17, fig. 6.)

Bolbocerus mobilicornis, OLIV.[3]

Petit insecte remarquable par la corne longue, un

---

1. Ent. Syst. t. II, pag. 175. — Une seconde espèce est décrite dans les Insectes de Madagascar, par M. Klug.

2. Etym. βολϐός, bulbe; κέρας, antenne. — Syn. *Scarabœus* des auteurs.

3. Entom. t. I, n.° 3. pag. 63. — Voir, pour les autres espèces, les ou-

peu arquée et mobile que supporte la tête du mâle et par les deux apophyses en crochet et les inégalités du corselet dans le même sexe. La surface de la tête et du corselet est grossièrement ponctuée dans les deux sexes, et les élytres offrent des stries profondes et ponctuées plus grossièrement encore.

Cette espèce est rare aux environs de Paris, mais on la trouve dans le midi de la France et en Allemagne. Sa longueur est de trois à quatre lignes.

10.° LES ÉLÉPHASTOMES. —*Elephastomus,* Mac.-L.[1]

On distingue sous ce nom un Géotrupe de la Nouvelle-Hollande, dont les *palpes maxillaires* sont près de trois fois aussi longs que les labiaux, et dont la tête supporte sur son bord antérieur un prolongement horizontal qui rappelle un peu la trompe de l'éléphant; mais ce prolongement pourrait bien n'être propre qu'aux mâles.

11.° LES ATHYRÉES. — *Athyreus,* Mac.-L.[2]

Enfin, le dernier sous-genre des Géotrupes se re-

vrages anglais de MM. Curtis et Stephens; l'ouvrage allemand de M. Sturm; le tome XII des Transactions de la Société Linéenne de Londres; les Insectes de l'île du Prince, par M. Klug.

1. Etym. ἐλέφας, éléphant; σόμα, bouche. — L'auteur a préféré ce nom à celui plus régulier, mais moins euphonique, d'Elephantostomus. Voyez les Horæ Entomologicæ de M. Mac-Leay.

2. Etym. α privatif; θυρεὸς, bouclier (écusson). — Voyez les Horæ de M. Mac-Leay.

connaît à l'absence de l'écusson, qui est caché par les élytres, et à l'écartement des pattes intermédiaires, qui sont séparées des pattes postérieures par une éminence sternale de forme rhomboïdale. Ces insectes se font en outre remarquer par l'exiguité et la longueur de leurs tarses et par l'inclinaison de leur corselet, qui semble fuir en avant, et qui présente quelquefois une excavation longitudinale tout à la fois large et profonde.

TROISIÈME FAMILLE.

LES SCARABÉIENS.

Cette famille d'insectes renferme les Géans de l'ordre des Coléoptères, et c'est sans doute à ce titre qu'on leur a consacré le nom de Scarabé, que l'on donnait autrefois indistinctement à toutes les espèces de cet ordre, et que le vulgaire leur donne encore aujourd'hui. Cependant tous les Naturalistes ne s'accordent pas à ce sujet, et M. Mac-Leay en particulier a proposé d'appeler *Dynastes* les insectes dont il va être question, réservant le nom de Scarabé pour les Ateuques, dans lesquels il croit reconnaître les véritables Scarabés des anciens. D'un autre côté, Fabricius avait désigné sous le nom de Géotrupes les Scarabés de Linné, et quelques Entomologistes ont adopté cette dénomination, particulièrement en Allemagne ;

cependant le plus grand nombre des auteurs ayant suivi
l'exemple donné par Linné, surtout en France, nous
ne voyons aucune raison pour ne pas faire comme eux.

Les Scarabés ne se font pas seulement remarquer
par leur grande taille, ils offrent encore d'autres singularités plus frappantes : telle est la présence des cornes ou apophyses de forme variable que l'on remarque sur leur tête et sur leur corselet, et qui sont
presque uniquement propres aux mâles. On pourra
voir des exemples de cette structure dans les planches qui se rapportent aux Scarabés, et l'on remar-
quera combien les deux sexes sont différens l'un de
l'autre, ce qui rend quelquefois la détermination des
espèces extrêmement difficile, à cause de la ressemblance qu'offrent entre elles certaines femelles, que
les mâles seuls aident à reconnaître. Il existe un assez
grand nombre de Scarabés qui n'offrent pas ces différences sexuelles : ce sont les espèces de petite taille,
et en particulier celles qui constituent le sous-genre
des *Cyclocéphales*. En général, les Scarabés sont peu
remarquables sous le rapport des couleurs. Ils sont
pour la plupart bruns ou noirs; quelques uns brillent
d'un éclat métallique; d'autres ont leurs élytres tache-
tées; un petit nombre, enfin, ont les élytres d'une
couleur fauve : telles sont en particulier les espèces
du sous-genre des *Agacéphales*. Les *Rutèles*, qui forment avec les Scarabés la famille dont nous présentons l'histoire, se composent au contraire d'espèces
brillantes, ornées souvent de nuances métalliques,
mais inférieures sous le rapport de la taille au plus
grand nombre des Scarabés. Ces Rutèles et quelques
groupes qui en dépendent, ne renfermant que des es-

pèces exotiques et propres aux régions intertropicales,
nous sont fort peu connues sous le rapport de leurs habitudes. On sait seulement qu'elles se tiennent accro-
chées aux feuilles, à l'aide de leurs ongles, et qu'elles
volent autour des arbres pendant le jour. Elles dévorent
les fleurs des arbres, suivant les observations de M. Lacordaire, et quand elles se suspendent aux feuilles,
c'est toujours à leur face inférieure. Les Scarabés ont
des habitudes à peu près analogues, mais ils se nourrissent de la substance même des arbres ; c'est pourquoi
Latreille a nommé Xylophiles les insectes de cette famille. Cependant, comme il y comprend les Rutèles,
ce nom n'est pas suffisamment exact. La nourriture
des Scarabés, ainsi que des insectes de tous les Lamellicornes qui vont suivre, se compose toujours
de substances végétales décomposées, mais qui n'ont
pas subi d'altération comme celles dont se nourrissent
les Aphodiens et les Géotrupiens. Ces derniers, en
effet, cherchent leur nourriture dans les matières
fécales des animaux ruminans, qui se composent
de débris végétaux, mais quelquefois aussi dans les
excrémens des animaux carnassiers. Les Scarabés, au
contraire, s'attaquent à la substance même des arbres,
et leurs petits, au sortir de l'œuf, se nourrissent des
mêmes matières. Les œufs sont déposés à cet effet par
la femelle dans le bois pourri de certains arbres ou
même dans la terre, où les petites larves, immédiatement après l'éclosion des œufs, se mettent à la recherche des racines des végétaux. Une espèce de Scarabé
fort répandue dans nos environs se nourrit en particulier de l'écorce de chêne réduite à l'état de tan,
et se développe en grand nombre dans les serres

chaudes, où l'on emploie beaucoup de cette substance. Elle est rare dans la nature, quoiqu'elle se
développe dans les forêts de chênes de presque toute
l'Europe. Les transformations de ce Scarabé, appelé
vulgairement *Rhinocéros* ou *Moine*, à cause de la
corne qui surmonte la tête du mâle, mais désigné
par les Entomologistes sous le nom de *Scarabé nasicorne*, suffisent pour nous donner une idée des
métamorphoses des autres Scarabés. Cependant on
n'apprendra pas sans étonnement qu'un insecte aussi
répandu que celui-ci, et qui a été le sujet des recherches de plusieurs auteurs, ne soit pas encore
entièrement connu. Il nous est, par exemple, impossible de dire combien il lui faut de temps pour
parvenir à l'état parfait. On sait seulement qu'il lui
faut plus d'un an, mais on n'est pas encore en état,
comme pour le Hanneton, de fixer le nombre des
années. Si l'on en juge par analogie, il lui en faut au
moins trois, comme au Hanneton commun ; mais rien
ne prouve que deux années ne soient pas suffisantes.
On pourrait en conclure que les dégâts occasionnés
par ce Scarabé n'ont pas été jusqu'ici de nature à appeler l'attention des observateurs intéressés à le connaître, et cette considération pourra justifier les Naturalistes du reproche de négligence que l'on pourrait
leur adresser à ce sujet.

Les larves du Scarabé nasicorne sont semblables à
celles de tous les Lamellicornes quant à leur forme
générale, c'est-à-dire que leur corps est gros, presque
cylindrique, mais plus aplati en dessous qu'en dessus,
avec l'extrémité postérieure plus grosse et susceptible
de se replier en dessous, ce qui ne leur permet pas

de marcher sur le ventre : aussi ces larves vont-elles sur le côté, et leur disposition à s'enrouler leur sert merveilleusement à entourer la racine des plantes. Les larves du Scarabé nasicorne et celles des Scarabés en général se distinguent des autres larves de Lamellicornes par quelques caractères dont l'observation a a été faite pour la première fois par M. de Haan. On les reconnaît à leur corps sillonné en travers par des rides nombreuses, à leurs mâchoires simples au sommet, à la largeur de leur tête, qui est moindre que celle du corps, et enfin à la position de la fente anale, qui se trouve à la partie inférieure du dernier article de leur corps, et non point à son extrémité. La largeur plus ou moins grande des mandibules vient ensuite pour faire distinguer des vrais Scarabés le groupe des *Oryctes*, dont fait partie le Sc. nasicorne. Comme cette espèce est la seule qui se trouve autour de Paris, nous nous abstiendrons d'entrer dans les détails de forme qui peuvent faire distinguer sa larve du petit nombre de celles que l'on connaît parmi les espèces étrangères. On trouvera leurs caractères dans le mémoire déjà cité de M. de Haan.

Lorsque la larve du Scarabé nasicorne a atteint l'époque de sa transformation en nymphe, avant laquelle elle a changé plusieurs fois de peau, elle se met en devoir de se construire une coque, dont elle lisse les parois intérieures. Cette dernière opération doit être facilitée par l'extrémité postérieure de son corps, très grosse et très polie, et tout-à-fait dépourvue de rides. Elle se place ensuite sur le dos dans l'intérieur de cette coque, et prend alors la forme d'une nymphe qui, blanche d'abord, devient ensuite d'un jaune

de plus en plus foncé jusqu'à ce qu'arrive l'époque
de sa transformation en insecte parfait, ce qui a lieu
ordinairement au milieu de l'été. Peu de jours après
cette transformation, les femelles son déjà pressées
par le besoin de pondre leurs œufs, et préparent ainsi
une génération nouvelle pour quelques unes des années suivantes.

Telles sont les habitudes du Scarabé nasicorne, et
telles doivent être, à peu de chose près, celles des
autres espèces de ce genre. Les Scarabés en général
ne volent guère que vers la fin du jour, et pendant les
heures de la grande chaleur ils se tiennent blottis
dans leurs retraites : ce sont des trous pratiqués dans
le cœur des arbres ou dans le sein de la terre, suivant les espèces. Quelques uns présentent dans leurs
habitudes des particularités dignes de remarque ;
tel est le Scarabé Hercule, dont nous donnons ici la
description et la figure, et que l'on connaît aux Antilles sous le nom de *Mouche-Eléphant*, à cause du
singulier prolongement de son corselet, qui s'avance
en forme de trompe. Cet insecte, dont la tête supporte aussi une saillie très longue et un peu arquée,
mais en sens inverse de celle du corselet, saisit, dit-
on, de petites branches d'arbre entre ces deux longues cornes qui sont un peu dentées, puis, imprimant
à son corps, à l'aide de ses ailes, un mouvement de
rotation autour de la branche, il parvient après quelque temps à la couper en deux parties. Cette manœuvre curieuse, dont nous verrons d'autres exemples
dans les insectes de la tribu suivante, est ici bien
plus merveilleuse. En effet, tandis que ces derniers
coupent les branches avec leurs mandibules, qui sont

pourvues de dents nombreuses et jouent le rôle de
véritables scies, le Scarabé Hercule parvient au même
résultat, à l'aide d'instrumens qu'au premier abord
on ne prendrait point pour des pinces destinées à
couper le bois, tant à cause du petit nombre de dents
ou plutôt de tubercules qu'elles présentent, que des
poils nombreux qui en revêtent la surface interne. Il
est à regretter que les voyageurs se soient contentés
de remarquer ce fait, et que, le croyant bien connu,
ils aient négligé d'observer avec attention les manœuvres de cet insecte. Et en effet, ce qu'elles offrent de
plus curieux, ce n'est pas l'instrument qui sert à les
exécuter, mais bien le but que peut se proposer l'insecte, car il ne faut pas oublier que le mâle est seul
en état de couper les branches, et que les individus
de ce sexe ne contribuent pas ordinairement chez les
insectes à la conservation de leur progéniture. Or, les
femelles sont dépourvues de toute espèce d'apophyse
sur la tête et sur le corselet, et doivent par conséquent
se contenter de pondre leurs œufs, comme les autres
femelles, dans la terre ou dans la substance altérée
des arbres. Ces considérations jettent du doute sur
l'opinion de M. Lherminier, qui pense que cette opération du mâle a pour but de produire de la sciure
de bois, dans laquelle les œufs seront renfermés [1].
Comment M. Lherminier, qui habite la Guadeloupe,
se contente-t-il de citer un fait aussi extraordinaire
sans avoir cherché à l'approfondir? C'est seulement
sur son témoignage et sur celui d'une personne digne
de foi qui nous en a assuré l'existence, que nous avons

1. Voyez le tome VI des Annales de la Société entomologique de France.

cru pouvoir le citer ici, dans l'espoir que des observations ultérieures viendront nous l'expliquer d'une
manière plus satisfaisante.

Telles sont les habitudes les plus remarquables des
insectes de cette famille, qui vient confirmer un fait
déjà bien connu, c'est que les objets les plus voisins
de nous, ceux qui sont le plus à notre portée, ne
sont pas toujours les mieux connus, et que la grosseur des animaux n'est pas une raison suffisante pour
qu'on les étudie avec plus de soin. S'il en était autrement, la famille des Scarabés serait mieux connue, et peut-être que la diversité de leur forme aurait été expliquée dans un grand nombre de cas. Il
est cependant des espèces que leur rareté dérobe à nos
recherches, comme par exemple l'insecte si remarquable, connu sous le nom de *Scarabé longimane*,
dont les deux pattes de devant, démesurément longues, doivent avoir une destination toute spéciale.
L'énumération des différentes formes que présente
la série des Scarabés soulèverait plus d'une question de ce genre, à laquelle nous ne saurions répondre dans l'état actuel de nos connaissances sur les habitudes de ces insectes. Nous nous contenterons de
présenter, dans nos planches, les types des formes
les plus remarquables, afin de donner une idée des
modifications qu'elles peuvent offrir, et nous n'admettrons, pour signaler les groupes que l'on peut reconnaître parmi les Scarabés, que des caractères indépen-
dans de ces formes variables qui n'influent pas sur
l'enveloppe des insectes de manière à changer leur
aspect. Le tableau suivant présente les caractères à
l'aide desquels on peut y parvenir.

TABLEAU DE LA DIVISION DE LA FAMILLE DES SCARABÉIENS,

EN GENRES ET EN SOUS-GENRES.

UN TUBERCULE ou une pointe

- au prosternum; chaperon
  - étroit; pointe du sternum
    - obtuse .... SCARABÆUS.
    - aiguë .... AGACEPHALA.
  - large; labre
    - échancré .... HEXODON.
    - entier .... CYCLOCEPHALA.
- au prosternum et au mésosternum; épimère (1)
  - non visible en dessus; écusson
    - petit .... RUTELA.
    - très grand .... MACRASPIS.
  - visible en dessus; écusson
    - grand .... OMETIS.
    - très petit .... CNEMIDA.

(1) C'est une pièce que l'on voit à la base de chaque élytre et à leur côté extérieur, comme dans toutes les espèces de la famille des Cétoines.

GENRE SCARABÉ.

SCARABÆUS. LINNÉ.

L'inspection du tableau qui précède fera voir que
les Scarabés se distinguent des Rutèles, parce qu'ils
n'ont pas, comme celles-ci, le mésosternum prolongé
en pointe à sa partie antérieure. Quant aux sous-
genres que nous en avons détachés, sous les noms d'A-
gacéphales, d'*Hexodons* et de Cyclocéphales, ils sont
fondés sur des différences assez légères, mais cependant ils ont dans leur forme quelque chose de particulier qui permet de les reconnaître. C'est du moins
le cas des Hexodons, et à cette particularité vient s'a-
jouter aussi celle de leurs habitudes, qui leur est
commune avec un grand nombre d'insectes de la section des Hétéromères, connus sous le nom de *Mélasomes*. En effet, les Hexodons se recontrent sous
les sables, comme les insectes en question, et ils
n'ont été trouvés jusqu'ici que dans l'île de Madagascar. Ils ont même cette forme ovale élargie qui est
propre à quelques Mélasomes, et qui leur donne une
certaine ressemblance avec ces insectes. Quant aux
Cyclocéphales, on peut dire que ce sont de petits
Scarabés, mais leur tête, terminée par un chaperon
large, leur donne un aspect différent de celui de tous

les Scarabés. Les Cyclocéphales sont assez nombreux, beaucoup moins cependant que les Scarabés; mais ils offrent pour la plupart des couleurs fauves mélangées de taches et de lignes noires. Ces taches et ces lignes sont très variables, et rendent fort difficile la distinction des espèces : aussi tout porte à croire que celles-ci ont été multipliées dans les collections des Naturalistes beaucoup plus qu'elles ne devraient l'être. Une d'entre elles, le *Cyclocéphale géminé* est fort répandu dans l'Amérique équinoxiale, et cause, dit-on, des dommages aux plantations de cannes à sucre. Enfin les Agacéphales, qui ne diffèrent des Scarabés que par la forme pointue de leur prolongement prosternal, forment encore un groupe peu nombreux, dont les mâles offrent sur la tête deux cornes parallèles et un peu recourbées. Ils sont les seuls de tous les Scarabés qui présentent cette disposition ; les autres espèces n'offrent ordinairement qu'une seule corne sur la tête, tandis que leur corselet présente quelquefois jusqu'à trois de ces appendices.

La distribution géographique des Scarabés est fort simple. Les espèces de Scarabés proprement dites sont répandues sur toute la surface du globe, depuis l'équateur jusqu'aux régions tempérées, qu'elles ne dépassent pas. Les Cyclocéphales et les Agacéphales sont tous américains, et le genre Hexodon appartient, comme nous l'avons dit, à la grande île de Madagascar. Ainsi l'Amérique est plus riche en Scarabéiens qu'aucune autre partie du monde, et le plus grand nombre des vrais Scarabés se trouve également sur ce continent.

Si nous entrons maintenant dans quelques détails

sur chacun des quatre sous-genres que renferment les Scarabés, nous trouverons d'abord,

1.° LES SCARABÉS proprement dits. — *Scarabæus* des auteurs modernes[1].

Les divisions principales que nous admettrons dans les Scarabés, mais dont aucune ne mérite d'être distinguée sous le nom de genre, à cause du peu d'importance, et surtout du peu de fixité de ses caractères, sont fondées en premier lieu sur la forme simple ou bifide des articles des tarses. Le cas des tarses bifides est celui d'une seule espèce, que la disproportion de ses pattes de devant a fait appeler *Longimane* (*Scar. longimanus*, Lin.[2]), et que nous figurons dans notre planche 18. C'est un insecte fort rare, et qui se trouve aux Indes-Orientales. Tout le reste des Scarabés, qui forme un très grand nombre d'espèces, a les crochets des tarses simples, excepté ceux des pattes antérieures dans les mâles de quelques espèces. Afin d'établir un peu d'ordre dans cette nombreuse division, nous placerons ensemble les espèces dont les jambes postérieures et intermédiaires se terminent par deux ou trois épines, sans compter les deux éperons ou épines mobiles, qui sont d'ailleurs de forme conique et étroite. Parmi les espèces de cette division, on distingue le Scarabé Hercule (*Scarab. Hercules*,

---

1. Etym. σκάραβος, des anciens Grecs. — Syn. *Geotrupes*, Fabricius; *Dynastes, Dasygnathus*, Mac-Leay; *Megasoma, Archon*, Vigors; *Oryctes*, Illiger; *Phyllognathus*, Eschscholtz; *Oryx, Oryctomorphus*, Guérin; *Orphnus*, Mac-Leay; *Calocnemis*, Laporte.

2. Mus. Lud. Reg. n.° 18.

Lin.[1]), ainsi nommé à cause de sa grande taille. Nous représentons les deux sexes de cet insecte dans notre planche 19, sous les n.os 1 et 2. Il est propre à la Guadeloupe, mais on en trouve une variété sur le continent d'Amérique, et particulièrement en Colombie. — Une autre espèce non moins remarquable, qui porte le nom de Scarabé Atlas (*Scarab. Atlas,* Lin.[2]), est représentée dans la planche 20. Elle se trouve aux Indes-Orientales. La femelle (*pl.* 19, *fig.* 3) n'a de commun avec le mâle que la couleur des élytres, qui sont couvertes de poils. Plusieurs autres espèces, d'une taille considérable et d'une forme non moins bizarre, appartiennent à cette division, qui renferme aussi le Scarabé nasicorne (*pl.* 21, *fig.* 1 et 2) (*Scar. nasicornis,* Fab.[3]), qui forme pour les Entomologistes le type du genre *Oryctes,* dont les mâles ont toujours une corne sur la tête. L'Orycte nasicorne, si répandu en Europe, reçoit le nom de *Grypus* lorsque ses élytres sont dépourvues de la ponctuation que l'on remarque ordinairement sur leur côté extérieur. Cette variété *Grypus* semble plus particulièrement propre au midi de la France. On distingue encore parmi les Scarabés, sous le nom de *Orphnus,* Mac-Leay, de petits Oryctes dont les mandibules dépassent le bord de la tête, à peu près comme dans les espèces de la famille précédente.

Parmi les Scarabés qui ont les crochets des tarses simples, un grand nombre se distingue par la forme

1. Mus. Lud. Reg. n.º 3.
2. Ibid. n.º 6.
3. Faun. Succ. n.º 378.

élargie des quatre jambes de derrière, qui présentent à leur extrémité un disque à peu près circulaire et entouré de poils raides. Dans ce cas, on n'aperçoit au bout des jambes d'autres épines que les deux éperons mobiles, qui sont alors larges et aplatis d'une manière remarquable. On ne peut cependant pas s'appuyer de cette considération pour partager les Scarabés en deux genres, parce qu'il existe beaucoup d'espèces, et notamment celles dont on a fait les *Phileures*, qui tiennent de l'une et de l'autre de ces manières d'être. Nous citerons pour exemple de cette deuxième modification le SCARABÉ PONCTUÉ (*Scarab. punctatus*, Fab.[1]), qui a la même forme dans les deux sexes. C'est un insecte du midi de l'Europe, et de la France en particulier. Il ne diffère d'une autre espèce, appelée *Monodon*, que par la ponctuation des élytres, qui est plus faible dans la dernière. Ici viennent encore se placer quelques espèces d'*Oryctes*, dont M. Eschscholtz a formé le genre *Phyllognathe*[2], et M. Guérin le genre *Oryx*[3], à cause de la forme particulière que prend l'un des crochets des tarses de devant dans les mâles. Elles ont pour type un insecte du midi de la France, le *Scarabé Silène* (*Sc. Silenus*, Fab.[4]) dont le mâle offre sur le corselet un enfoncement profond. C'est encore ici la place d'un petit groupe, connu dans les collections sous le nom de *Podalgue*, qui ne diffère des Phyllognathes que parce que ses mandibules ne sont pas visibles comme dans ceux-

1. Ent. Syst. t. I, pag. 21.
2. Bulletin de la Soc. imp. des naturalistes de Moscou.
3. Entomologie du voyage autour du monde de M. Duperrey.
4. Ent. Syst. t. I, pag. 18.

ci. Mais il nous est impossible de tenir compte de tous les groupes établis récemment. Tels sont ceux d'*Oryctomorphe* de M. Guérin[1], et plusieurs autres répandus sous des noms nouveaux dans les collections. Ils sont fondés pour la plupart sur la forme des crochets des tarses dans les mâles, et doivent se répartir dans l'une ou l'autre de nos deux divisions, suivant que les jambes sont terminées de l'une ou de l'autre manière. Enfin, nous ne voyons pas de caractère qui puisse faire éloigner des Scarabés le sousgenre suivant :

2.° LES AGACÉPHALES. — *Agacephala*, MAC.[2]

Si ce n'est que l'apophyse du sternum est fort courte, peu visible et ne forme pas un tubercule, mais une simple saillie conique. Telle est,

L'AGACÉPHALE DE LATREILLE. (Pl. 21, fig. 3.)

Agacephala Latreillei, DEJ.[3]

Joli insecte de couleur de bronze, à l'exception des élytres, qui sont fauves et entièrement ponctuées comme le corselet de la femelle, qui ne s'avance pas, à la manière de celui du mâle, en une pointe bifide. Le mâle est remarquable par la double corne que sup-

---

1. Entomologie du voyage de M. Duperrey.
2. Etym. ἀγαῖος, et selon M. Mannerheim ἀγαὸς, admirable; κεφαλὴ, tête. — Voyez la Description de quarante Scarabéïdes du Brésil, par M. Mannerheim, dans les Mém. de l'Académie de Saint-Pétersbourg.
3. Espèce encore inédite.

porte sa tête, et qui se retrouve dans les deux ou trois espèces dont se compose ce sous-genre.

On trouve ce joli insecte au Brésil. Sa longueur est d'un pouce et demi.

Observation. Il ne faut pas confondre les Agacéphales, dont les pattes antérieures sont un peu plus longues que les autres dans les mâles, avec certains Scarabés, chez lesquels cette disproportion est très marquée, tels que les *Sc. claviger*, *hastatus*, *Ægeon*, Fab., mais qui ont, comme les autres Scarabés, le tubercule prosternal bien visible.

Il existe encore parmi les Scarabés deux sous-genres qui ont aussi le prosternum tuberculeux, mais qui se reconnaissent à leur chaperon large ainsi que leur tête tout entière, qui dans les autres Scarabés est toujours rétrécie en avant. Tels sont,

3.° LES HEXODONS. — *Hexodon*, OLIV.[1]

Qui ont le chaperon échancré au milieu, et dont le corps est large et orbiculaire. Il ne renferme qu'une seule espèce, propre aux sables de Madagascar.

4.° LES CYCLOCÉPHALES. — *Cyclocephala*, LATR.[2]

Qui rappellent par leur nom la forme de leur tête, ordinairement circulaire, mais dont certaines espèces (*Chalepus*) ont la tête en triangle, ou même de forme

---

1. Etym. ἴξ, six; ἰδοὺς, ὀν7ος, dent. Ainsi nommé à cause des trois dents de chaque mandibule. — Voyez l'ouvrage d'Olivier sur les Coléoptères, tom. I.er

2. Etym. κύκλος, cercle; κεφαλὴ, tête. — Syn. *Scarabæus*, Linné; *Melolontha*, Fabricius; *Chalepus*, Mac-Leay; *Trematodes*, Faldermann.

quadrangulaire. Leur chaperon, rarement échancré, se prolonge quelquefois en un bourrelet qui se relève au milieu. Quelques espèces de ce genre ressemblent tout-à-fait à certains Hydrophiles. Le type de ce sous-genre est,

LE CYCLOCÉPHALE GÉMINÉ.

Cyclocephala geminata, Fab. [1]

Insecte noir, couvert de points épars, plus fins sur la tête que sur le corselet et les élytres, et remarquable par les trois larges côtes que forment sur ses élytres deux rangs de points très serrés. Le long de la suture on remarque une quatrième côte, dont un côté seulement est bordé de points.

Cette espèce est très répandue dans l'Amérique du Nord et dans une grande partie de l'Amérique méridionale. Elle atteint dix lignes de longueur.

---

1. Syst. Eleuth. t. II, pag. 166. — Voyez pour les Scarabés en général: les Transactions de la Soc. Linéenne de Londres, tom. XII et XIV; le Zoological Miscellany de Leach; les Insectorum species novæ de M. Germar; le Journal d'histoire naturelle par Lamarck, etc., t. I.er; les Horæ Entomologicæ de M. Charpentier; les Annales générales des Sciences physiques, tom. VIII; les Mémoires de l'Académie de Saint-Pétersbourg, t. VI; les Nova commentaria Academiæ Petropolitanæ, t. XI; les Bulletins déjà cités de la Soc. imp. des natur. de Moscou; la Description des Insectes de l'île du Prince, par M. Klug; celle des Coléoptères de la Mongolie, par M. Faldermann; les quarante espèces de Scarabéides du Brésil, par M. Mannerheim; le Magasin de Zoologie de M. Guérin, etc.

GENRE RUTÈLE.

RUTELA. LATREILLE.

Nous pouvons répéter au sujet des Rutèles ce que nous avons dit à l'occasion des Scarabés, c'est que toutes les espèces dont se compose ce genre ont entre elles une analogie très frappante. Aussi les divisions que l'on a introduites parmi elles reposent-elles sur des caractères d'une valeur fort médiocre. Nous en avons cependant conservé quelques unes que nous admettons comme sous-genres; ce sont les Macraspes, les Omètes et les Cnémides. Les Rutèles proprement dites et les Macraspes ne se distinguent que par la grandeur de leur écusson et par la longueur de leur saillie mésosternale. Ce sont des insectes revêtus de couleurs brillantes, qui sont propres, pour la plupart, à l'Amérique équinoxiale et dont quelques espèces se font remarquer par le développement insolite des pattes postérieures de leurs mâles. Si l'on s'en tient à l'analogie, et si l'on juge des habitudes de ces insectes par leur structure, on pourra penser que ces mâles doivent être d'excellens sauteurs. Cependant les observations nous manquent à ce sujet, et lorsqu'on examine la forme épaisse et trapue des différentes parties du corps de ces insectes, on est conduit à douter qu'ils soient convenablement organisés pour le saut. Quoi qu'il en soit, ces espèces sont des plus belles, et rappellent, par l'éclat de leur enveloppe, la richesse des contrées où elles se développent. Telle est en particulier cette brillante Rutèle qui se trouve au Pérou, et que les Entomologistes ont appelée *chrysochlore*, c'est-à-dire de couleur d'or. D'autres Rutèles sont d'un beau bleu violet, et quelques unes enfin sont revêtues d'une livrée obscure, mais sur laquelle se distinguent des taches ou des lignes de couleur plus claire. On trouve aussi parmi les Macraspes des dispositions de couleurs très variées et des nuances d'un éclat remarquable; les deux autres sous-genres, savoir : ceux d'Omète et de Cnémide, sont encore composés d'espèces américaines, mais ils sont peu nombreux. Ce qui les fait surtout reconnaître, c'est la pièce des côtés du thorax, connue sous le nom d'épimère, qui vient se placer à la base des élytres et en dehors, disposition que nous retrouverons dans le groupe magnifique des Cétoines. On peut les distinguer l'un de l'autre par la grandeur relative de leur écusson, comme les deux sous-genres précédens et ce caractère est beaucoup plus facile à reconnaître que le nombre des articles de leurs antennes, qui, dans ce genre comme dans tous les Lamellicornes en général, ne peut être employé que d'une manière secondaire, à cause de son incertitude. Les Rutèles diffèrent des Scarabés par leur mésosternum saillant, ce qui leur donne des rapports avec quelques Mélolonthiens. Les sous-genres dans lesquels on peut les répartir sont au nombre de quatre :

1.° LES RUTÈLES proprement dites. — *Rutela*. LATR.[1]

Qui ont tout à la fois le mésosternum avancé en pointe et le prosternum saillant entre les pattes. Le principal, et pour ainsi dire le seul caractère qui les distingue des deux sous-genres suivans, est le développement médiocre de leur écusson. C'est un groupe qui renferme de brillantes espèces, parmi lesquelles on a établi des sous-genres qui ne nous paraissent pas caractérisés d'une manière suffisante, tels sont :

a. Les *Chrysophores*, qui ne se distinguent des autres Rutèles que par la grosseur des pattes de derrière et particulièrement des cuisses dans les mâles. C'est ce que l'on remarque dans la Rutèle chrysochlore, *Rutela chrysochlora*, Latr.[2], très bel insecte du Pérou et de la Colombie, d'un vert quelquefois doré, qui se fait remarquer par la couleur bleue de ses tarses et par le crochet remarquable qui termine les jambes postérieures du mâle. Ses élytres sont criblées d'enfoncemens très nombreux. — Une espèce encore plus éclatante de cette même division est la Rutèle à grosses pattes *Rutela macropa*, Francillon[3], qui est d'une belle couleur de vert opale, ornée de reflets cuivreux sur les pattes et sur le bord des segmens inférieurs du ventre. L'énorme développement des pattes de der-

1. Etym. Nom d'un insecte chez les Latins. — Syn. *Pelidnota*, *Oplognathus*, Mac-Leay; *Chrysophora*, Latreille; *Heterosternus*, Dupont; c'étaient des Scarabés pour Linné, des Cétoines et des Hannetons pour Fabricius et Olivier.

2. Observations de zoologie du voyage de MM. de Humboldt et Bonpland.

3. Brochure in-4.° renfermant la figure de cet insecte et sa description en quatre lignes. (Londres, 1795).

rière dans le mâle a occasionné une saillie considérable du mésosternum, qui donne à cet insecte un aspect tout particulier. Il a les tarses bleus comme l'espèce précédente, et ses élytres présentent plusieurs rangées de très petits points. On le trouve au Mexique et dans quelques provinces voisines.

β. Les *Hétérosternes*, qui ne paraissent autre chose que des Chrysophores plus alongés que les autres et à cuisses postérieures moins renflées dans les mâles. On n'en connaît qu'une seule espèce, et même qu'un seul individu, qui a été recueilli au Mexique par M. Lesueur, c'est la Rutèle buprestoïde (*Rutela buprestoides*, Dupont[1]).

γ. Les *Rutèles* qu'il nous reste à faire connaître, se composent d'un assez grand nombre d'espèces dont le mésosternum est plus ou moins saillant, mais qui ont les pattes et le mésosternum dans les proportions ordinaires. Telle est,

LA RUTÈLE LINÉOLÉE. (Pl. 21, fig. 4 et 5.)

Rutela lineola, FAB.[2]

Espèce très répandue dans différentes provinces de l'Amérique méridionale, telle que la Guiane, le Brésil et autres, et dont les couleurs varient d'une manière surprenante. On pourra en juger par les deux figures que nous en donnons, et qui sont celles de deux types extrêmes.

1. Magasin de Zoologie de M. Guérin.
2. Syst. nat. t. IJ, pag. 552.

Observation. Les Pélidnotes de M. Mac-Leay semblent se composer de certaines espèces de Rutèles
dont le mésosternum est moins saillant et le corps de
forme ovoïde. Telle est,

LA RUTÈLE PONCTUÉE.

Rutela punctata, Fab.[1]

Qui est fauve en dessus, avec la tête et le corselet
plus foncés que les élytres, et d'un vert brillant en
dessous. Les pattes ont cette dernière couleur. La
tête est verte en arrière ou au côté interne des yeux,
et les élytres sont marquées auprès du bout extérieur
de trois taches noires, petites et arrondies.

On trouve cette jolie espèce dans l'Amérique du
Nord. Elle atteint environ un pouce de longueur.

2.° LES MACRASPIS. — *Macraspis*, Mac-L.[2]

Ces insectes se distinguent des précédens par la
grandeur de leur écusson et par le développement que
prend la saillie de leur prosternum, qui s'avance au-
delà de l'origine des pattes antérieures. Une des plus
belles espèces de ce groupe est,

---

1. Mus. Lud. Ulg. Reg. n.° 23.
2. Etym. μαχρὸς, long (grand); ἀσπὶς, bouclier (écusson). — Syn.
Chasmodia, Mac-Leay.

LE MACRASPE A MASSUE. (Pl. 21, fig. 6).

Macraspis clavata. OLIV. [1]

Dont le corps et les pattes sont d'un rouge cuivreux
et qui a les élytres fauves. La surface de son corselet
et de sa tête est très finement chagrinée.

Cet insecte doit le nom qu'il porte à la saillie de
son mésosternum qui est renflée au bout, et que l'on
a pour cette raison comparée à une massue. On le
trouve au Brésil. Sa longueur est d'un pouce environ.

3.° LES OMÈTES. — *Ometis.* LATR. [2]

Ces insectes ne sont autre chose que des Macraspes
dont l'épimère remonte entre les élytres et le corselet, à peu près comme cela a lieu dans les Cétoines.
Cette disposition est encore plus marquée dans le
sous-genre suivant :

4.° LES CNÉMIDES. — *Cnemida.* KIRBY. [3]

Qui ressemblent aux Rutèles proprement dites, par

1. Entom. t. I, n.° 6, pag. 72, pl. 8, fig. 78.
2. Etym. ὦμος, épaules. — Type. *Rutela cetonioides,* Lep. et Serv.
Encyclopédie méth. t. X, pag. 316.
3. Etym. κνήμη, jambes, ou plutôt κερμίς, ίδος, guêtre, etc. — Voyez
sur ce sous-genre l'insecte figuré dans l'Iconographie de M. Guérin sous le
nom d'*Ometis pictus,* et qui est un *Cnemida.* Voyez aussi la Centurie des
insectes de M. Kirby, dans le tom. XII des Transactions de la Société Linnéenne de Londres. — Consultez, pour les Rutèles en général, ce dernier
ouvrage, et de plus, les Annales de la Société Entomologique de France,
tom. II; les Insectorum species novæ de M. Germar; le Zoological Miscellany de Leach; les Annales générales des Sciences physiques, t. I et II, etc.

la forme de leur corps et par le peu d'étendue de leur
écusson, tandis que celui-ci est très développé chez
les Omètes. Il existe d'ailleurs entre ceux-ci et les
Cnémides la même différence sous le rapport de la
saillie sternale, qu'entre les Macraspes et les Rutèles.

QUATRIÈME FAMILLE.

LES MÉLOLONTHIENS.

Cette famille est la plus nombreuse mais non pas la
plus brillante de la tribu des Lamellicornes. Elle tire
son nom du genre des Hannetons (*Melolontha*), qui
la compose presqu'entièrement, et dont les innom-
brables espèces sont répandues sur toutes les parties de
la surface du globe. On retrouve dans cette famille les
couleurs éclatantes que nous avons admirées dans les
Rutèles, qui terminent la famille précédente et qui semblent lier ensemble les Scarabés aux Hannetons. Quoique beaucoup de ces derniers insectes présentent une
enveloppe sombre et de couleur uniforme, leur corps
n'est jamais d'un brun obscur et luisant comme dans
les Scarabés. Le fauve plus ou moins vif est la nuance
qui domine parmi eux, et cette couleur est le plus
ordinairement altérée par les poils nombreux qui sont
implantés dans l'enveloppe solide. Les poils ont tantôt

l'aspect d'un duvet laineux, tantôt celui d'un velours
fin et serré, et tantôt enfin ils sont clairsemés sur la
surface du corps; mais souvent aussi ils présentent une
disposition en écailles fort remarquable et qui est particulière à certaines espèces de cette famille et de la
suivante. Cette disposition vraiment curieuse des poils
est due à une modification qui n'a pas encore été étudiée, et sur laquelle nous n'avons pas à nous étendre ici.
Nous ferons seulement remarquer qu'elle offre un coup
d'œil des plus agréables lorsqu'on l'examine à l'aide d'un
verre grossissant, et que l'on admire la diversité des formes que présentent toutes ces petites écailles, dont la
couleur est elle-même très variée et quelquefois très
brillante. Tantôt ces écailles ont l'apparence d'un du
vet aussi blanc que la neige, tantôt elles offrent des
reflets métalliques; souvent elles sont si petites qu'elles
ressemblent à une poussière très fine, ce qui a fait
donner à quelques Hannetons le nom de *farineux*.
Elles offrent, dans certains groupes, un moyen fort
commode et fort sûr de distinguer des espèces que
l'on aurait de la peine à ne pas confondre, si l'on n'a-
vait égard à la forme de ces écailles, et quoiqu'elles
offrent en général l'aspect d'un poil ou d'un faisceau
de poils aplatis, leur figure en ovale plus ou moins
long, plus ou moins renflé, et quelquefois même tur-
binée, ne permet pas de se tromper dans la distinction des espèces. Elles ont beaucoup d'analogie avec
les écailles qui recouvrent les ailes des papillons, mais
elles ne sont pas aussi petites et leur disposition est
loin d'offrir la même régularité.

La famille des Hannetons se compose d'insectes qui
sont généralement nuisibles à l'agriculture sous leurs

différentes formes, mais principalement sous la forme de larves. Ils se répandent alors dans les terres cultivées et y produisent des dégats considérables. Ces larves, dont l'aspect est le même que celui des larves de Scarabés que nous avons décrites précédemment, sont connues des cultivateurs sous le nom de *vers blancs*. Elles diffèrent des larves de Scarabés, d'après les observations de M. de Haan, par des caractères assez difficiles à saisir, c'est-à-dire par leur tête aussi large que le corps et leurs mandibules pourvues d'une seule dent vers le milieu, tandis que les larves des Scarabés ont plusieurs de ces dents. Tout ce que l'on sait au sujet de ces larves se rapporte à celles de deux espèces de Hannetons, savoir le Hanneton commun, celui qui sert de jouet à tous les enfans, et une autre grande et belle espèce connue sous le nom de *Foulon.* Nous décrirons à leur lieu chacune de ces deux espèces. Celle du Hanneton ordinaire a été beaucoup mieux étudiée qu'aucune autre, à cause des torts considérables qu'elle fait à nos récoltes, et depuis long-temps les observateurs ont commencé à faire connaître ses habitudes. Ce n'est toutefois que dans ces dernières années qu'on s'en est rendu compte d'une manière plus exacte et surtout plus complète. Nous devons son histoire à un cultivateur de roses des environs de Paris, M. Vibert, de Chenevières-sur-Marne, que les pertes fréquentes qu'il éprouvait dans ses plantations mirent dans la nécessité de chercher à y porter remède. Les observations qu'il a recueillies offrent un grand intérêt et nous les citons de préférence à celles que les Naturalistes avaient faites avant lui, parce qu'elles ont été répétées pendant une période de plusieurs années, et surtout parce qu'elles ont l'avantage d'avoir été faites en grand. Nous extrairons donc de son travail tout ce qui a rapport aux habitudes des larves de Hannetons.

» Les Hannetons sortent de terre vers la fin d'avril, un peu plus tôt, un peu plus tard, selon que la saison est plus ou moins avancée ; leur durée est d'environ six semaines, mais, en observant que leur sortie de terre a lieu pendant un laps de temps assez long, je crois que leur durée individuelle peut être à peu près de quinze à vingt jours. Buffon cependant ne leur donne que huit jours : mais j'ai la certitude que le plus grand nombre vit au delà de quinze. L'immense quantité de Hannetons que nous avons eus cette année m'a donné l'occasion de faire la remarque suivante. Vers le 20 avril, un grand nombre, contrariés sans doute par les pluies abondantes et la fraîcheur des nuits, se rapprochèrent de la terre, mais n'osèrent en sortir. Ils s'étaient mis en communication avec l'air extérieur en débouchant leurs trous, dans lesquels ils demeurèrent visibles, à plusieurs pouces de profondeur, jusqu'au moment où la température se radoucit. L'accouplement a lieu peu de jours après leur sortie ; je présume qu'il dure au delà de dix heures, et que la ponte a lieu huit ou dix jours après. Tout porte à croire que la femelle ne survit à sa ponte que quelques jours, et que le mâle périt après l'accouplement. Avant la fécondation, les œufs, dans le corps de la femelle, sont visibles à la vue simple sous la forme de petites vessies plates, vides et agglomérées ensemble ; ce n'est qu'après la fécondation qu'elles commencent à s'emplir. Les grandes différences qui se remarquent dans la gros-

seur et l'avancement de ces œufs me font soupçonner
que l'opération de la ponte doit être de plusieurs
jours, ou qu'une partie des œufs seulement serait fécondée ; car l'ouverture d'un grand nombre de femelles m'a fait voir, parmi des œufs parvenus à toute
leur grosseur, un certain nombre dont la pellicule
paraissait telle qu'avant l'accouplement. Quelques auteurs ont avancé que le Hanneton pondait cinquante,
quatre-vingt et même cent œufs ; ce nombre ne pourrait s'entendre tout au plus que des embryons des
œufs, car je n'ai jamais trouvé plus de trente à trente-
cinq œufs parfaits dans les femelles les plus près de la
ponte ; les autres m'ont paru stériles. La femelle,
pour pondre, fait un trou en terre de six à sept pouces de profondeur, qui ne lui coûte souvent qu'une
heure de travail, et donne la préférence aux terres
légères et en façon, surtout quand elles sont fumées.
Tout porte à croire qu'elle choisit la nuit pour descendre en terre ; rarement, même cette année, je l'ai
surprise le jour, mais il ne m'a pas été possible de déterminer la durée de sa ponte. Je ne partage pas l'avis
de quelques Naturalistes qui pensent que les œufs du
Hanneton sont près de six semaines à éclore ; mon
opinion est que ce temps doit être réduit de moitié :
ce qu'il y a de certain, c'est que dès le 10 juillet, j'a-
vais perdu des semences de rosiers du printemps, que
le jeune ver m'avait dévorées, et déjà il avait six lignes
de longueur.

» Je pense que pendant les deux premières semaines
de leur existence, ils ne vivent pas des racines des
plantes, mais de quelques particules de terre ou de
décompositions végétales : ce qu'il y a de certain,

c'est que de jeunes vers, déposés dans du terreau seul, y ont vécu très bien pendant deux mois ; néanmoins, des vers d'un mois m'ont détruit de jeunes semis de rosiers. On verra même plus loin qu'ils vivent encore moins de temps. Ce n'est que vers la fin de septembre qu'on commence à s'apercevoir du ravage qu'ils font, mais seulement sur quelques plantes faibles ; car alors les nuits devenues plus longues, le bois aoûté et l'air plus humide, rendent leurs dégâts moins sensibles à l'extérieur. Vers la fin d'octobre, ils ont atteint neuf à dix lignes de longueur, et sont à peu près de la grosseur d'une petite plume d'oie. Leur force est alors très inégale, et provient des époques où la femelle a pondu ; cette différence de grosseur demeure sensible jusqu'à la fin de la deuxième année, et prouve, avec d'autres circonstances, que la sortie totale des Hannetons dure au moins trois semaines. Dès le commencement de novembre, et quelquefois un peu plus tôt, ils descendent dans la terre de vingt-quatre à vingt-sept pouces, s'y pratiquent une petite cellule ronde et aplatie, et passent ainsi l'hiver engourdis, placés sur le côté et en cercle, position la plus naturelle pour eux. Vers le 5 ou 10 avril, ils abandonnent leur retraite et remontent à la superficie du sol ; j'ai cru remarquer que, bien qu'ils n'aient pris aucune nourriture depuis leur descente, ils étaient un peu plus gros. C'est alors qu'ils se remettent à tout manger ; ils dévorent la végétation pendant six mois et demi, et leurs dégâts sont tels, que l'imagination a peine à les concevoir. Ils rentrent en terre comme l'année précédente, vers la fin d'octobre ; ils sont alors parvenus à peu près au quatre cinquièmes

de leur croissance. Le printemps suivant les voit remonter pour la deuxième fois et commencer leur troisième et dernière année d'existence sous la forme de
vers. Il semble que leur voracité augmente avec le
peu de temps qu'ils ont à vivre, et leurs ravages pendant deux mois et demi sont terribles. Quelque temps
avant de descendre, la couleur de leur peau devient
d'un jaune terne, surtout sur le dos. Dans le cours de
trois années, ils changent plusieurs fois de peau pendant la belle saison, et quelques uns périssent par
suite de cette opération laborieuse. Enfin, vers le
15 juin, ils commencent à entrer dans le sein de la
terre, et cette dernière descente est ordinairement
terminée vers la fin de ce mois; après avoir vécu sous
la forme de vers pendant près de deux années, qui
s'étendent sur trois étés, ils se métamorphosent en
chrysalides. Il devient difficile de fixer ici l'époque
précise où ils passent à l'état de Hannetons; cependant je conjecture que c'est, pour la plus grande partie, vers la fin de février. L'histoire de ces insectes
présente quelques particularités remarquables; en
voici une qui se place naturellement ici. On trouve
en labourant, dès le mois d'octobre et pendant tous
les mois d'hiver, des Hannetons vivans dans leur état
parfait et leur couleur naturelle. Soit qu'on les attribue à des chrysalides chez lesquelles la métamor-
phose aurait été avancée ou retardée de plusieurs
mois, il en résulte toujours que cette apparition est
contraire aux lois générales de la nature; et ce fait
mérite de fixer l'attention des Naturalistes. Pour être
d'accord avec la Genèse, il faut même reconnaître
cette dérogation aux lois établies : autrement nous

ne devrions voir paraître les Hannetons que tous les trois ans invariablement.

» Buffon, Bomare, et presque tous ceux qui se sont occcupés des Hannetons, ont paru confondre l'existence du ver blanc avec celle de ce Scarabé sous ses diverses formes. Le premier des Naturalistes cités dit positivement que ces vers vivent trois ou quatre ans, et cette première erreur a été souvent répétée. Il est bien reconnu aujourd'hui que ces vers ne vivent que près de vingt-quatre mois, mais qui s'étendent sur trois années, et que ces mois peuvent être répartis à à peu près de la manière suivante :

Temps pendant lequel ils dévorent la végétation.

Première année, qui est celle des Hannetons, du 1.ᵉʳ juillet au 1.ᵉʳ novembre. . . . . 4 mois.

Deuxième année, du 1.ᵉʳ avril au 1.ᵉʳ novembre. 7

Troisième année, du 1.ᵉʳ avril au 1.ᵉʳ juillet. 3

Total. . . . . 14 mois.

Temps d'engourdissement pendant lequel ils ne prennent aucune nourriture.

Cinq mois sur chacune de leurs deux premières années, du 1.ᵉʳ novembre au 1.ᵉʳ avril. . . . . 10 mois.

Total de leur existence sous la forme de vers 24 mois.

A quoi il faut ajouter ensuite :

Sous la forme de chrysalides, du 1.er
juillet au 1.er mars de la dernière année. .   8 mois.

Hannetons formés		
en terre. . . . . . . 80 j.^{rs}		
Idem hors de terre. 20	120 jours ou	4 mois.
En œufs. 20		

Total général de l'existence des Hannetons
sous leurs diverses formes. . . . .   36 mois.

» On concevra facilement que ce calcul ne saurait
être d'une exactitude rigoureuse, puisque beaucoup
de circonstances peuvent retarder ou avancer la sortie
des Hannetons et influer par conséquent sur le moment de leurs diverses métamorphoses, ce qui cependant ne saurait jamais faire varier la durée totale de
leur existence que de peu de jours. Ces variations deviennent encore plus grandes dans les années où il y
a beaucoup de Hannetons : ainsi, bien que la durée
de leur existence, considérée isolément, soit tout au
plus de vingt jours, on en voit quelquefois pendant
plus de deux mois, leur sortie de terre ayant une
durée de plus de trente-cinq jours.

» Tout ce que nous possédons jusqu'à présent sur
cet insecte laisse beaucoup à désirer, et la différence
des opinions prouve d'une manière évidente qu'il n'a
pas encore été observé avec toute l'attention nécessaire. Mais hâtons-nous de reconnaître combien sont
grandes les difficultés que présente pour l'observation
un insecte qui, sous quatre formes différentes, dérobe
à nos regards, pendant plus de trente-cinq mois, le

mystère de sa longue existence. Tous les auteurs, du moins, ont signalé ses dégâts et reconnu comme moi qu'il fallait lui faire, sous la forme de Hanneton, une guerre d'extermination. Si dès lors leur voix eût été écoutée, nous ne les aurions pas vus se multiplier dans une si prodigieuse quantité, et nous n'aurions pas à déplorer les pertes qui, dans ces dernières années, ont atteint beaucoup de nos départemens.

» On est frappé d'un sentiment d'étonnement et d'admiration, lorsqu'on considère la réunion des moyens dont ces insectes disposent pour leur conservation. Point de doute, point d'incertitude chez eux ; tout est prévu d'avance pour assurer la propagation de leur espèce ; l'homme seul, par les mouvemens qu'il opère sur le sol, peut quelquefois mettre leur pénétration en défaut. Qu'avait donc besoin la nature de doter ces insectes avec une prévoyance si libérale, et de reculer pour eux les bornes d'une existence si limitée pour beaucoup d'autres de leur genre ? Mais ici, comme partout ailleurs, n'a-t-elle pas mis le remède à côté du mal, et ne nous livre-t-elle pas les Hannetons sans défense pendant leur vie ? Cessons de nous plaindre, car leur grande multiplication accusera toujours notre imprévoyance.

» La femelle du Hanneton, après avoir été fécondée, donne la plus grande importance au lieu où elle doit déposer ses œufs ; ce n'est guère que la nuit qu'elle entre en terre pour pondre, et je l'ai rarement surprise le jour. S'il se trouve dans les environs une terre fumée, légère, ou ameublie par les labours, c'est à celle-ci qu'elle donnera la préférence ; car elle sait que ses jeunes vers ne sauraient parcourir une terre compacte et battue. Certaine que sa progéniture a besoin pour exister d'un lieu sain, ouvert aux influences de l'air, du soleil, et exempt d'humidité, elle fuit l'ombrage des grands arbres, les lieux humides, les terres fortes ou qui reposent sur un fond de glaise. Des vers blancs ne sauraient exister dans des forêts, ni dans des lieux où le soleil n'aurait pas un libre accès : les Hannetons en pourront dévorer les feuilles, mais ils se garderont bien d'y pondre. Les taillis, quand ils sont serrés, les cultures qui couvrent bien le sol, en sont exempts ; chez moi, il m'a suffi souvent d'un arbre isolé pour préserver un certain nombre de plantes ; des arbres en contre-espaliers m'ont procuré le même effet, mais seulement à leur nord ; en général, les parties de mes jardins les plus couvertes ont toujours été les moins endommagées. Ceci explique pourquoi, chez moi comme ailleurs, sans doute, les groseilliers, les cacis et les arbustes dont les branches et les feuilles descendent jusqu'à terre, ont échappé à la dévastation qui régnait autour d'eux. Déposer ses œufs dans un lieu convenable, telle est la principale occupation de la femelle, le but et le terme de son existence ; son instinct ne périt pas avec elle, elle le dépose, pour ainsi dire, dans ses œufs, et les jeunes vers en hériteront. On dirait qu'elle a une connaissance parfaite des localités, et qu'elle embrasse d'un même coup d'œil le présent et l'avenir. Chez nous, la réflexion est lente et incertaine ; chez elle, l'instinct est sûr et invariable ; et si nous devons regretter tant de moyens réunis pour nous nuire, il est juste, au moins, d'admirer le soin de la nature pour la conservation des espèces. On n'apprendra pas sans surprise que,

pour me mettre à l'abri de ce fléau, je n'ai qu'à tra-
verser la rue de mon village ; l'entrée de mon principal jardin en a même toujours été exempte ; mon plus
proche voisin en est à l'abri par la nature de son terrain, qui repose sur la glaise, et tous ceux qui ont des
terres sur la pente de la côte sont dans le même cas ou
n'en ont que très peu. Je cultive, dans la plaine derrière le village, un arpent de terre où je n'ai jamais eu
de vers, et la continuité de cette même pièce a été
totalement dévastée par eux ; ici, le sol est le même ;
et c'est aux labours que cette pièce reçut au printemps
de 1824 qu'il faut attribuer les pertes énormes que
j'y ai éprouvées, et dont je rendrai compte dans le cha-
pitre suivant. La commune que j'habite, dont le sol
est très varié, et qui se compose de parties basses et
de parties élevées, m'a beaucoup favorisé pour mes
observations, et m'a mis à même de reconnaître que
la direction des vents, lors de la ponte, pouvait exer-
cer une grande influence à cet égard. En effet, il peut
se faire qu'une partie de territoire qui n'avait pas de
vers blancs se trouve l'année suivante couverte de
Hannetons, et le contraire peut arriver. C'est à la direction constante des vents du sud et de l'ouest, qui
ont régné presque constamment pendant le printemps
de 1824, que j'attribue la plus grande partie de mes
désastres dans les deux années suivantes. Mon jardin
occupe le lieu le plus élevé de la commune et se
trouve ouvert à ces deux vents ; c'est des plaines sa-
blonneuses qui avoisinent la Marne que nous sont
venus la plus grande partie des Hannetons en 1824.
Je suis forcé de passer sous silence une infinité de détails minutieux qui exigeraient la description des lo-

calités, et qui tous pourraient prouver d'une manière positive et indubitable l'influence qu'exercent, comme causes secondaires, l'action des vents, l'ombrage des bois, la fraîcheur des eaux, et beaucoup d'autres causes encore ; mais ces détails, qui n'auraient d'intérêt que pour les savans, me conduiraient trop loin.

» Stationnaire à peu près sur le lieu qui l'a vu naître, qu'il parcourt sans pouvoir le quitter, c'est d'abord autour de lui que le ver cherche sa nourriture. Il n'est pas difficile, et je ne saurais pas dire ce qui ne lui convient pas. Je l'ai vu manger des poireaux et des plantes dont la racine est âcre et de mauvaise odeur. S'il paraît respecter quelques arbustes touffus, il ne faut pas s'y tromper, ce n'est qu'à la fraîcheur qu'ils entretiennent autour d'eux que la cause en est due ; car quand ils sont jeunes, il les dévore. Les céréales, les plantes de toutes sortes, les arbustes, les arbres même, succombent sous sa dent meurtrière. Bien qu'il s'accommode à peu près de tout, il y a néanmoins des choses qu'il préfère ; on connaît sa prédilection pour les fraisiers et les salades, et j'ai remarqué que, parmi les rosiers, il s'attachait de préférence aux quatre-saisons, quand il avait le choix, sauf à revenir ensuite sur les autres. La nature, qui l'a doué d'une si grande voracité, lui a donné cependant les moyens d'exister avec bien peu de choses, et je l'ai vu bien fréquemment dévorer du bois mort sans y être contraint par le défaut d'autre nourriture, et souvent nous l'avons trouvé rongeant nos vieux échalas, dans lesquels il se pratiquait des espèces de cellules. On emploie chez moi tous les ans une grande quantité de crochets de bois sec et dur pour fixer en terre les

rameaux de rosiers que nous couchons. Attiré bientôt
par les arrosemens et le terreau, ces mêmes crochets
devenaient sa pâture, et il les dévorait jusqu'au cœur ;
j'en ai conservé plusieurs qui sont de véritables cu-
riosités en ce genre et des monumens historiques
pour moi. Il ne montrait aucune préférence pour le
rosier, commençait indistinctement par le bois mort
ou le bois vert, mais finissait toujours par tout détruire. Il ne faut pas croire que cela n'arrivait que
quelquefois ou de loin en loin ; de plusieurs milliers
de ces crochets employés dans mes cultures, quand
on les retira de terre, il ne s'en trouva peut-être pas
un sur cent qui ne fût endommagé. On peut concevoir jusqu'à un certain point que ces insectes puissent
vivre de bois mort ; mais ce qu'il y a de plus extraordinaire, c'est que, doués d'un appétit si vorace,
ils puissent exister dans une terre qui ne produit
rien. J'ai vu dans mes environs, en 1825 et 1826, des
terres en jachère, sur lesquelles on ne voyait que
quelque peu d'herbe brûlée par la sécheresse, et
qui renfermaient une si prodigieuse quantité de vers
blancs, que quand on les labourait, on aurait pu facilement en ramasser plusieurs boisseaux en peu de
temps. L'expérience m'a appris qu'au plus fort de la
chaleur et de la sécheresse, ils ne pouvaient, même
la nuit, s'approcher plus près que six pouces de la
superficie du sol, et qu'ils ne pouvaient, par cette
raison, tirer parti du peu de racines desséchées, qui
ne plongeaient qu'à quelques pouces en terre. J'a-
voue que l'idée de penser que cet insecte vorace peut
vivre dans la terre seule me parut d'abord absurde ;
mais j'avais été malheureusement si souvent à même

de reconnaître d'une manière positive la profondeur à
laquelle la sécheresse le forçait de demeurer, que je
résolus de satisfaire ma curiosité. Je pris un certain
nombre de vers blancs de force égale, je les distribuai
dans de grands pots à fleur, que je remplis de terre
prise à huit pouces de profondeur, afin qu'elle ne
contînt que peu ou point de décompositions végétales, et j'eus soin de donner à mes pots le degré d'humidité nécessaire et l'exposition convenable. Tous les
quinze jours, je culbutais un pot pour reconnaître
l'état de mes vers, et pendant plus de deux mois que
je les gardai, je ne m'aperçus pas qu'ils eussent souf-
fert ; la partie postérieure de leur corps, qui contient
les alimens et qui est transparente, me parut toujours
aussi remplie, comparée à ceux du jardin, et je n'observai pas de différence sensible à l'œil. J'ai depuis
répété cet essai, qui m'a donné le même résultat ; j'en
ai vu périr une fois deux, mais ils avaient succombé
en changeant de peau.

» A la vue des vers blancs hors de terre, on est frappé
de la position constante qu'ils affectent sur le côté.
La nature, à laquelle j'ai bien le droit de reprocher
sa prévoyance à leur égard, les a conformés de manière
qu'ils puissent, en embrassant les racines ou le collet
des plantes, s'y tenir assez bien fixés pour qu'ils n'aient
plus à s'occuper que de leur nourriture. Cette position
sur le côté, et toujours en ligne courbe, ne leur permet que difficilement de rentrer en terre quand ils
en sont dehors ; mais elle leur sert singulièrement
pour s'attacher aux racines ou au collet des plantes.
Soit qu'ils mangent ou qu'ils se reposent, on les trouve
toujours formant un cercle un peu ouvert ; hors de

terre, les mouvemens qu'ils se donnent tendent constamment à rapprocher leur partie postérieure de leur
tête. Je n'ai pu, pendant tant d'années, observer les
vers blancs sans rencontrer quelque autre sujet d'attention. Je connais trois autres variétés de vers qui ne
sauraient être confondues avec celle du Hanneton;
mais j'ignore à quels Scarabés ces vers appartiennent.
Il en est un plus court, ayant la tête plus petite, vivant
dans la vieille tannée, ne faisant aucun tort à la végétation, et rampant sur le dos avec agilité par un mouvement qu'il donne à son corps. On remarque une
grande différence entre la manière dont ils mangent
les arbustes et les plantes; leurs morsures s'étendent
sur toute la longueur des racines des premiers, au lieu
que les plantes potagères et les fraisiers même sont
toujours coupés en travers; je n'ai jamais vu nos salades mangées autrement, hors le cas où la terre, devenue trop sèche, les forçait à attaquer leurs racines.

» Si jamais quelqu'un porte assez d'intérêt à ces insectes pour donner suite à mes observations, voici une
chose que je recommande à son attention, et qu'il est
indispensable de bien connaître, car son ignorance
entraînerait dans de graves erreurs ou dans de faux
jugemens. Les vers blancs ne sauraient exister dans
une terre trop sèche ou trop humide, ces deux excès
leur sont également contraire; aussi la profondeur où
ils séjournent est-elle toujours déterminée par le degré
d'humidité du sol et même de l'air. Ils vivent alors des
racines qui plongent dans la couche de terre où ils
sont condamnés à rester; on peut croire cependant
que pendant la nuit ils se rapprochent un peu de la
superficie du sol. Des pluies ou des arrosemens les y

rappellent promptement, sans que jamais ils tentent
de s'exposer à l'air ; il y a toujours alors six ou huit
lignes de distance entre eux et la terre. En 1825, la
sécheresse m'ayant obligé à faire mouiller fortement
mes couchis, il en résulta en très peu de jours la perte
de tous mes plants ; car, attirés par l'humidité, tous
les vers blancs des environs s'en rapprochèrent. La
profondeur à laquelle ils se tiennent étant toujours
déterminée par l'humidité du sol, on conçoit qu'elle
est très inégale, puisque cette humidité est dépen-
dante de la qualité du sol, du voisinage des arbres et
de l'exposition. En 1825 et 1826, dans les plus grandes
chaleurs, lorsque l'air était embrâsé et la terre dévorée
par la sécheresse, nous les trouvions jusqu'à dix ou
douze pouces de profondeur, rongeant l'extrémité des
racines. A cette époque, plusieurs centaines de milliers de salades couvraient mes jardins, j'en avais tiré
un assez bon parti pour détruire ces vers pendant les
humidités, mais la couche de terre où ils vivaient était
devenue si sèche, que les vers furent forcés de l'abandonner et de descendre plus bas. Cette circonstance
est une de celles qui ont le plus contribué à mes pertes ;
je n'avais plus d'armes contre eux à une telle profondeur, et il me fallut, de toute nécessité, détruire mes
plants pour trouver les vers. Je suis naturellement curieux, et quand une pensée m'occupe fortement, il
faut absolument que je me contente, sauf à perdre
mon temps ou à trouver ce que je ne cherchais pas,
deux choses qui m'arrivent quelquefois. Au printemps
de 1826, je mis des vers de deux ans dans des pots
remplis de terre, et je les déposai dans ma serre, dont
les vitraux étaient recouverts de toiles. Tant que cette

terre conserva de l'humidité, ils demeurèrent dans les pots ; mais lorsqu'elle l'eut entièrement perdue, ils vinrent se débattre à sa superficie. Quelques pots ayant été arrosés, ils rentrèrent en terre, et je fus témoin, pour les autres pots, de quelque chose qui m'étonna. Hors de terre, les vers blancs frappés par l'air et surtout par le soleil, périssent en peu de temps; ce fut ici tout le contraire : plusieurs de ces vers vécurent sur la terre des pots jusqu'à dix jours, sans cesser de s'y débattre, ils devinrent extrêmement maigres et d'une couleur jaune foncé. J'avais, comme on voit, atténué à leur égard l'action de l'air et du soleil par le moyen de ma serre et de mes toiles : c'est probablement à ces causes qu'il faut attribuer leur longue existence hors de terre. Voici maintenant une particularité dont je dois la connaissance au hasard seul. Vers le 20 décembre 1825, je faisais défoncer un morceau de terre, et je tenais à voir terminer cette opération dans la journée, le froid étant très vif et la terre déjà gelée de deux pouces. Les ouvriers allumèrent du feu sur le lieu où l'on devait finir, et quand on en approcha, on fut étonné d'y trouver un assez grand nombre de vers blancs; ils n'étaient qu'à un ou deux pouces de profondeur et occupaient sur le terrain un cercle dont le foyer formait le centre. Trompés par la chaleur factice du feu, ils avaient cru pouvoir quitter leur retraite : c'est la seule occasion où j'aie vu leur prévoyance en défaut.

» La manière dont ces vers percent la terre à l'automne jusqu'à la profondeur de plus de deux pieds, sera toujours un sujet d'étonnement, surtout si l'on considère le peu de moyens dont ils sont pourvus. Rien ne les arrête : s'ils rencontrent un obstacle, ils l'évitent et le tournent jusqu'à ce qu'ils puissent reprendre leur marche perpendiculaire. Ils traversent souvent chez moi une couche de terre de dix à douze pouces d'épaisseur, extrêmement compacte, et qui exige pour être entamée l'emploi d'une tournée. On doit présumer que les Hannetons pour sortir de terre, se servent des trous par lesquels les vers dont ils sortent ont descendu ; si on n'admettait pas cette supposition, que rien ne porte à rejeter, il deviendrait bien difficile d'expliquer comment ces insectes pourraient percer la terre. La conformation de leur tête ne présente qu'une partie peu propre pour ce travail, et la longueur de leurs pattes les leur rend inutiles. La profondeur où le ver blanc descend, qui est quelquefois de plus de vingt-sept pouces, le met à l'abri de la gelée, et son instinct lui apprend à ne pas se laisser surprendre par le froid. J'ai vu des années très humides et très chaudes, très sèches et très froides, et je n'ai pas remarqué qu'il en eût subi l'influence ; cependant, si les pluies étaient telles qu'elles pussent pénétrer l'hiver au fond de sa retraite, j'ai la certitude qu'il y périrait, quelle que fût la forme où il se trouverait.

» Les variations subites de l'atmosphère et les pluies froides et prolongées font périr, au printemps, un grand nombre de Hannetons. Ils sont très sensibles au froid, et supportent difficilement les petites gelées qui ont quelquefois lieu pendant leur existence, et c'est à ces causes seulement qu'il faut attribuer la rareté des vers blancs après une année très abondante en Hannetons. Heureusement que la nature qui les a doués d'un instinct si sûr pour la conservation de leur espèce, semble

avoir reconnu que leur excessive multiplication pouvait
en quelque sorte compromettre l'existence des hommes
et des animaux. Elle a donc sagement posé des bornes
à leurs ravages, en sacrifiant de temps en temps une
partie de ces insectes à la conservation des lois générales qu'elle a établies.

» Voici neuf ans que je remarque ici leurs ravages ;
ceux qui ont paru avant cette époque avaient fait si peu
de mal, que je n'en ai conservé ni notes ni souvenir. Ces
neuf années forment trois générations de Hannetons,
et la quatrième a commencé en 1827. En supposant
que les circonstances favorables qui ont singulièrement favorisé les Hannetons pendant les printemps de
1821 et 1824 se représentent encore en 1827, et en admettant que la moitié seulement des vers parviennent
à leur deuxième année, ce qui donnerait à-peu-près
douze ou quinze vers par femelle, en ne comptant
maintenant, pour opérer toujours dans le sens le moins
favorable, qu'une femelle sur trois Hannetons, je trou-
verai que pour l'année 1828, les désastres devraient
être douze fois plus considérables qu'en 1825. Ne les
supposerions-nous encore que de six fois, les pertes
n'en seraient pas moins immenses ; mais on ne pourra
s'en faire une idée qu'après la lecture de cet écrit. Je
n'ai pas de raisons de m'exagérer des malheurs que je ne
peux détourner s'ils sont pour arriver, mais ces conjectures sont fondées sur des connaissances acquises
par des recherches nombreuses et par des expériences
multipliées. C'est le printemps qui décide du plus ou
moins grand nombre de vers que les Hannetons nous
laissent : des gelées tardives, des pluies froides, des
vents d'est ou du nord peuvent à la vérité en détruire

beaucoup ou les refouler sur d'autres lieux ; néanmoins la prudence conseille aux cultivateurs de terrains secs et légers de s'abstenir de fumer et de labourer au printemps; il vaut mieux remettre ces travaux après la ponte. Tout s'enchaîne dans la nature pour celui qui veut réfléchir, et souvent nous pouvons trouver matière à de bonnes observations dans des choses qui, au premier coup d'œil, paraissent étrangères entre elles. Ainsi, en comparant depuis dix ans l'influence que le printemps a exercé sur la prospérité de nos vignes, je suis conduit à reconnaître que, pour les années à Hannetons, elles ont profité comme eux des circonstances favorables qui ont protégé et servi la multiplication de ces insectes, et si, cette année, nos vignes avaient gelé, nous serions en grande partie débarassés d'eux.

» On dit, à la campagne : *année de Hannetons, année d'abondance.* Rien sans doute n'autorise ce dicton, et il serait plus juste de dire, toutefois dans un sens très étendu : *année de vers blancs, année d'abondance,* car ils sont le résultat de la douceur du printemps, et assez généralement pour ce pays, c'est le printemps qui décide de l'année. Il y a des Hannetons tous les ans, et, par conséquent, la terre, dans une même année, renferme des vers de trois âges différens, ce n'est néanmoins que tous les trois ans que le plus grand nombre paraît ; cependant quelques circonstances, au nombre desquelles il faut placer les gelées printannières, peuvent, en détruisant une grande partie des Hannetons d'une année, apporter quelques changemens à cet égard. »

Le Hanneton commun dont nous venons de présenter l'histoire d'après M. Vibert, n'est pas le seul

qui s'attaque à nos végétaux; une foule d'autres espèces, de toutes les grosseurs, vivent dans les bois,
dans les jardins et dans les campagnes; d'autres se
tiennent sur la vigne en particulier; delà les noms de
Hanneton de la vigne, *Hanneton ruricole*, *agricole*,
horticole, et autres, que l'on donne à quelques espèces. Il en est de tous ces Hannetons, dans tous les
pays, comme de notre Hanneton vulgaire, c'est-à-dire
qu'on les voit dans certaines années couvrir les végétaux
par milliers et les faire plier sous leur poids. C'est ce qui
arrive dans le midi de la France et de l'Europe pour
ce joli Hanneton que les Entomologistes connaissent
sous le nom d'*Hoplie farineuse*; c'est ce qui arrive
encore pour le Hanneton connu sous le nom d'*Euchlore
de la vigne*. On les voit en masses considérables sur les
buissons, et le dernier ne recherche pas exclusivement
la vigne, ainsi que son nom pourrait le faire présumer.
Une autre espèce d'Euchlore, que l'on rapporte fréquemment de la Chine, et qui est appelée *Euchlore
verte* à cause de sa couleur, semble y être aussi répandue que nos espèces en France. Cette observation,
qui peut être appliquée d'une manière générale à
toutes les espèces du genre nombreux des Hannetons,
convient surtout aux espèces de petite taille, de sorte
que l'on peut dire sans crainte de se tromper, que
plus un Hanneton est petit et plus il est répandu avec
profusion dans la nature.

Les formes que présentent les diverses espèces de
Hannetons ne sont pas très variées, et les caractères
extérieurs qu'elles présentent ne donnent pas lieu à
l'établissement d'un grand nombre de groupes. On
s'est servi pour distinguer ces divers groupes du nom-

bre des articles que présentent les antennes, soit dans
la partie élargie en feuillets, soit dans celle qui en
forme le funicule ou la tige. On s'est aussi servi, et
avec succès, des différences que présentent les crochets des tarses, qui se modifient ici de toutes les manières, et qui sont tantôt égaux et simples, tantôt inégaux et bifides. On conçoit que ces deux modifications, combinées l'une avec l'autre à chacune des
pattes, doivent présenter une grande variété. Il en
résulte que souvent l'on est obligé de n'apporter qu'une
attention médiocre à ces combinaisons de forme ou de
structure, surtout lorsqu'il arrive que leurs limites
sont peu marquées. C'est là l'obstacle que rencontre
partout le Naturaliste lorsqu'il examine en classificateur la série des êtres, et c'est là qu'il doit s'arrêter.
Nous suivrons donc ici la même marche que nous
avons déjà adoptée dans les autres familles, et nous
ne considérerons comme sous-genres que les groupes
dont les caractères sont parfaitement appréciables à
l'extérieur, sans entrer dans l'examen des pièces de
la bouche lorsqu'elles sont difficiles à apercevoir.
Nous avons ainsi supprimé quelques groupes déjà établis par les auteurs, mais nous en mentionnerons
d'autres qui ne sont encore connus que dans les collections des Entomologistes, bien que nous omettions
un nombre considérable de ces derniers groupes, que
l'on semble avoir multipliés à plaisir.

TABLEAU DE LA DIVISION DE LA FAMILLE DES MÉLOLONTHIENS,

EN GENRES ET EN SOUS-GENRES.

LÈVRE supérieure

non échancrée; crochets des tarses
— simples; lèvre supérieure
— — avancée au milieu; mésosternum
— — — saillant...... *ANOPLOGNATHUS.*
— — — non saillant. *ANOPLOSTETHUS.*
— — non avancée, plutôt échancrée... *AREODA.*
— bifides, au moins l'un des deux............. *GENIATES.*

échancrée; antennes
— de dix articles; cuisses postérieures
— — minces; palpes
— — — maxillaires et labiaux courts.......... *MELOLONTHA.*
— — — maxillaires très longs et très minces..... *LEPTOPUS.*
— — renflées, menton bombé et très velu.......... *PACHYPUS.*
— de neuf articles;
— — deux crochets aux tarses de derrière;
— — — égaux en longueur.......... .... *OMALOPLIA.*
— — — inégaux
— — — — aux pattes du milieu ...... *PLECTRIS.*
— — — — à toutes les pattes; non saillant. *EUCHLORA.*
— — — crochets des autres tarses; mésosternum saillant ..... *POPILIA.*
— — un seul crochet aux tarses de derrière.......... *HOPLIA.*

GENRE GÉNIATE.

GENIATES.

Nous réunissons sous le nom de Géniates quelques
sous-genres dont le caractère commun est d'avoir la
lèvre supérieure avancée au milieu, où elle présente
une saillie étroite et en forme de dent qui se dirige
vers la lèvre inférieure. Ces deux lèvres, par leur réunion, ferment la cavité buccale, et leur forme convexe donne à la face inférieure de la tête un aspect
globuleux qui fait reconnaître tous les Géniates. A
l'exception d'une seule espèce qui se trouve en Russie, tous les Géniates sont étrangers à l'Europe. Les
sous-genres les plus remarquables parmi les Géniates sont ceux des *Anoplognathes* et des *Anoplostè-*
thes. Ils appartiennent à la Nouvelle-Hollande, où ils
semblent remplacer les Hannetons. Un autre groupe,
celui des *Aréodes*, paraît être en Amérique l'analogue
des Anoplognathes dont il a à peu près la forme. Ces
trois sous-genres sont les plus brillans de tout le genre
des Géniates. Toutes les autres espèces, qui constituent le sous-genre des Géniates proprement dits,
ne sont guère dignes d'attention, que sous le rapport
du grand nombre de leurs espèces. La plupart d'entre
elles sont assez petites et revêtues de couleurs généra-

lement obscures. Nous allons faire connaître chacun
de ces quatre sous-genres.

1.° LES ANOPLOGNATHES. — *Anoplognathus.* MAC-L. [1]

Ils ont comme les Rutèles le mésosternum pourvu
antérieurement d'une pointe saillante et les crochets
des tarses inégaux (*pl.* 22, *fig.* 1, *a*) dans les mâles et
égaux dans les femelles. On distingue encore les mâles
des femelles à la forme du chaperon, qui est saillant et
relevé dans les premiers. Tel est

L'ANOPLOGNATHE DE LATREILLE. (Pl. 22, fig. 1.)

Anoplognathus Latreillei. SCH. [2]

Bel insecte d'un vert cuivreux brillant, avec le dessous du corps plus obscur, et les pattes ainsi que les
antennes d'une couleur de cuivre rosette. Les élytres
sont distinctement pointillées vers l'angle interne de
leur base, et le reste de leur surface est lisse ou très
faiblement ponctué.

Cette espèce est la plus grande de tout ce sous-genre,
et longue d'un pouce et demi. Elle se trouve à la Nouvelle-Hollande, comme tous les Anoplognathes connus.

Observation. Le genre *Amblytère* de M. Mac-Leay
ne se distingue pas des Anoplognathes, non plus que

---

1. Etym. α privatif; ὅπλον, arme; γνάθος, machoire. — Syn. *Ambly-
teres*, Mac-Leay; *Repsimus*, Leach (inéd.).

2. Synonym. Insect. — Voyez le tome XII des Transactions de la Soc.
Linnéenne de Londres; le tome II du Zoological Miscellany de Leach, et
l'Iconographie de M. Guérin.

le genre *Repsimus* de Leach, qui a les cuisses postérieures très grosses dans les mâles. Ces deux groupes se distinguent peut-être des Anoplognathes par l'absence d'une saillie en forme de dent au bord antérieur de leur lèvre.

2.° LES ANOPLOSTÈTHES. — *Anoplostethus*. REICHE.[1]

Ils ne paraissent différer des Anoplognathes que par l'absence d'épine au mésosternum, et par une fossette sur le dernier article de leurs palpes maxillaires. Ils ne renferment jusqu'ici qu'une seule espèce,

L'ANOPLOSTÈTHE OPALIN.

Anoplostethus opalinus. REICHE.[2]

Qui a le dessus du corps d'une belle couleur d'opale, et le dessous d'un vert brillant nuancé de la même couleur que le dessus.

Ce joli insecte, propre à la Nouvelle-Hollande, est long d'environ un pouce.

3.° LES ARÉODES. — *Areoda*. MAC-L.[3]

Ils ne diffèrent des Anoplognathes que parce qu'ils ont le labre et le menton échancrés, et non point avancés l'un vers l'autre en forme de dent. La saillie

---

1. Etym. « privatif; ὅπλον, arme; στῆθος, sternum.
2. Espèce encore inédite, que le Muséum doit à M. Reiche, entomologiste de Paris.
3. Etymologie incertaine. — Syn. *Melolontha*, Linné.

de leur mésosternum est quelquefois peu prononcée. Tel est

L'ARÉODE LAINEUX. (Pl. 22, fig. 2.)

Areoda lanigera. LIN. [1]

Qui est jaune dessus, avec le dessous du corps et les pattes d'un vert brillant. Il doit son nom au long duvet blanchâtre qui garnit les parties inférieures de son corps.

On le trouve dans l'Amérique septentrionale, aux États-Unis. Il est long de neuf à dix lignes.

Observation. Une autre espèce d'Aréode, l'*A. Leachii*, est plus bombée et n'a pas le dernier article des palpes marqué d'une fossette. La saillie de son mésosternum est beaucoup plus longue. Au contraire, l'*A. Banksii* a les caractères du *lanigera*. Ces deux espèces se trouvent au Brésil. Les espèces désignées dans le catalogue de M. le comte Dejean sous le nom d'*Epichloris* et de *Callichloris* se rapportent à ce même groupe, et sont pourvues d'une courte saillie sternale comme l'*A. lanigera*. Les *Platycœlia* du même Entomologiste, ressemblent beaucoup, pour la forme, à l'*A. Leachii*, et paraissent ne pas devoir en être séparés.

4.° LES GÉNIATES proprement dits. — *Geniates*. KIRBY. [2]

Ce sous genre et les deux suivans ont encore le

---

1. Mus. Lud. Ulr., Reg., n.° 20.
2. Etym. γενιάτης, barbu. — Syn. *Apogonia*, *Leucothyreus*, Mac-Leay; *Loxopyga*, Westwood; *Bolax*, Fischer.

menton velu et s'avançant à la rencontre du labre, mais ils se distinguent des sous-genres précédens par leurs tarses, dont un des crochets est bifide. Dans les mâles, leur disposition n'est pas la même que dans les femelles ; la paire de tarses antérieurs a, en effet, les quatre premiers articles larges et très velus en dessous et l'on remarque une espèce d'ergot en dehors du crochet des tarses qui est le plus long. Dans les mâles comme dans les femelles, les ongles ou crochets des tarses sont inégaux et le plus long est bifide. Tel est

1. LE GÉNIATE BARBU. (Pl. 22, fig. 3.)

Geniates barbata. KIRBY. [1]

Insecte fauve, avec la tête noire et les élytres distinctement striées. Son corselet est ponctué d'une manière presque imperceptible.

On le trouve au Brésil. Sa longueur varie entre huit et dix lignes.

α. Les Apogonies se composent de quelques espèce dont tous les crochets des tarses sont bifides.

β. Les Leucothyrées, qui ne méritent pas tous le nom qu'ils portent, ont, comme les Géniates, un des crochets des tarses entier et l'autre bifide. Les quatre premiers articles des deux paires de tarses antérieurs sont larges et velus dans les mâles. Tel est

---

1. Trans. of the Linnæan Soc. t. XII, pag. —Voyez en outre l'Entomographie de la Russie, par M. Fischer ; l'Iconographie de M. Guérin et un Mémoire de M. Westwood, sur le genre *Leucothyreus* et ses affinités, dans le Magasin de Zoologie de M. Guérin.

2. LE GÉNIATE DE KIRBY.

Geniates Kirbyana. Mac-L. [1]

Dont la couleur est un bronze obscur et verdâtre et un peu chatoyant sur les élytres, avec l'écusson revêtu de poils blancs et quelques poils semblables répandus sur le corselet et sur les élytres. La surface de la tête présente de gros points, celle des élytres, au contraire, est finement pointillée.

On trouve cet insecte au Brésil. Il a ordinairement six lignes de longueur.

Observation. Les *Trigonostomes* de M. le comte Dejean sont des insectes qui diffèrent des Leucothyrées parce que leurs tarses ne sont pas élargis dans les mâles et que leurs crochets sont à peine bifides. Ce groupe renferme un grand nombre d'espèces qui appartiennent à l'ancien continent.

GENRE HANNETON.

MELOLONTHA.

Le nom de Mélolonthe, qui est aujourd'hui celui de tout le genre, n'était, dans l'origine, que la désignation spécifique du Hanneton vulgaire, que Linné

---

1. Horæ entomologicæ. tom. 1, app. pag. 146.

appelait *Scarabœus Melolontha.* Lorsque Fabricius sé-
para des Scarabés le Hanneton et tous ses congénères,
il leur donna pour désignation commune et pour nom
générique, l'appellation spécifique de Linné, qui
semble avoir servi, chez les Grecs et chez les Latins,
à désigner les mêmes insectes, ou des insectes très
voisins. Les Hannetons, comme nous l'avons dit plus
haut, sont répandus sur toute la surface du globe, et
l'on en trouve jusque sur les plus hautes montagnes,
pourvu toutefois qu'elles soient boisées. Ces insectes,
dont les habitudes sont uniformes, autant que nos
observations encore incomplètes nous permettent d'en
juger, ne peuvent guère nous intéresser que par la
variété de leur forme, ou mieux, par la diversité de
structure qu'offrent certaines de leurs parties. Leurs
couleurs sont assez obscures et brillent rarement
d'un éclat métallique, si ce n'est dans le sous-genre
des Euchlores déjà mentionné et dans celui des *Popilies.*
Quelquefois cependant elles sont mélangées de teintes
plus claires ou d'un éclat métallique, qui sont dus
le plus ordinairement aux poils ou aux écailles dont
leur enveloppe est ornée. On a nommé *Serica,* qui
est le nom latin de la soie, un groupe dont toutes
les espèces présentent un éclat changeant comme
celui des étoffes faites de cette matière. Un autre
groupe, celui des *Lepitrix,* doit son nom aux écailles
de certaines parties de son corps, mais aucun n'est
aussi remarquable sous ce point de vue que celui des
Hoplies, ni que certaines espèces de Hannetons proprement dits, qui ne sont pas moins curieuses par
leur grande taille que par leur mode de coloration.
D'autres Hannetons, tels que la belle espèce connue

sous le nom de *foulon* et quelques autres qui en sont voisines, offrent à la fois des poils et des écailles. Dans ce cas, les écailles sont très étroites et paraissent à l'œil simple comme de véritables poils. Mais à l'aide d'une lentille, on les reconnaît aisément, et l'on ne tarde pas à remarquer que la couleur blanche, qui se présente chez certains Hannetons et dans quelques espèces de la famille suivante, est presque toujours due à la présence de petites écailles.

Il s'en faut de beaucoup que les ouvrages d'Entomologie renferment la description de toutes les espèces de Hannetons qui figurent aujourd'hui dans les collections des curieux. La publication des caractères qui les distinguent deviendra de plus en plus difficile par suite du grand nombre des espèces que rapportent les voyageurs. On peut fixer à plusieurs centaines le nombre de celles qui sont aujourd'hui connues. Quelque nombreuses que soient ces espèces, elles se laissent assez bien répartir dans le petit nombre de sous-genres suivans :

1.° LES HANNETONS proprem.ᵗ dits. — *Melolontha.* FAB.[1]

Ce groupe se reconnaît à l'échancrure de sa lèvre supérieure et au nombre des articles de ses antennes qui est de dix. Le chaperon se relève ordinairement d'une manière remarquable, et les crochets des tarses sont bifides ou munis d'une dent au milieu de leur longueur. On partage aujourd'hui les nombreuses espèces de Hannetons en un certain nombre de genres fondés sur l'aspect des crochets des tarses, qui tantôt sont

1. Syn. *Rhizotrogus*, Latreille. *Pachydema*, Laporte.

tout à fait bifides et tantôt munis d'une dent placée plus ou moins loin de l'extrémité. Ces genres, dont les caractères ne sont publiés nulle part, ne nous occuperont pas ici. Nous indiquerons seulement comme divisions les deux sous-genres que Latreille admettait parmi les Hannetons, savoir :

a. Les Hannetons proprement dits, qui ont la massue feuilletée des antennes formée de plus de trois articles. Parmi eux se présente en première ligne l'espèce si répandue :

1. LE HANNETON ORDINAIRE. (Pl. 22, fig. 4.)

Melolontha vulgaris. FAB.[1]

Qui est brun avec les élytres et les pattes d'un châtain fauve et qui présente sur les côtés de l'abdomen une série de taches triangulaires de poils blancs.

On le trouve en France et dans une grande partie de l'Europe centrale. Il a ordinairement un pouce de longueur.

Observation. On distingue sous le nom de *M. hippocastani,* Fab., une espèce qui diffère du Hanneton commun par le prolongement de son abdomen, qui est plus court et étranglé près de l'extrémité. Elle est d'un tiers moindre que cet insecte. — Une autre espèce du midi de la France, qui porte le nom de *pilosa,* Fab., se reconnaît à sa couleur uniforme, tantôt brune et tantôt roussâtre, et au duvet d'un blanc sale

---

1. Ent. Syst., t. II, pag. 155. — *Scarabæus Melolontha,* Lin. Faun. Suec. n.º 392.

qui revêt tout le dessous de son corps. Elle a l'écusson couvert d'un semblable duvet ; sa taille est celle du Hanneton commun. Mais de toutes les espèces indigènes, la plus belle est la suivante :

2. LE HANNETON FOULON. (Pl. 22, fig. 5.)

Melolontha fullo. Lin. [1]

Grand insecte brun ou châtain, dont les élytres sont parsemées de taches irrégulières formées de poils blancs ou de petites écailles elliptiques. Il a l'écusson couvert de semblables écailles qui forment aussi trois lignes ou bandes longitudinales sur le corselet. Les antennes du mâle (*fig.* 5, *a*) sont remarquables par le développement des feuillets terminaux.

Cette espèce se trouve dans le voisinage de la mer, sur les côtes méridionales et sur les côtes occidentales de la France. Elle a près d'un pouce et demi. On trouve en Orient des espèces voisines qui s'en distinguent par quelques caractères.

β. Les *Rhizotrogues*, dont les antennes n'ont que trois articles à la massue. Cette division est la plus nombreuse. On y distingue surtout

1. Syst. nat., t. II, pag. 553.

3. LE HANNETON MÉTALLIQUE. (Pl. 23, fig. 1.)

Melolontha metallica. DEJ. [1]

Joli insecte d'un vert métallique à reflet légèrement cuivreux, dont le corps est criblé en dessus de gros points d'où sortent quelques poils rares et revêtu en dessous d'un court duvet roussâtre. Le mâle ne diffère de la femelle que parce qu'il a les angles de son chaperon plus aigus et deux échancrures plus profondes sur les côtés de cette même partie.

On le trouve au Brésil. Sa longueur est d'un pouce environ.

Parmi les espèces du groupe des Rhizotrogues, quelques unes présentent aux crochets de leurs tarses une modification que n'offrent pas celles du groupe précédent, c'est-à-dire que la dent qui surmonte ces crochets est placée assez près de leur extrémité pour leur donner l'apparence d'un crochet double. On ne trouve guère cette modification que parmi les espèces exotiques, auxquelles M. le comte Dejean a donné dans son catalogue le nom générique de *Schyzonique,* c'est-à-dire ongle fendu, et dans les *Pachydèmes* de M. Laporte, ainsi que dans une série de petites espèces appellées *Ablabères* par M. Dejean. Les espèces indigènes sont assez nombreuses et se placent parmi les *Rhizotrogues* proprement dits. Tel est

---

1. Espèce encore inédite.

4. LE HANNETON SOLSTITIAL.

Melolontha solstitialis. Lin. [1]

Ainsi nommé parce qu'on le trouve au moment du solstice, c'est-à-dire au milieu de l'été. C'est un insecte fauve sur les élytres, avec les pattes d'un roux vif ainsi que le corselet. Le dessous de son corps est noirâtre avec les anneaux du ventre bordés de poils d'un gris blanc. Il a la poitrine et le corselet très velus, la tête noire, excepté le chaperon qui est fauve, et deux larges bandes noires sur le milieu du corselet. Ses élytres sont vaguement ponctuées et surmontées de trois côtes peu élevées.

On trouve cette espèce dans toute la France et dans une grande partie de l'Europe. Elle est longue d'environ huit lignes.

Observation. Il existe quelques Hannetons tels que le *M. alopex,* Fab., qui ont la massue des antennes composée de plus de trois feuillets. Ils rentrent par conséquent dans la première division de ce sous-genre et n'en diffèrent que par les crochets de leurs tarses

1. Fauna Suec., n.º 393. — Voyez les Archives de Zoologie de Wiedemann; les Mém. de l'Académie des Sciences de Stockholm, 1787; les Icones insectorum de Pallas; les Annales générales des Sciences physiques; les Horæ entomologicæ de M. Charpentier; les Insectorum Species novæ de M. Germar; le Bulletin de la Soc. des Naturalistes de Moscou; le Voyage à Méroé, par M. Caillaud; les Voyages français autour du Monde déjà cités plusieurs fois; celui de l'Expédition de Morée; le Magasin Zoologique de M. Guérin; la Revue Entomologique de M. Silbermann; la Centurie d'Insectes de M. Kirby; les Insectes de Madagascar, par M. Klug; ceux de la Mongolie, par M. Faldermann, etc.

qui sont bifides, ou dont les dents s'élargissent en sorte de petites lames verticales. Toutes ces différences ne méritent pas que l'on s'y arrête et qu'on les distingue par des noms génériques. Il en est peut-être de même des deux sous-genres suivans :

2.° LES LEPTOPES. — *Leptopus*. DEJ.[1]

Ainsi nommés à cause de leurs tarses plus grêles qu'à l'ordinaire. Ils peuvent se reconnaître à l'inégalité de leurs *palpes*, dont les maxillaires sont très longs et très grêles[2].

3.° LES PACHYPES. — *Pachypus*. LAT.[3]

Qui sont beaucoup plus distincts des Hannetons que les précédens. Ils se reconnaissent à la grosseur de leurs cuisses de derrière qui sont renflées, et à la saillie que forme leur menton et d'où s'élève un faisceau de poils divergens. La seule espèce dont se compose ce sous-genre est remarquable par la dépression de son corselet, surmonté en outre d'une petite corne dans le mâle, et par l'absence ou plutôt l'état rudimentaire des organes du vol dans la femelle. Tel est :

1. Etym. λιπ7ὸς, étroit; πὸὺς, pied. — Le Voyage en Andalousie, par M. Rambur, doit renfermer la description d'un insecte de ce sous-genre.
2. Ici doivent venir les Eucirres, *Eucirrus*, de M. Melly, que nous n'avons pas vus en nature. (Consultez le Mag. de Zoologie de M. Guérin.)
3. Etym. παχὺς, épais; πὸὺς, pied.

LE PACHYPE EXCAVÉ.
(Pl. 23, fig. 2, le mâle, et fig. 3, la femelle).

Pachypus excavatus. FAB. [1]

Dont la couleur est noire dans le mâle, et mélangée plus ou moins de roux, avec la plus grande partie des élytres d'un roux vif et les côtés du ventre jaunâtres. La femelle est entièrement d'un roux plus ou moins jaunâtre.

Cet insecte se trouve dans le midi de l'Europe et surtout en Espagne et en Italie. Sa longueur est d'environ six lignes.

Les autres sous-genres de Hannetons se distinguent des précédens par le nombre des articles de leurs antennes qui n'est plus que de neuf; on trouve parmi eux les mêmes modifications dans les tarses que parmi les précédens, et l'on a, de la même manière, distingué ces modifications par autant de noms génériques. Mais si l'on se contente de mentionner celles qui offrent quelque intérêt, on trouvera qu'un grand nombre d'espèces doivent peut-être rester sans une dénomination commune. Telles sont :

4.° LES OMALOPLIES. — *Omaloplia.* DEJ. [2]

Qui se composent de toutes les espèces qui ont les

---

1. Ent. Syst., t. I, pag. 31, et suppl. pag. 22. — Voyez l'Iconographie de M. Guérin.

2. Etym. Ce nom est formé sans doute de ὀμαλὸς, plat, et de *Hoplia*, sous-genre dont nous parlerons plus loin. — Nous donnons pour synonymes

crochets des tarses égaux. Nous choisissons ce nom pour ne pas faire double emploi avec les noms adoptés aujourd'hui et qui seront ceux de nos divisions. Ainsi

α. Les *Sériques* de M. Mac-Leay désigneront les espèces à tête peu saillante, dont le corps brille d'un éclat velouté ou soyeux. Nous y comprenons celles dont la forme est globuleuse et qui sont nommées *Trochalus* par M. de Laporte. Parmi les espèces indigènes, on remarque :

1. L'OMALOPLIE RURALE. (Pl. 23, fig. 4.)

Omaloplia ruricola. LIN. [1]

Qui est noire avec les élytres ornées d'une large bande d'un roux fauve qui s'étend jusques vers les bords. Elle offre un éclat irisé assez brillant.

On la trouve en France et dans une grande partie de l'Europe. Sa longueur est de trois lignes, et sa largeur de deux.

Observation. Les *Isonyques* de M. Mannerheim ont l'éclat des Sériques. Leur chaperon est avancé et les crochets de leurs tarses sont tout à fait bifides, tandis que dans les Sériques la dent de chaque crochet est plus courte que le crochet même ; mais on trouve des espèces où cette différence est très peu marquée.

β. Les *Dasyes* de MM. Lepelletier et Serville ont

à ce groupe que nous étendons beaucoup plus qu'on ne l'avait fait jusqu'ici, les genres *Ceraspis, Dasyus,* de l'Encyclopédie; *Macrodactylus, Diphucephala,* Latreille ; *Serica,* Mac-Leay, ou les *Omaloplia* des Entomologistes français; *Trochalus,* Laporte, et *Ancistrosoma,* Curtis.

1. Ent., Syst., t. II, pag. 173.

les crochets des tarses antérieurs bifides, et ceux des autres tarses simples, au moins dans les mâles. Nous n'avons pas vu ces insectes.

γ. Les *Diphucéphales* de Latreille ont le corps long et étroit, tous les crochets des tarses bifides, le chaperon échancré, très saillant dans les mâles et les tarses antérieurs larges et velus dans le même sexe. Ils renferment quelques petites espèces d'un vert brillant et que l'on trouve à la Nouvelle-Hollande.

δ. Les *Macrodactyles* de Latreille sont encore plus étroits que les Diphucéphales dont ils diffèrent par leur chaperon sans échancrure, par leur corselet presque rhomboïdal, et parce que leurs tarses sont semblables dans les deux sexes. Tel est :

2. L'OMALOPLIE SUBÉPINEUSE.

Omaloplia subspinosa. FAB. [1]

Petit insecte revêtu de poils courts, couchés et très serrés, dont la couleur est rousse sur le dessus du corps et grise en dessous. Il a les pattes et les parties de la bouche d'un jaune roux, avec la massue des antennes et le bout de tous les articles des tarses noirs.

On le trouve en grand nombre dans les États-Unis de l'Amérique du nord. Il a plus de quatre lignes de longueur, et deux environ de largeur.

ε. Les *Omaloplies* véritables pourront se composer

---

1. Ent., Syst., t. II, pag. 178. — Voyez la plupart des ouvrages déjà cités, et surtout les Transactions de la Société Entomologique de Londres, et de la Société Zoologique de la même ville.

de toutes les espèces qui ne rentrent dans aucune des divisions précédentes et qui forment dans le catalogue de M. Dejean le genre *Philochlænia*; elles ont de grands rapports par leur forme avec les insectes du groupe suivant.

ζ. Les *Céraspes* de MM. Lepelletier et Serville, se font remarquer par l'échancrure de leur écusson et par une petite saillie du bord de leur corselet qui s'engage dans cette échancrure. Plusieurs d'entre eux ont les crochets des tarses inégaux, mais ce caractère n'est pas toujours appréciable. Ils ont pour type

3. L'OMALOPLIE VELOUTÉE.

Omaloplia pruinosa. Lep. et Serv. [1]

Qui est rousse avec la tête et une partie des élytres revêtue de petites écailles blanches qui forment aussi sur le corselet trois bandes longitudinales.

On trouve cet insecte au Brésil. Il a environ six lignes de longueur.

5.° LES PLECTRES. — *Plectris.* Lep. et Serv. [2]

Ces insectes se distinguent des Omaloplies par l'inégalité et le développement remarquable des crochets qui terminent les tarses de leurs pattes intermédiaires. Leur forme est celle de la plupart des espèces d'Omaloplies véritables. Tel est :

---

1. Encyclopédie méthodique, t. X, pag. 371.
2. Etym. πλῆκτρον, ergot.

LE PLECTRE COTONNEUX.

Plectris tomentosa. LEP. et SERV. [1]

Dont la couleur est d'un roux brun uniforme, et dont le corps est revêtu de poils couchés assez nombreux et de couleur jaunâtre. Parmi ces poils, on en remarque d'autres qui sont plus longs, rares, relevés et disposés en séries longitudinales.

On le trouve au Brésil. Il a environ six lignes de longueur.

6.° LES EUCHLORES. — *Euchlora.* MAC-L. [2]

Ce sous-genre renferme toutes les espèces de Hannetons ayant neuf articles aux antennes et dont le mésosternum ne fait point de saillie en avant. On les a divisées de la manière suivante :

α. Les *Euchlores* véritables, connues aussi sous le nom d'*Anomales*, dont l'un des crochets des quatre tarses de devant est bifide dans les mâles et qui n'ont pas le chaperon avancé ou relevé. Telle est :

1. L'EUCHLORE VERTE. (Pl. 23, fig. 5.)

Euchlora viridis. FAB. [3]

Jolie espèce d'un vert à reflet presque soyeux en

---

1. Encycl. t. X, pag. 369.
2. Etym. εὔχλωρος, verdoyant. — Syn. *Mimela*, Kirby; *Anisoplia*, Latreille; *Oplopus*, Laporte.
3. Ent. syst. t. II, pag. 160.

dessus et cuivreux en dessous. La surface supérieure de son corps est criblée d'un nombre infini de points enfoncés.

Ce bel insecte est très abondant en Chine, d'où on le rapporte en grand nombre. Il a près d'un pouce de longueur.

Observation. Parmi les espèces indigènes, on distingue l'*E. vitis,* dont la couleur est ordinairement verte et quelquefois bleue. Elle ressemble à l'espèce de Chine, si ce n'est que ses élytres offrent des stries peu profondes et que sa taille n'est guère que de cinq à six lignes. Elle est extrêmement répandue dans le midi de l'Europe et de la France en particulier.

β. Les *Anisoplies* de Latreille diffèrent des précédens parce que l'un des crochets des quatre tarses antérieurs est bifide dans les femelles comme dans les mâles. On les reconnaît souvent à leur chaperon qui se rétrécit et se relève au bord antérieur. Telle est en particulier,

2. L'EUCHLORE DES JARDINS.

Euchlora horticola. LIN. [1]

Petit insecte dont la tête et le corselet sont d'un vert brillant et les élytres d'un roux fauve. Le dessous de son corps et ses pattes sont d'un vert obscur. Ses élytres sont marquées de points disposés en séries et formant des stries peu profondes.

Cette espèce est une des plus répandues en France

---

1. Faun. Succ. n.º 391.

et surtout aux environs de Paris. Sa longueur est de quatre lignes, et sa largeur de deux environ.

Observation. Une seconde espèce des environs de Paris est l'*E. agricola,* qui se distingue de la première par ses couleurs plus obscures, par quelques taches noires sur les élytres et surtout par la forme étroite et relevée de son chaperon. La plupart des autres espèces sont propres au midi et à l'orient de l'Europe. Quelques unes seulement se trouvent en Amérique et se font remarquer par les sillons de leurs élytres qui sont profonds et très réguliers.

γ. Les *Lépisies* de MM. Lepelletier et Serville se composent de petites espèces dont les deux crochets des quatre tarses de devant sont bifides.

7.° LES POPILIES. — *Popilia.* LATR. [1]

Ces insectes se reconnaissent immédiatement à l'inspection de leur mésosternum, qui s'avance entre les pattes de devant comme celui des Macraspes, parmi les Rutèles. Ils appartiennent presque tous à l'ancien continent. Telle est :

LA POPILIE A DEUX POINTS. (Pl. 23, fig. 6.)

Popilia bipunctata. FAB. [2]

Qui est d'un vert bronzé, à l'exception des élytres qui sont de couleur fauve. Leur surface présente

1. Etym. incertaine. — L'espèce rapportée à ce groupe dans l'Iconographie de M. Guérin, appartient aux Omaloplies.
2. Ent. Syst. t. II, pag. 120.

plusieurs séries de petits points peu profonds. On remarque sur le dernier segment du corps deux taches rondes formées par des poils blancs, et le dessous du ventre offre des bandes de semblables poils.

On trouve cet insecte aux Indes-Orientales. Il a quatre lignes de longueur, et deux et demie de largeur.

8.° LES HOPLIES. — *Hoplia*. ILLIG.[1]

Qui sont très faciles à reconnaître non seulement aux petites écailles qui recouvrent toute la surface de leur corps, mais plus encore au crochet fort et unique qui termine leurs tarses postérieurs. La plus jolie espèce de ce groupe est :

L'HOPLIE FARINEUSE. (Pl. 24, fig. 1.)

Hoplia farinosa. LIN.[2]

Qui a le dessus du corps revêtu d'écailles d'un bleu lapis à reflets brillans, tandis que celles du dessous du corps sont d'un vert opalin.

C'est un insecte très répandu dans les provinces méridionales de la France, à partir de la latitude de Lyon. Il est long d'environ quatre lignes, et large de deux.

Observation. On trouve encore dans le midi de la France une autre espèce, *H. squammosa*, dont les

1. Etym. ὅπλον, arme. — Syn. *Monocheles*, Latreille.
2. Faun. Suec. n.º 399. — Voyez les ouvrages déjà cités au g. Hanneton, et de plus les Mém. de l'Acad. des Sciences de Stockolm, 1824.

écailles de la partie supérieure sont jaunes, et celles de la partie inférieure d'un vert d'opale. On y trouve aussi l'*H. argentea*, que l'on pourrait croire ainsi nommée par antiphrase. Elle est noire ou brune et revêtue d'un court duvet grisâtre. On la trouve aussi aux environs de Paris.

C'est ici que doit se placer le sous-genre exotique des DICRANIES, *Dicrania*, Lep. et Serv.[1], qui se distingue des Hoplies par les deux crochets de ses tarses et par la grandeur de son écusson. Ce sous-genre semblé être intermédiaire entre la famille des Mélolonthiens et celle des Amphicomiens.

CINQUIÈME FAMILLE.

LES AMPHICOMIENS.

Cette petite famille devrait être considérée comme une division de la précédente, tant à cause de ses habitudes, que de son aspect en général. Elle se compose d'insectes dont les élytres s'écartent un peu vers le bout par suite de la forme plus étroite qu'elles présentent à l'extrémité, et dont les cuisses postérieures sont ordinairement grosses et renflées, au moins dans les mâles. Le corps des Amphicomiens est tantôt re-

1. Voyez pour ce groupe, le tom. X de l'Encyclopédie; les Insectes du Voyage de MM. Spix et Martius, et l'Iconographie de M. Guérin.

vêtu de poils, comme l'indique ce nom de famille, tantôt il est recouvert de petites écailles, semblables à celles que présentent certaines espèces de la famille des Hannetons. On connaît fort peu les habitudes des Amphicomiens, dont la plupart sont étrangers à l'Europe. Si l'on en excepte deux ou trois sous-genres, tels que les *Cratoscèles* et les *Lichnies*, qui ne renferment que peu d'espèces, tous ces insectes vivent dans l'ancien continent : les uns, comme les *Amphicomes*, les *Glaphyres*, dans les parties méridionales et orientales de l'Europe, dans l'Asie-Mineure et dans le nord de l'Afrique ; les autres, *Pachycnèmes*, *Anisonyx*, *Dichèles*, dans les parties les plus méridionales de l'Afrique et au cap de Bonne-Espérance. Le seul sous-genre des *Chasmoptères* appartient à la France et à l'Europe centrale ; il se compose de très petites espèces qui vivent sur les fleurs, comme tous les insectes de cette famille. Cette particularité de leurs habitudes rapproche les Amphicomiens de la famille suivante, dont les espèces habitent exclusivement les fleurs ; mais ils s'en distinguent par leur taille qui est de beaucoup inférieure à celle des Cétoniens, et par leur aspect qui les rapproche beaucoup plus des Hannetons. Le continent de la Nouvelle-Hollande a aussi ses Amphicomiens ; ce sont les *Macrotops* que nous mentionnerons après les Chasmoptères, dans notre énumération des sous-genres dont se compose cette famille.

Les premiers états de la vie des Amphicomiens nous sont encore inconnus, et par conséquent nous ignorons aussi le temps qu'ils emploient à parvenir à la forme d'insecte parfait. L'histoire de ces insectes n'a rien qui soit digne d'intérêt, et leurs dégâts, s'ils en

commettent, ne sont pas appréciables. Réunis dans
les collections, ils offrent un coup d'œil assez agréable,
tant par la diversité de leurs taches qu'à cause de la
figure singulière que donne à plusieurs d'entre eux la
grosseur démesurée de leurs cuisses. Leurs ongles, qui
doivent leur être d'un grand usage pour s'accrocher aux
végétaux, sont en nombre variable, du moins aux pattes
de derrière, et présentent un moyen de classification
que les Naturalistes ont employé avec avantage pour
distinguer les groupes. C'est même ce caractère qui
joue le plus grand rôle dans la classification des Amphicomiens, comme on peut le voir par le tableau
suivant :

TABLEAU DE LA DIVISION DE LA FAMILLE DES AMPHICOMIENS.

EN GENRES ET EN SOUS-GENRES.

MACHOIRES

courtes et cachées; cuisses postérieures
- renflées.................... *PACHYCNEMIS.*
- grêles..................... *ANISONYX.*

tarses de derrière ayant
- un seul crochet; grêles..................... *AMPHICOMA.*
- deux crochets; cuisses postérieures
  - grêles.....................
    - aplatie......... *GLAPHYRUS.*
    - renflées; massue des antennes globuleuse...... *DICHELES.*
  - renflées; massue des antennes
    - très petite..................... *CRATOSCELIS.*
    - prolongées en lanières; massue des antennes aussi longue que la tête...... *LICHNIA.*

●◆◗◖◀ ◗◕◗◈◗◆◗◈◗◈◗◕◖◗◈◗◕◀◗◕◈◗◈◗◈◗◕◈◗◕◖◗◈◗◕◖◗◈◗◆◗◈◗◆●◗◈◗◈◗◕◖◗●◗◖●

GENRE **AMPHICOME.**

AMPHICOMA. LATREILLE.

Nous réunissons sous le seul nom d'Amphicome les divers sous-genres de cette petite famille, plutôt à cause de leur petit nombre que de leur aspect uniforme. Il faut convenir, en effet, que ceux de ces insectes dont les cuisses postérieures sont renflées n'ont pas une grande ressemblance avec les espèces qui ont les cuisses grêles : les premiers sont d'ailleurs presque toujours recouverts d'écailles; les seconds, au contraire, sont revêtus de poils, quelquefois très longs, comme la plupart des Amphicomes dont une espèce en particulier a reçu le nom de renard (*vulpes*), par suite de cette disposition remarquable. Ces insectes, à cause de leur corps velu, ressemblent assez à des Bourdons, et la couleur de leurs poils, plus ou moins fauves ou jaunâtres, les fait remarquer de loin, et donne aux plantes qui en sont couvertes un aspect des plus singuliers. Il serait curieux de savoir si les espèces à grosses cuisses ont la propriété de sauter, comme semblerait l'indiquer la structure de leurs pattes, mais la chose peut être mise en doute à cause de la forme trapue et peu dégagée de ces pattes.

Les sous-genres que nous admettons ici pour distinguer les diverses espèces d'Amphicomes sont au nombre de sept, savoir :

1.° LES PACHYCNÈMES. — *Pachycnemis.* Lep. et Serv. [1]

Nous comprenons ici tous les insectes de cette famille qui ont les pattes postérieures très grosses, surtout dans les mâles, et dont les tarses de ces mêmes
pattes sont terminés par un seul crochet. Ils ont pour
type :

LE PACHYCNÈME A GROSSES PATTES. (Pl. 24, fig. 2.)

Pachycnemis crassipes. Oliv. [2]

Insecte d'un roux jaune, avec la tête et le corselet
noirs. Ce dernier est parsemé de points assez gros et
plus écartés au milieu que sur les bords. Les élytres
présentent sur leur surface des points assez semblables
aux aspérités d'une râpe, et chacune d'elles porte une
large côte qui s'étend obliquement de l'angle extérieur
de la base à l'angle intérieur de l'extrémité. Sa tête
présente quelques tubercules, et le bord antérieur
de son corselet supporte un rudiment de corne. La
présence de cette petite corne et la forme des jambes
de derrière du mâle distinguent cette espèce de quelques autres, chez lesquelles on voit aussi sur la tête
une corne courte, comprimée et bifide.

On trouve cet insecte et ceux qui en sont voisins

1. Étym. παχὺς, épais ; κνημίς, guêtres. — Syn. *Melolontha, Cetonia*
des premiers auteurs ; *Monocheles*, Illiger et Latreille ; *Lepisia*, Lepelletier et Serville.

2. Ent. t. I, n.° 3, pag. 51, pl. 23, fig. 200. — Voyez l'Encyclopédie
méthodique et l'Iconographie de M. Guérin.

au cap de Bonne-Espérance. Il a de cinq à six lignes de longueur.

Observation. On distingue sous le nom de *Monochèles* et sous celui de *Lépitrix* et de *Lépisies*, de petits Pachycnèmes, dont le corps est en partie revêtu d'écailles. Ils ne diffèrent pas d'une manière sensible des vrais Pachycnèmes, si ce n'est que leur taille est bien inférieure. Ils habitent tous l'Afrique méridionale et les environs du cap de Bonne-Espérance.

2.° LES ANISONYX. — *Anisonyx*. LATR.[1]

Sont différens des Pachycnèmes par la disproportion moins grande de leurs pattes de derrière. On les reconnaît surtout aux longs poils dont ils sont revêtus. Ils ont d'ailleurs la tête longue et très étroite. Tel est,

L'ANISONYX OURS. (Pl. 24, fig. 3.)

Anisonyx ursus. FAB.[2]

Insecte noir, revêtu de poils noirs et ayant seulement les quatre pattes antérieures d'un roux foncé.

On le trouve au cap de Bonne-Espérance. Il a environ cinq lignes de longueur.

3.° LES AMPHICOMES. *Amphicoma*. LATR.[3]

Ces insectes sont les analogues des Anisonyx. Ils ont

---

1. Etym. ἄνισος. inégal ; ὄνυξ, ongle. — Syn. *Melolontha*, Fabricius.

2. Ent. Syst. tom. II, pag. 182. — Voyez les Insectes de Wulfen ; l'Iconographie de M. Guérin, etc.

3. Etym. ἀμφὶ, autour ; κόμη, chevelure. — Syn. *Antipna*, Eschscholtz.

comme eux le corps très velu et se distinguent par la massue globuleuse qui termine leurs antennes. Une des espèces les plus remarquables est,

L'AMPHICOME A BANDES. (Pl. 24, fig 4.)

Amphicoma vittata. FAB.[1]

Qui est noire avec le corselet orné d'un reflet métallique et violet; ses élytres sont rousses vers la base et se font remarquer par plusieurs bandes longitudinales de poils jaunes.

Ce joli insecte se trouve en Orient. Il est long d'environ six lignes.

Observation. Les *Antipnes* sont des Amphicomes dont les feuillets de la massue des antennes sont plus développés, et ont de la disposition à s'emboîter comme dans le sous-genre suivant.

4.° LES GLAPHYRES. — *Glaphyrus.* LATR.[2]

Ce sont des espèces d'Amphicomes à massue aplatie et dont les deux derniers articles sont logés dans le précédent. Ils se reconnaissent aussi à leurs cuisses et à leurs jambes postérieures qui sont renflées, du moins dans les mâles.

---

1. Ent. Syst. t. II. pag. 184. — Voyez les ouvrages déjà cités, et de plus les Icones insectorum de Pallas; la partie entomologique de l'Expédition de Morée, et les Annales de la Société entomologique de France (tom. II, pag. 256).

2. Etym. γλαφυρὸς, élégant. — Voyez l'Iconographie de M. Guérin.

5.° LES DICHÈLES. — *Dicheles*. LEP. et SERV.[1]

Ce sont de petits Pachycnèmes semblables à ceux
que l'on désigne plus particulièrement sous le nom de
Monochèles, mais ils se reconnaissent aux deux crochets des tarses de leurs pattes de derrière. Ils sont
encore originaires de l'Afrique méridionale.

6.° LES CHASMOPTÈRES. — *Chasmopterus*. LATR.[2]

Ce groupe se compose de petites espèces indigènes
assez semblables aux Amphicomes, mais dont les crochets des tarses sont bifides. Ces insectes se rapprochent des Hannetons par la largeur de leurs
élytres qui sont seulement un peu écartées au bout.
— On distingue parmi eux les *Chasmés* dont les crochets des tarses postérieurs sont inégaux et dont le
plus gros est seul bifide. — Les *Macrothopes* sont aussi
des Chasmoptères reconnaissables à la saillie de leur
lèvre supérieure, qui a la forme d'un demi-cercle, et
à la forme des crochets de leurs tarses qui sont longs,
grêles et nullement bifides. — Enfin les *Liparètres* sont
encoré des Chasmoptères qui ne diffèrent peut-être
des Macrothopes que par la forme plus courte et plus
trapue de leur corps et de leur tête en particulier, dont
le bord se relève et forme une gouttière comme dans
les Amphicomes.

---

1. Etym. Δίχηλος, qui a deux ongles. — Voyez l'Encyclopédie méthodique.

1. Etym. χάσμα, ouverture; πτερὸν, aile. — Voyez l'Iconographie de
M. Guérin et le Voyage autour du Monde de *la Coquille* et de *l'Astrolabe*.

7.° LES CRATOSCÈLES. — *Cratoscelis*. ERICH.[1]

Qui renferment des insectes du Chili fort remarquables par l'alongement de leurs mâchoires, semblables à des lanières et frangées dans toute leur longueur. Ils ont les cuisses postérieures très renflées et la massue des antennes fort petite.

8.° LES LICHNIES. — *Lichnia*. ERICH.[2]

Ce sont encore des espèces du Chili ayant aussi les mâchoires en lanières, mais leurs pattes de derrière sont grêles et les feuillets de la massue de leurs antennes sont aussi longs que la tête. La forme de celle-ci est quadrangulaire, tandis qu'elle est triangulaire dans les espèces du groupe précédent.

SIXIÈME FAMILLE.

LES CÉTONIENS.

Cette famille est une des plus naturelles de l'ordre des Coléoptères, et ne constitue même, à proprement

---

1. Etym. κράτος, force; σκέλις, jambe. — Voyez les Archives de M. Wiegmann, tom. 1.er
2. Etym. λίχνος, friand, gourmand. — Voyez encore les Archives de M. Wiegmann.

parler, qu'un seul genre, celui des Cétoines. On en reconnaît les nombreuses espèces à la présence de cette
pièce appelée épimère, située entre les élytres et le corselet, et que nous avons déjà reconnue dans quelques
insectes de la famille des Scarabéiens, tels que les
Omètes et les Cnémides. Cette analogie si frappante
entre des insectes de deux familles distinctes, aurait
peut-être dû les faire réunir en une seule, ou du
moins faire placer ces familles l'une à la suite de l'autre.
Mais les Cétoines ont un caractère qui les distingue
de tous les autres Lamellicornes, bien qu'il soit
difficile à voir; c'est la nature membraneuse de
leurs mandibules. Cependant quelques espèces, ont
ces mêmes organes de consistance cornée, mais le
peu de volume de ces mandibules, qui sont toujours cachées sous le bord de la tête, indique chez
les insectes qui les présentent des habitudes peu des-
tructives. Les Cétoines en effet se nourrissent du suc
des fleurs sur lesquelles on les rencontre le plus ordinairement. Elles y sont même presque toujours en
grand nombre, du moins dans nos contrées d'Europe
et en Orient, tandis qu'en Amérique, elles se montrent la plupart du temps isolées, d'après la remarque
de M. Lacordaire. Ces insectes sont bien connus, et
certaines fleurs, particulièrement les ombellifères, en
supportent toujours quelques uns. L'éclat de leur enveloppe, ordinairement de couleur métallique, ne
peut nullement être comparé, dans les climats tempérés, avec celui que répandent certaines espèces des
régions intertropicales. Aussi les Cétoines ne le cèdent
en rien aux plus belles espèces de Coléoptères; la
nature semble avoir pris plaisir à leur prodiguer les

plus brillantes couleurs, comme elle l'a fait aux espèces du genre des Buprestes.

Les Cétoines ont beaucoup de ressemblance avec les Hannetons dans leur manière de vivre. Comme ceux-ci, elles mettent plusieurs années, trois environ, à se développer, et comme eux aussi, elles vivent dans la terre sous la forme de larve. On distingue parmi les larves des Cétoines, deux formes principales, qui répondent aussi à deux divisions distinctes chez les insectes parfaits. Les larves des espèces qui constituent le groupe des Cétoines proprement dites, se reconnaissent à la petitesse de leur tête, qui n'est large que comme la moitié du corps, et à la position de leur fente anale, qui est située à l'extrémité du dernier article et non pas en dessous comme dans les Scarabés. Les Cétoines de la division des *Trichies*, au contraire, chez lesquelles l'épimère ne se voit presque pas entre le corselet et les élytres, viennent de larves qui ont la tête de la même largeur que le corps, comme les larves des Hannetons. Pour distinguer une larve de Hanneton d'avec celle d'une Cétoine, il faut examiner la forme de la fente anale, qui dans la première est simplement bilobée, tandis qu'elle offre trois lobes dans la larve de la Cétoine. Tels sont les caractères observés par M. de Haan, que nous avons déjà cité plusieurs fois. Il est à regretter que la troisième division dont nous aurons à parler dans le genre des Cétoines, ou la division des *Gymnètes*, ne renferme aucune espèce indigène, parce qu'on aurait vu si ces insectes présentent à leur tour dans l'état de larve quelque particularité de structure, comme nous le remarquons dans les Trichies et les vraies Cétoines.

Il est peut-être permis de supposer que cela n'a pas
lieu, à cause de la conformité qui existe entre les
Cétoines de la division des Gymnètes et les autres,
conformité qui n'est pas aussi grande entre celles-ci
et les Cétoines trichies. En effet, les Gymnètes ne se
distinguent des vraies Cétoines que par la manière
dont leur corselet recouvre l'écusson, sur lequel il
s'avance plus ou moins. Cette modification n'influe
pas d'une manière sensible sur l'aspect général de
l'insecte, en sorte qu'une Cétoine et un Gymnète se
ressemblent beaucoup plus entre eux, qu'une Cétoine
ne ressemble à une Trichie. Cependant nous regar-
dons les Trichies comme une simple division des Cétoines, malgré la forme différente de leur corselet dans
quelques espèces; c'est que le caractère principal des
Trichies, qui consiste dans le peu de saillie de leur
épimère en dessus, présente des modifications qui
nous empêchent d'y avoir égard.

La larve d'une de nos Cétoines indigènes a été observée pour la première fois par de Géer, et ses habitudes lui ont paru d'autant plus curieuses que l'on
connaissait alors fort peu celles des Hannetons. Cette
larve se construit dans la terre une coque assez grossière, et dans la construction de laquelle elle fait
entrer des débris de toutes sortes de pierres et même
ses excrémens, ce qui la rend très inégale. De Géer a
trouvé la larve en question, qui est celle de la *Cétoine
dorée*, ou selon M. de Haan, d'une espèce très voisine, dans la terre, à quelque profondeur et quelquefois dans le nid de certaines Fourmis. Surpris
avec raison de cette dernière circonstance, il en a
conclu que la larve de la Cétoine vivait en bonne

intelligence avec ces insectes d'ailleurs peu hospi-
taliers, et Latreille semble avoir partagé la même
opinion. Cependant on n'a pas encore cherché à s'assurer de ce fait, et les auteurs du travail le plus récent
et le plus complet que nous ayons sur les Cétoines,
MM. Gory et Percheron, le révoquent en doute.
Suivant ces Naturalistes, deux circonstances peuvent
attirer dans les fourmilières les larves des Cétoines,
savoir : une terre plus meuble et déjà travaillée, et la
chaleur que développe nécessairement la présence
d'une aussi grande quantité d'insectes. On peut peut-
être contester l'exactitude de cette présomption en
ce qui regarde la chaleur de la terre, que les larves
savent se procurer en s'enfonçant plus profondément;
mais si l'on admet avec MM. Percheron et Gory que
l'épaisseur de la coque dans laquelle la Cétoine se
renferme est une raison suffisante pour qu'elle vive
en bonne intelligence avec ses voisins, comment
s'y prend-elle pour éviter les poursuites des Fourmis pendant qu'elle construit sa coque? C'est ce
que l'on ne peut dire aujourd'hui, faute d'observations suffisantes, bien qu'il soit assez difficile d'admettre que les Fourmis se prêtent à cette circonstance.

La taille et les couleurs des Cétoines sont presque
aussi variées que les pays où elles se trouvent. Plusieurs sont aussi grandes que les plus gros Scarabés,
ce qui leur a valu le nom de *Goliath*; d'autres n'ont
que deux ou trois lignes de longueur. Entre ces deux
limites, on trouve des Cétoines de toutes les gran-
deurs, comme on en trouve de toutes les nuances,
mais l'éclat métallique ou irisé est le plus ordinaire

chez ces brillans insectes. Les différentes formes qu'af-
fecte leur tête, souvent armée, dans les mâles, de
saillies de différentes formes, les proportions relatives
des articles de leurs palpes, la longueur de leurs
tarses et d'autres considérations encore, ont engagé
les Naturalistes à établir parmi les Cétoines un assez
grand nombre de groupes ou de genres. On les
trouvera tous mentionnés dans la Monographie de
MM. Gory et Percheron, à l'exception d'un petit
nombre qui sont tout-à-fait récens. Comme nous n'a-
doptons ici que le genre des Cétoines, nous n'entrerons pas dans l'examen des caractères de ces différens
groupes, et nous indiquerons seulement ceux des trois
divisions dont nous avons déjà parlé. Ce sont :

α. Les Trichies, dont l'épimère, ou la pièce axillaire
des Entomologistes, est peu ou point visible entre les
élytres. Parmi ces espèces, qui sont nombreuses et
que l'on a réparties dans plusieurs genres distincts,
sans les caractériser d'une manière convenable, on
distingue surtout :

1. LA CÉTOINE INCA. (Pl. 24, fig. 5.)

Cetonia Inca. Fab.[1]

Bel insecte brun avec le corselet crénelé sur les bords
et orné de cinq lignes longitudinales jaunes, dont les
deux extérieures de chaque côté sont réunies par une
ligne oblique de la même couleur. Les élytres sont

1. Syst. El. t. II, pag. 136. — Gory et Percheron, pag. 103.

parsemées d'une infinité de petites taches rondes et de couleur jaune. La tête du mâle se divise en deux apophyses ou cornes longues et épaisses, et les cuisses de devant offrent, dans les deux sexes, vers l'extrémité, une dent qui se trouve dans quelques autres espèces voisines de celle-ci et dont on a fait le groupe des *Incas*.

On trouve cette Cétoine dans l'intérieur du Brésil et dans quelques autres provinces de l'Amérique méridionale. Le mâle atteint deux pouces de longueur.

Observation. Une seconde espèce de ce même groupe des Incas, *C. pulverulenta,* Oliv., dont le mâle a été nommé *barbicornis* à cause de l'épais duvet qui garnit le côté intérieur des deux cornes de sa tête, se fait remarquer par sa belle couleur verte, saupoudrée de très petites taches jaunâtres. En dessous, cet insecte est d'un vert plus brillant qu'en dessus. Il est d'un tiers moindre que le précédent, et se trouve plus particulièrement au Brésil.—Une troisième espèce, *C. Bonplandi,* Sch., presque de moitié moindre que la première, est ornée sur les élytres d'une bande sinueuse et brunâtre. Sa couleur est d'un bronzé obscur en dessus et brillant en dessous, et de nombreuses taches jaunâtres recouvrent les parties supérieures de son corps. La tête du mâle est surmontée de deux espèces d'apophyses comprimées et presque verticales. C'est encore une espèce du Brésil. — On trouvera dans la Monographie des Cétoines déjà citée, la description de deux autres espèces de ce groupe.

Les espèces indigènes de la division des Trichies sont au nombre de quatre. Telles sont :

2. LA CÉTOINE ERMITE.

Cetonia eremita. LIN.[1]

Insecte d'une couleur de bronze obscur en dessus, et d'un brun luisant en dessous, avec le corselet surmonté au milieu de deux côtes longitudinales qui n'atteignent pas ses bords, et de deux tubercules situés vers les côtés et un peu en avant. La surface de son corselet est finement ponctuée et celle de ses élytres est légèrement rugueuse.

Cette Cétoine, qui a plus d'un pouce de longueur, est la plus grande des espèces indigènes. On la trouve dans plusieurs parties de l'Europe, ainsi qu'en France, mais elle est rare aux environs de Paris.

3. LA CÉTOINE NOBLE.

Cetonia nobilis. LIN.[2]

Cet insecte est d'une belle couleur verte et souvent dorée, avec quelques petites taches blanches peu apparentes. Sa forme est légèrement aplatie et ses élytres figurent un parallélogramme. La surface supérieure de son corps est rugueuse, principalement sur la tête et le corselet.

On trouve cet insecte en France et dans une grande partie de l'Europe. Il est long de six à huit lignes.

1. Syst. nat. pag. 556. — Gory et Percheron, pag. 75.
2. Syst. nat. pag. 558. — Gory et Percheron, pag. 100.

4. LA CÉTOINE A BANDES.

Cetonia fasciata. FAB.[1]

Cette espèce présente plusieurs variétés que l'on connaît sous des noms différens. Celle que l'on trouve le plus ordinairement aux environs de Paris, porte dans les collections le nom de *C. gallica*. Elle est noire, hérissée d'un duvet jaune et touffu, excepté sur les élytres et le ventre. Ses élytres sont jaunes et ornées de trois bandes noires en travers. La variété de cette espèce qui se trouve dans le midi de la France et ailleurs, se distingue de la précédente par les poils de l'extrémité de son ventre qui sont blancs, et par la longueur des deux bandes extrêmes de ses élytres qui sont réunies à celles du côté opposé. Cette variété porte le nom de *C. succincta*, et constitue peut-être une espèce distincte.

La Cétoine à bandes est une des petites espèces de ce genre. Elle n'a guère que de quatre à six lignes de longueur.

5. LA CÉTOINE HÉMIPTÈRE.

Cetonia hemiptera. LIN.[2]

C'est un petit insecte dont les élytres sont sensible-

---

1. Faun. Suec. n.º 395. — Gory et Percheron, pag. 84.
2. Syst nat. pag. 555. — Gory et Percheron, pag. 78.

ment plus courtes que le ventre et dont tout le corps est recouvert de petites écailles qui sont blanches sur la plus grande partie du corps et noires sur le reste. Ses élytres sont marquées de stries bien distinctes et le milieu de son corselet est surmonté de deux lignes élevées. La femelle se fait remarquer par un appendice en forme de gouttière et dont les bords sont dentés, qui fait suite au dernier segment ventral et qui lui sert dans la ponte de ses œufs.

On trouve souvent à terre, dans la campagne, la femelle de cet insecte, tandis que le mâle se prend plus ordinairement sur les fleurs. Cette espèce a trois lignes de longueur, sans y comprendre la tarière de la femelle qui est à peu près de la longueur de son ventre.

β. *Les Cétoines* proprement dites, ou celles qui ont l'épimère bien distinct entre le corselet et la base des élytres. Cette division renferme les plus grandes es-pèces. Telle est,

6. LA CÉTOINE CACIQUE. (Pl. 25).

Cetonia cacicus. OLIV.[2]

L'une des plus remarquables de tout ce genre et de l'ordre entier des Coléoptères. Elle appartient à une division qui porte le nom de *Goliath*, à cause de la grande taille des espèces qui y sont comprises, et que

---

1. Ent. t. I, n.º 2, pag. 8. — Gory et Percheron, pag. 25o.

l'on reconnaît à la saillie de leur mésosternum. La Cétoine cacique est brune en dessous et se fait remarquer par les saillies que présente la tête du mâle, le seul sexe qui nous soit connu. Les six bandes noires qui se détachent sur le fond roux de son corselet, et les deux grandes taches noires et triangulaires de la base de ses élytres ne contribuent pas peu à la beauté de cet insecte, non plus que la teinte grise et presque satinée qui colore ses élytres.

Ce géant des Cétoines a plus de trois pouces de longueur. On ignore absolument quelle est sa patrie. Il en existe depuis très long-temps un individu dans les collections du Muséum d'histoire naturelle. On connaît deux ou trois espèces voisines de celle-ci par la taille et par les couleurs; elles appartiennent à des collections ou à des Musées étrangers.

Observations. Le Sénégal fournit une belle Cétoine de la division des Goliath, que l'on connaît sous le nom de *Micans.* C'est un insecte d'un vert très brillant, surtout en dessous et parsemé de très petits points. Le mâle se fait remarquer par l'inégalité de la surface de sa tête et par la saillie bifide qu'elle offre en avant. Cet insecte n'a pas loin de deux pouces de longueur. — Il existe encore des Goliaths de moindre taille, comme on pourra le voir dans la Monographie de MM. Percheron et Gory.

Parmi les Cétoines qui n'ont point la tête armée de cornes ou de saillies dans les mâles, on trouve l'espèce si répandue dans nos pays, qui est,

7. LA CÉTOINE DORÉE. (Pl. 24, fig. 6).

Cetonia aurata. LIN.[1]

On la reconnaît à sa couleur verte en dessus et rougeâtre en dessous et à quelques petits traits blancs placés en travers sur la dernière moitié des élytres.

C'est un insecte extrêmement commun sur les fleurs dans tous nos jardins et à la campagne. Il se trouve également en France et dans presque toute l'Europe. Sa longueur est de six à huit lignes.

Observation. On a établi autour de l'*aurata* plusieurs espèces qui ne sont peut-être que des variétés locales de celle-ci. Nous renverrons, pour leur détermination, à l'ouvrage de MM. Percheron et Gory. Il nous reste à mentionner deux espèces qui se trouvent abondamment autour de Paris et qui sont d'une très petite taille. Ce sont les *C. hirta,* dont la couleur est brune et le corps tout hérissé de poils

---

1. Syst. nat. pag. 557. — Gory et Percheron, pag. 240. — Voyez pour le genre des Cétoines en général, la Monographie de MM. Percheron et Gory, outre les Mém. de l'Acad. des Sciences de Stockolm, 1787; les Icones Insectorum de Pallas; les Insectorum species novæ et le Magasin de M. Germar; l'ouvrage de M. Knoch ayant pour titre : Matériaux pour servir à l'Entomologie (en allemand); le Zoological journal; le Journal de l'Académie des Sciences de Philadelphie; le Bulletin de la Soc. des Naturalistes de Moscou; les Mém. de l'Acad. des Sc. de Saint-Pétersbourg; les Transact. de la Soc. Linnéenne de Londres; le Zoologischer Atlas d'Eschscholtz; les Archives de Wiedemann pour la Zoologie, le Journal d'Histoire naturelle, par Lamark, etc.; les Insectes de Madagascar et ceux du Voyage de Hermann, par M. Klug; les Coléoptères de la Mongolie, par M. Faldermann; les Horæ entomologicæ de M. Charpentier, et les derniers Voyages publiés sous les auspices du Gouvernement français.

fauves ou jaunâtres, à travers lesquels on distingue
quelques taches ou lignes transversales sur les élytres,
et *C. stictica* qui est d'un bronzé obscur et luisant,
sans poils et ayant sur les élytres un assez grand
nombre de petites taches blanches, outre six taches
de la même couleur qui forment sur le milieu du
corselet deux séries longitudinales. — Ces deux Cétoines sont extraordinairement répandues dans toute
la France et sur le littoral méditerranéen, tant de
l'Europe que de l'Afrique et de l'Asie.

γ. Les *Gymnètes* sont des Cétoines dont l'écusson
est en tout ou en partie caché par un prolongement
du bord postérieur du corselet. Cette division ne renferme que des espèces étrangères à l'Europe.

SEPTIÈME FAMILLE.

LES LUCANIENS.

Nous avons déjà indiqué (page 265) le caractère
auquel on peut reconnaître cette dernière famille
de Lamellicornes, et qui consiste dans la disposition
pectinée des derniers articles des antennes. Ainsi, ces
articles, qui se dilatent d'un côté de leur axe, au lieu
d'être emboîtés l'un dans l'autre, comme dans les
autres Lamellicornes, restent isolés et distincts. Ce
caractère distingue éminemment les deux genres qui
constituent cette famille, savoir celui des Lucanes

et celui des Passales, mais le premier a les antennes coudées à partir du deuxième article, au lieu que, dans le dernier, les antennes ne sont pas coudées, mais simplement arquées. Le genre des Lucanes est beaucoup moins homogène que l'autre; par là, nous serons forcé de le partager en plusieurs sous-genres, tandis que celui des Passales restera sans division. En effet, quoique les espèces de Passales soient fort nombreuses, elles ont toutes une physionomie tellement analogue, que l'on ne saurait y admettre de sous-genres, bien qu'à plusieurs reprises on ait essayé de le faire.

Les Lucaniens ne nous offrent rien de particulier dans leurs habitudes, rien qui ne soit applicable aux autres familles de la même tribu. Ces insectes vivent dans les matières ligneuses, dans le tronc des gros arbres, ou dans les débris de végétaux répandus sur la surface de la terre, comme certaines espèces de Passales. Les métamorphoses de ces deux genres d'insectes sont analogues à celles des autres Lamellicornes, et n'en diffèrent peut-être que par le temps qu'elles exigent pour être accomplies; mais nous n'avons sur ce sujet que des données fort incomplètes, et dont nous ne pouvons rien conclure. Rœsel a étudié les métamorphoses des Lucanes, mais il n'en a pas constaté la durée d'une manière exacte, et il avance, sans justifier cette conjecture, que le développement complet des Lucanes exige un intervalle de six ans.

Les larves des Lucanes se distinguent de celles des autres Lamellicornes par la direction de leur fente anale, qui est toujours verticale, et par l'absence de rides ou de plis transversaux sur les anneaux

de leur corps. Si l'on ajoute à ces caractères la position des vaisseaux hépatiques, qui ont leur origine
au dessus de la rangée des cœcums postérieurs, tandis
qu'ils sont situés derrière ces mêmes cœcums dans
les autres Lamellicornes, on aura les données essen-
tielles pour reconnaître les larves de Lucanes, et
c'est encore à M. de Haan que nous en sommes re-
devables. Quant aux larves du genre Passale, nous
sommes loin d'être aussi avancés à leur égard. L'une
d'elles est représentée dans les insectes de Surinam
de mademoiselle Mérian; mais cette figure est peu
exacte, et ne permet point d'en rien conclure. Une
autre larve se trouve figurée dans la Monographie que
M. Percheron nous a donnée du genre Passale, mais
cette larve était desséchée lorsque l'auteur l'a observée; et tout ce que l'on y remarque, c'est que les
pattes de derrière sont réduites à deux tubercules
pointus, garnis de quelques épines. Peut-être faut-il y
ajouter que les mandibules, qui sont d'ailleurs assez
saillantes, se montrent dépourvues de dents, si ce
n'est à l'extrémité. Les antennes n'ont que deux articles, dont le premier est très court, presque globuleux, et le second en forme de fuseau. Si ces caractères se retrouvent dans toutes les larves de Passales,
ils suffiront pour les faire reconnaître, puisqu'aucune
autre larve de Lamellicornes n'offre des antennes de
deux articles, et que, dans toutes ces larves, les pattes
de derrière sont plus developpées que les deux autres
paires. Il est à regretter que l'on ne puisse reconnaître
sur les figures que nous avons citées la direction de la
fente anale. Si l'on en juge par la figure de l'ouvrage
de M. Percheron, cette fente devrait être horizontale,

attendu que le dernier segment serait limité dans son contour par une bordure saillante, ou espèce de bourrelet, dans la direction de laquelle se trouverait disposée la fente.

Avant d'aborder l'histoire de chacun des deux genres dont se compose la famille des Lucaniens, nous allons présenter dans un tableau les caractères des genres et des sous-genres que nous y admettons.

TABLEAU DE LA DIVISION DE LA FAMILLE DES LUCANIENS,

EN GENRES ET EN SOUS-GENRES.

ANTENNES

- coudées après le premier article; yeux
  - complètement divisés; leur cloison
    - large; mésosternum
      - saillant. .... CHIASOGNATHUS.
      - sans saillie. .... PHOLIDOTUS.
    - étroite. .... RHYSSONOTUS.
  - incomplètem.t divisés; mésosternum
    - saillant. .... LAMPRIMA.
    - sans saillie; antennes
      - pectinées; leurs derniers articles
        - inégaux; palpes
          - grèles; yeux
            - courts; presq. div. .... DORCUS.
            - n. divisés. .... PSALIDOCERUS.
          - longs .... LUCANUS.
        - égaux et courts; palpes
          - épais .... PLATYCERUS.
          - visibles .... CERUCHUS.
      - flabellées,
        - cachés; { alongé... corps .... SINODENDRON.
          - court .... ÆSALUS.
        - ayant trois articles élargis. .... NIGIDIUS.
        - ayant sept articles élargis. .... SYNDESUS.
- simplement arquées; sternum
  - plat, rhomboïdal .... PASSALUS.
  - convexe. .... CHIRON.

GENRE LUCANE.

LUCANUS. LINNÉ.

Le nom que porte ce genre d'insectes est celui que leur ont donné les auteurs latins, Nigidius d'abord, et ensuite Pline, qui a cité son devancier. Geoffroy avait appliqué à ces mêmes insectes la dénomination de *Platycères,* donné par les Grecs à quelques insectes de ce genre ; mais le nom adopté par Linné à prévalu, ainsi que beaucoup d'autres, sans doute à cause du respect que les Naturalistes portent au fondateur de la nomenclature. On a beaucoup disserté sur l'origine du nom de Lucane. Les uns le font venir de *Lucana* [1], mot qui a servi quelquefois à désigner l'éléphant, que l'on appelait aussi *Luca bos,* et par lequel on distinguait en outre le bœuf, suivant le même auteur. La comparaison que l'on a établie entre les Lucanes et les plus grands animaux n'a rien qui doive surprendre, puisque chez nous elle a fait donner à ces insectes le nom de *Cerfs-Volans,* à cause du développement extraordinaire qu'offrent les mandibules chez le mâle, ce qui les a fait regarder comme des cornes. D'autres pensent que le nom de Lucane vient

1. Voyez Latreille, Histoire naturelle des Insectes, t. X, pag. 241.

de ce que ces insectes étaient très répandus chez les
Lucaniens, ancien peuple de l'Italie, qui lui-même
ne devait son nom qu'à la grande quantité de bœufs
qu'il nourrissait. Quoi qu'il en soit de toutes ces éty-
mologies, qui sont également fondées, le nom de
Lucane sert aujourd'hui à désigner des insectes à
antennes coudées et en partie pectinées, caractères
auxquels on pourrait ajouter la présence d'une petite
pièce située entre les crochets des tarses, si cette
pièce ne se remarquait aussi chez les grandes espèces
de Lamellicornes, tels que beaucoup de Scarabés.
Le développement insolite des mandibules chez les
Lucanes mâles n'est pas exclusivement propre à ce
genre d'insectes; nous en avons déjà eu des exemples
dans plusieurs espèces de Cétoines, et particulièrement dans celles de ces espèces qui ont reçu le nom
de Goliath. Nous retrouverons aussi cette disposition
dans la famille suivante, et en particulier dans le
genre des *Priones*, où nous verrons que beaucoup de
femelles la présentent également.

Les Lucanes vivent dans les bois, et se tiennent, à
l'état de larve et d'insecte parfait, dans le tronc des
gros arbres, tandis que, sous la forme de nymphe,
ils restent ensevelis dans la terre. Les larves se nourrissent de la substance même des arbres, comme
certains Scarabés, et peut-être aussi de leurs racines comme le font les Hannetons. Lorsqu'elles ont
acquis leur plus grand développement et qu'elles
vont pour se transformer en nymphes, elles se
creusent dans la terre une cavité, dont elles rendent les parois plus solides que la terre elle-
même; ce qui a fait supposer, avec assez de rai-

son, qu'elles humectent cette terre d'une matière
liquide, à l'aide de laquelle elles peuvent la pétrir.
Le résultat de leur travail est une espèce de coque
analogue à celle des Bousiers et de quelques autres
Lamellicornes. Nous donnons ici (*pl.* 28, *fig.* 3) la
figure d'une de ces coques, ayant appartenu au *Lucane Cerf-Volant*, le plus gros de nos insectes indigènes.

C'est sous la forme d'insecte parfait que les Lucanes abandonnent leur coque, dont ils sortent en
la perçant à l'aide de leurs mandibules. On ignore
le temps qu'ils y passent et celui que la larve a
vécu avant de la construire. Rœsel a seulement observé que l'insecte parfait peut passer dans sa
coque toute la mauvaise saison lorsque l'année est
trop avancée pour qu'il se montre au jour. Cet exemple n'est pas le seul de ce genre que nous offre l'histoire des insectes; et l'on sait que la chaleur est la
condition indispensable pour qu'ils abandonnent la
retraite où ils se sont métamorphosés. Les premiers
auteurs qui ont observé la coque des Lucanes, ont
cru à tort qu'elle était la retraite de l'insecte parfait,
et que cette demeure avait été construite dans le but
de s'y mettre à l'abri.

Les Lucanes que l'on observe aux environs de Paris
ne se rencontrent guères que vers le coucher du soleil. Ils se tiennent, comme les Scarabés, accrochés
aux arbres pendant tout le jour, et ne se livrent que
le soir à la recherche de leur nourriture. On présume
qu'ils se nourrissent des sucs qui découlent des plaies
des arbres, et en général de la sève des végétaux. On
dit aussi qu'on peut leur faire manger du miel; et

Swammerdam avait un de ces Lucanes Cerfs-Volans,
qui était fort avide de cette substance, et qui, lorsqu'il lui en présentait au bout d'un couteau, suivait,
dit-il, comme un petit chien[1]. Les mandibules longues et dentées du Cerf-Volant mâle ont une très
grande force, et pincent d'une manière vigoureuse;
on dit même qu'on peut soulever avec cet insecte un
poids considérable, lorsqu'on le lui a fait saisir entre
ses mandibules. Latreille avance que le développement si remarquable de ces organes a donné lieu à
un préjugé populaire, et que dans certaines parties
de l'Allemagne le nom du Cerf-Volant signifie in-
cendiaire, parce que, dit-on, cet insecte va prendre
dans les maisons, avec ses mandibules en forme de
pinces, des charbons ardens, qui peuvent ensuite
donner lieu à des incendies. Mais on ne va pas jusqu'à dire s'ils y ont quelquefois donné lieu.

On trouve des Lucanes dans toutes les parties
de la terre, et ceux de l'Europe ne sont pas, à
beaucoup près, les plus petits. Il est curieux de
voir combien la forme des mandibules se modifie
chez les mâles, suivant les espèces, et comment elles
forment chez quelques uns des pinces dentées et
propres à s'assembler vers le bout, comme certains
de nos instrumens. La plupart des Lucanes sont revêtus de couleurs obscures, presque toujours brunes
ou noirâtres; mais dans un petit nombre on admire
des couleurs métalliques et brillantes. Parmi les sous-
genres admis chez les Lucanes, plusieurs semblent

1. Voyez la traduction du *Biblia naturæ* dans la collection académique,
t. V, pag. 180.

avoir leur séjour exclusivement fixé dans certaines contrées : tels sont les *Lamprimes*, les *Ryssonotes* à la Nouvelle-Hollande ; d'autres sont disséminés sur une plus grande étendue de pays, comme l'Amérique, par exemple ; d'autres enfin comptent des espèces dans plusieurs des parties du monde. Tel est en particulier le cas des Lucanes proprement dits, dont on rencontre des espèces en Afrique, en Asie, en Europe et en Amérique. Ils manquent à la Nouvelle-Hollande, où ils sont remplacés par les deux sous-genres mentionnés plus haut et même par quelques autres. Certaines parties de l'Amérique, de l'Afrique et de l'Europe elle-même, ont aussi leurs groupes particuliers, comme on le voit aisément lorsqu'on étudie les différentes espèces de Lucanes que l'on peut admettre parmi eux. Abordons maintenant l'examen des sous-genres. Ces sous-genres sont pour nous au nombre de treize, savoir :

1.° LES CHIASOGNATHES. — *Chiasognathus*, STEPH.[1]

Ce sous-genre renferme de brillans Lucanes, dont les yeux sont divisés par une cloison épaisse, ce qui les fait paraître au nombre de quatre, savoir deux en dessus et deux en dessous. On les reconnaît particulièrement, parmi les espèces à yeux ainsi divisés, à leur mésosternum, qui est dépourvu de tubercule ou de saillie. L'espèce qui sert de type à ce sous-genre est,

---

1. Etym. χιαζω, croiser (en forme de χ); γναϑος, mandibule (mâchoire). — Syn. *Tetraophthalmus*, Lesson (Centurie zoologique).

LE CHIASOGNATHE DE GRANT.
(Pl. 26, fig. 1, le mâle; fig. 2, la femelle.)

Chiasognathus Grantii, STEPH.[1]

Bel insecte d'un bronzé brillant, dont le mâle a les pattes de devant d'une longueur disproportionnée, les mandibules démesurément longues, arquées et presque coudées, et présentant en dessus, à leur origine, une longue apophyse pointue, qui se dirige vers le corps de la mandibule. Ses antennes sont ornées d'un faisceau ou d'une couronne de poils à l'extrémité de leur premier article. La femelle a les mandibules courtes et presque cunéiformes, et toutes les pattes de longueur égale.

On trouve ce singulier insecte au Chili, dans l'île de Chiloe, et, dit-on, aussi dans les environs de Valparaiso. Le mâle a trois pouces de longueur, y compris ses longues mandibules, tandis que la femelle n'a qu'un pouce et demi.

Observation. Nous rapportons à ce groupe l'insecte connu dans les collections sous le nom d'*Orthocerus Dejeanii*, et qui vient de la Colombie. La description de cet insecte sera publiée incessamment par M. Buquet.

2.° LES PHOLIDOTES. — *Pholidotus*, MAC-L.[2]

Ces insectes diffèrent des Chiasognathes par la

1. Trans. soc. philos. Cansabr., t. IV, et Westwood, Zoological journal, pag. 392.
2. Etym. φολιδωτὸς, revêtu d'écailles. — Synonyme : *Chalcimon*, Dal-

saillie que forme leur mésosternum. De même que dans les Chiasognathes, les mâles se distinguent des femelles par la longueur de leurs mandibules. Tel est,

LE PHOLIDOTE ÉCAILLEUX. (Pl. 26, fig. 3.)

Pholidotus lepidosus , Mac-L.[1]

Joli insecte d'un vert bronzé, dont toute la surface du corps est parsemée de petites écailles blanches, qui tombent au moindre frottement. La femelle a la tête et le corselet grossièrement ponctués, et le mâle se reconnaît à ses mandibules longues, arquées et garnies au côté intérieur d'une série de petites dents inégales.

Cette espèce se trouve au Brésil. Le mâle est long de quinze à seize lignes, et la femelle seulement de huit.

Observation. Une deuxième espèce de ce groupe, décrite et figurée par M. Perty dans le voyage de MM. Spix et Martius, ne paraît différer du Pholidote écailleux que par sa taille un peu moindre, et par l'égalité des petites dents qui garnissent le côté intérieur des mandibules du mâle.

mann. (On sait aujourd'hui qu'il faut réunir à ce sous-genre celui de *Casignetus ,* Mac-Leay, établi sur la femelle.)

1. Horæ entomologicæ, append. pag. 97. — Voyez un Mémoire de M. de Westwood, sur les Lucanes, dans les Annales des Sciences naturelles, 2.ᵉ série, t. 1.ᵉʳ, pag. 119.

3.° LES RHYSSONOTES. — *Rhyssonotus*, KIRBY.[1]

Ce sont encore des Lucanes à mésosternum saillant, mais dont la saillie est plus faible que dans les Pholidotes ; la cloison qui divise les yeux est d'ailleurs moins épaisse que dans les deux groupes précédens. Les mâles ne se distinguent des femelles que par le développement un peu plus grand de leurs mandibules. Tel est,

LE RHYSSONOTE NÉBULEUX. (Pl. 26, fig. 4.)

Rhyssonotus nebulosus, KIRBY.[2]

Insecte brun, ayant le corselet inégal et ponctué, surtout dans la femelle, et les élytres ornées de quelques taches grises et irrégulières. Les dents que présentent les mandibules des mâles ne sont qu'indiquées dans la femelle.

Cet insecte se trouve à la Nouvelle-Hollande, dans les possessions anglaises. Il est long d'un pouce environ.

4.° LES LAMPRIMES. — *Lamprima*, LATR.[3]

Qui tiennent des Pholidotes par la forme de leur corps en général, et des Rhyssonotes par celle de leurs mandibules. Les Lamprimes ont la saillie du mésosternum aussi forte que celle des Pholidotes ; mais ils se distinguent des trois sous-genres qui précèdent, parce

1. Etym. ρυσσὸς, ridé ; νῶτος, dos.
2. Trans. Linn. Soc. of London, t. XII, pag. 141.
3. Etym. λαμπρείμων , vêtu magnifiquement.

qu'ils n'ont pas les yeux divisés. Les mâles ont les
mandibules semblables à celles des Rhyssonotes; ils
se reconnaissent surtout à la forme singulière qu'offre
l'éperon de leurs jambes antérieures (*pl.* 27, *fig.* 1, *a*).
La brièveté des palpes éloigne les Lamprimes des trois
groupes déjà connus, et leurs antennes sont terminées par trois articles élargis d'une manière brusque,
et non pas, comme dans ceux-ci, d'une manière insensible. Tel est,

LE LAMPRIME CUIVREUX. (Pl. 27, fig. 1.)

Lamprima œnea, SCHR.[1]

Bel insecte d'un vert plus ou moins cuivreux et
parsemé de points très petits dans le mâle, et très
gros au contraire dans la femelle, sur la tête et le
corselet. Les mandibules du mâle sont saillantes,
comprimées et un peu relevées, et leur couleur est
en partie brune et en partie cuivreuse.

C'est encore à la Nouvelle-Hollande que l'on rencontre cet insecte, dont la longueur est d'environ un
pouce pour le mâle, et de huit à dix lignes pour la
femelle.

5.° LES DORQUES. — *Dorcus,* MAC-L.[2]

Ces insectes commencent la série des Lucanes véri-

---

1. Trans. Linn. Soc. of Lond. t. VI, pag. 187.
2. Etym. δὸρξ, δορχὸς, daim, chevreuil. — Nous y réunissons les genres
Ægus, Mac-Leay; *Cardanus, Colophon,* Westwood.

tables. Ils se rapprochent cependant des Lamprimes par leurs antennes, dont les trois derniers articles sont élargis ; mais l'article qui les précède, ou le quatrième en commençant par le bout, est souvent aussi large qu'eux. Ce qui distingue surtout ce sousgenre, c'est le peu de longueur de ses palpes, et la cloison presque entière qui partage ses yeux en deux parties.

Ce groupe renferme les plus grandes espèces de Lucanes. La seule espèce indigène est,

LE DORQUE PARALLÉLIPIPÈDE (Pl. 27, fig. 2.)

Dorcus parallelipipedus, LIN.[1]

Qui est noir, entièrement ponctué, surtout dans la femelle, et dont les mandibules du mâle sont surmontées d'une forte dent au milieu.

On trouve cet insecte dans toute la France et dans une grande partie de l'Europe. Il a près d'un pouce de longueur.

6.° LES LUCANES prop. dits. — *Lucanus*, LIN.[2]

Ils ne se distinguent des précédens que par la longueur de leurs palpes, qui sont toujours bien visibles, et par leurs yeux, presque entièrement dépourvus de

1. Syst. nat., t. II, pag. 561.
2. Etymologie déjà indiquée. (Ce groupe n'est plus qu'une petite partie des Lucanes de Linné.)

cloison latérale. Tout le monde connaît le type de ce sous-genre, qui est,

LE LUCANE CERF-VOLANT.
(Pl. 28, fig. 1, le mâle; fig. 2, la femelle.)

Lucanus cervus, LIN.[1]

Grand insecte, fort reconnaissable aux mandibules du mâle, qui sont bifurquées à l'extrémité, et pourvues d'une forte dent un peu au delà de leur milieu; la femelle a les mandibules presque rudimentaires.

C'est un insecte de toutes nos forêts, et de celles d'une grande partie de l'Europe. Le mâle a quelquefois trois pouces de longueur, et la femelle un pouce et demi.

Observation. On connaît sous le nom de *L. capreolus* une espèce qui diffère du *cervus* par sa taille, toujours moindre d'un tiers, et par ses mandibules, dont la dent du milieu et celle de l'extrémité sont beaucoup plus courtes. — Une autre espèce, propre à l'Italie, et connue sous le nom de *tetraodon*, a les mandibules réduites à la longueur de la tête, et pourvues seulement de quelques petites dents.

7.° LES PSALICÈRES. — *Psalicerus*, DEJ.[2]

Sont des Lucanes aplatis, à mandibules horizontales, et qui diffèrent des Lucanes proprement dits

1. Faun. Suec., n.° 405.
2. Et mieux *Psalidocerus*. Etym, ψαλίς, ίδος, ciseaux; κέρας, corne. — (Sous-genre encore inédit.)

par le peu de longueur de leurs palpes. Ce caractère les rapproche des Dorques; mais l'absence de cloison sur les yeux les distingue de ces derniers. Toutes les espèces de ce groupe sont étrangères à l'Europe.

8.° LES PLATYCÈRES. — *Platycerus*, MAC-L.[1]

Sont des insectes assez semblables aux Dorques, mais qui n'ont pas les yeux divisés par une cloison. Leur forme aplatie les rapproche des Psalicères, et la grosseur de leurs palpes les distingue des autres Lucanes. Les mâles ont les mandibules aussi longues que la tête, et un peu relevées comme celles des Lamprimes; ces mêmes organes sont courts et pointus au bout dans les femelles. Ce groupe renferme une espèce indigène, qui est,

LE PLATYCÈRE CARABOÏDE.

Platycerus caraboides, FAB.[2]

Insecte quelquefois vert et quelquefois bleu, avec un reflet bronzé. Il a les pattes de la couleur du corps, et la surface de celui-ci est parsemée de points très nombreux.

On le trouve en France et dans l'Europe centrale. Il varie de longueur entre quatre et sept lignes.

1. Etym. déjà indiquée. (Ce sous-genre ne répond point aux Platycères de Geoffroy, qui sont les Lucanes de Linné). Il a pour synonyme le genre *Codocera* d'Eschscholtz ou *Stomphax* de Fischer.

2. Syst. Eleuth. t. II, pag. 253.

9.° LES CÉRUQUES. — *Ceruchus*, MAc-L.[1]

Ce sous-genre se distingue, de même que quelques uns des suivans, par la forme de ses antennes, dont les articles sont petits, globuleux et très serrés à partir du troisième, et qui se termine par trois articles un peu plus gros que les autres, de forme à peu près triangulaire, et dont le dernier est tronqué. Les palpes des Céruques sont très distincts, et les mandibules des mâles sont un peu plus longues que la tête, et recourbées au dessous.

10.° LES SINODENDRES. — *Sinodendron*, FAB.[2]

Les insectes de ce sous-genre ont les mêmes antennes que les précédens, et se reconnaissent à la brièveté de leurs palpes, et surtout de leurs mandibules, dont le bout seul est visible. Tel est,

LE SINODENDRE CYLINDRIQUE. (Pl. 27, fig. 3.)

Sinodendron cylindricum, LIN.[3]

Dont le nom indique assez exactement la forme, et qui offre sur la tête une corne un peu arquée, dont on ne voit que le rudiment dans la femelle. Le

---

1. Etym. κηρυξ, ὑκος, crieur. — Type : *Lucanus tenebrioides*, Fab. Syst. Eleuth. t. II, pag. 252.
2. Etym. οἶνω, je nuis; δίνδρον, arbre.— Nous ajoutons à ce sous-genre les *Figulus*, Mac-Leay.
3. *Scarabæus cylindricus*. Faun. suec. n.° 380.

corselet est tronqué et comme échancré en avant
dans les deux sexes, mais principalement dans le
mâle. Tout le corps de l'insecte est grossièrement ponctué, et ses élytres présentent des côtés assez réguliers.

On trouve cet insecte dans les parties septentrio-
nales et occidentales de la France et de l'Europe
centrale. Il est long d'environ six lignes.

Observation. M. Westwood distingue sous le nom
de *Cardanus* un sous-genre qui ne diffère de celui
des Sinodendres que par ses mandibules plus découvertes. Sa forme cylindrique et la base de ses
mandibules cachées nous empêchent de l'en séparer.

Il faut peut-être encore rapporter à ce groupe un
insecte envoyé récemment du cap de Bonne-Espérance, et qui a les mêmes antennes que les Sinodendres, dont il diffère par ses mandibules, qui sont
longues, et dirigées obliquement dans le mâle. Cet
insecte a reçu le nom de *Cephan*, Lap. — Le sous-
genre nommé *Figulus* par Mac-Leay ne paraît pas non
plus devoir être séparé du sous-genre Sinodendre.

11.° LES ESALES. — *Æsalus*, FAB.[1]

Ce petit groupe se compose d'insectes qui ont encore les mêmes antennes que les Sinodendres, et qui
ont aussi la base des mandibules cachée. La forme
trapue des insectes qui le composent est seule capable
de les en faire distinguer. On n'en connaît qu'une espèce, qui est,

1. Etym. αἰσάλων, sorte d'oiseau.

L'ESALE SCARABÉOÏDE. (Pl. 27, fig. 4.)

Æsalus Scarabæoides, Panz.[1]

Petit insecte d'un rouge fauve, dont le corps est couvert de points très serrés, et dont les élytres présentent quatre rangées longitudinales de petits poils, ou plutôt de petites écailles redressées, d'une couleur alternativement jaune et grisâtre, ce qui les fait paraître annelées.

On trouve cet insecte en France et dans une partie de l'Europe. Il n'a que trois lignes de longueur.

12.° LES NIGIDIES. — *Nigidius*, Mac-L.[2]

Ce sont des insectes assez semblables aux Sinodendres, dont ils ont les antennes, à cela près que leurs trois derniers articles (les quatre derniers selon M. Westwood) sont élargis en sortes de feuillets étroits et aussi longs que les antennes elles-mêmes, ou, en un mot, flabellées. Le mâle a les mandibules saillantes et surmontées d'une dent assez aiguë.

13.° LES SYNDÈSES. — *Syndesus*, Mac-L.[3]

Se reconnaissent aux sept feuillets que forment les

---

1. *Lucanus Scarabæoides*, Faun. Germ. fasc. 26, n.° 15.
2. *Nigidius*, nom d'homme. — Voyez les Horæ Entom. de M. Mac-Leay.
3. Etym. σύνδεσις, l'action de lier, de σύνδεω, lier ensemble. — Voyez l'ouvrage déjà cité. Nous réunissons à ce groupe ceux d'*Hexaphyllum*,

sept derniers articles de leurs antennes, qui sont très
joliment pectinées. La forme de ces insectes est à peu
près cylindrique, et la femelle ne diffère du mâle que
par ses mandibules moins saillantes.

GENRE PASSALE.

PASSALUS. FABRICIUS[1].

Ces insectes sont presque aussi nombreux que les
Lucanes, avec lesquels ils ont été primitivement con-
fondus sous le même nom générique; mais ils présentent dans leur structure, et même jusque dans
leur couleur, la plus grande uniformité. Ils se distinguent des Lucanes, comme nous l'avons déjà dit, par
la forme arquée, et non coudée, de leurs antennes,
dont les derniers articles sont également pectinés. En
outre, leur corps est plat des deux côtés, et beaucoup
plus long que large, disposition qui se retrouve dans
plusieurs autres insectes qui pénètrent sous les pierres

Westwood et *Psilodon*, Perty. — Voyez pour les espèces de Lucanes en
général : les Mém. de l'Acad. des Sc. de Stockolm, 1787 ; les Archives de
Wiedmann, pour la Zoologie ; les Dissertations entomologiques de Tun-
berg ; les Nova acta naturæ curiosorum, t. XII ; les Mém. de la Société
des Naturalistes de Moscou ; les Horæ Entomologicæ de M. Charpentier ;
les Coléoptères de Madagascar, décrits par M. Klug ; les Insectes du
Voyage de Hermann, par le même, et surtout les Horæ Entomologicæ de
M. Mac-Leay pour la distribution des Lucanes en genres, ainsi que le Mém.
récent de M. Westwood sur les Lucanes.

1. Etym. πάσσαλις, cheville, pieu. — Syn. *Paxillus*, Mac-Leay.

ou sous les écorces. Comme les Passales se trouvent
d'ordinaire sous les troncs d'arbres, parmi les débris
des végétaux et dans les amas de cannes à sucre de
nos colonies, ils ont reçu de la nature la forme la plus
convenable et la mieux appropriée à cette manière
de vivre. Indépendamment de la disposition arquée
de leurs antennes, les Passales se distinguent encore
des Lucanes par leur lèvre supérieure, qui est très
saillante et de forme quadrilatère, avec le bord antérieur un peu échancré et par l'étranglement de cette
partie du thorax qui sépare le corselet des élytres.
L'espèce de plastron formé par le sternum, entre les
deux premières paires de pattes, est encore un caractère propre au genre des Passales et qui rappelle une
disposition assez analogue dans un des sous-genres
(Phanée) de la famille des Aphodiens, appartenant à
cette même tribu des Lamellicornes.

Ce qui rapproche les espèces de Passales de celles
des Lucanes en général, c'est la disposition feuilletée
de leurs antennes, dont les feuillets varient en nombre, depuis six jusqu'à trois. On a formé des genres
particuliers sur le nombre de ces articles; tel est
celui de *Paxille* de M. Mac-Leay; mais ces genres
n'ont pas été admis par les Naturalistes, à cause de
la grande conformité qui existe entre toutes les espèces de Passales et de la tendance qu'ont les derniers articles des antennes à s'élargir en feuillets, ou
mieux en dents de peigne. La forme des mandibules donne encore aux Passales de nouveaux rapports avec certains Lucanes exotiques, à cause de
la saillie verticale et dentée qu'offrent ces mandibules
en avant; mais ces organes présentent chez les Pas-

sales une particularité jusqu'ici sans exemple et dont
l'observation est due à M. Percheron, auteur d'une
Monographie récente des espèces de ce genre, dans la
présence d'une dent mobile au milieu de leur bord
antérieur. L'usage de cette dent est encore inconnu,
et il serait tout-à-fait digne d'intérêt de l'examiner sur
les insectes vivans.

Pour terminer ce qui a rapport à la structure extérieure des Passales, il nous reste à mentionner la forme
des pattes de devant, dont les jambes sont dentées
en dehors, à peu près comme dans les Lucanes, et
comme dans la plupart des insectes de toute cette tribu.
Les quatre pattes de derrière ont les jambes dépourvues de dents, mais plus ou moins hérissées de poils
roux. On voit aussi de semblables poils à la base des
élytres et sous les bords du corselet. Quant aux différences qui existent entre les deux sexes, elles ne sont
guère appréciables à l'extérieur, ou du moins elles
ne sont pas encore connues. M. Percheron les a recherchées avec attention, et tout ce qu'il a pu observer, c'est que les femelles ont seulement la tête et le
corselet plus étroits, les mandibules moins développées en hauteur, et qu'en général les petites cornes,
les éminences ou les inégalités que présente la tête
des Passales sont plus faibles chez les femelles.

Le nom de Passale, qui n'est guère en rapport
avec la figure de nos insectes, servait, suivant Latreille
à désigner chez les Anciens une espèce d'oiseau.
C'est Fabricius qui l'a appliqué à ce genre d'insectes
pour lequel nous engageons le lecteur à consulter la Monographie publiée par M. Percheron. Nous décrirons

seulement comme type l'espèce la plus ancienne et la plus répandue dans nos colonies. Tel est,

LE PASSALE INTERROMPU. (Pl. 27, fig. 5.)

Passalus interruptus. LIN. [1]

Un des plus grands insectes de tout ce genre, qui est noir comme toutes les autres espèces, avec les élytres striées : tels sont les caractères de tous les Passales. Quant à celui qui nous occupe, il offre sur la tête trois saillies principales dont celle du milieu est relevée en forme de corne courte; le reste de la tête est lisse et dépourvu de saillies ou éminences autres que deux points dont un de chaque côté de la corne médiane. Le corselet a les côtés et une partie du bord antérieur bordés d'une gouttière fortement ponctuée; une fossette profonde et ponctuée se remarque auprès de cette gouttière, sur le bord extérieur et un peu au delà du milieu de la longueur du corselet. Enfin, les stries extérieures des élytres sont fortement ponctuées, et celles qui avoisinent leur suture le sont d'une manière peu sensible.

Cet insecte est répandu à Cayenne, au Brésil et dans une grande partie de l'Amérique méridionale. Il est long de deux pouces environ.

---

1. Mus. Lud. Ulr. n.º 33. — Percheron, Monographie des Passales, pag. 42. — Voyez de plus : les Horæ Entomologicæ de M. Mac-Leay; un Mémoire de M. Westwood sur les Lucanes dans les Annales des Sciences naturelles, 2.ᵉ série, t. I.ᵉʳ; le Voyage de MM. Spix et Martius, et les Insectes de Madagascar décrits par M. Klug.

GENRE CHIRON.

CHIRON. Mac-leay [1].

Ce petit genre d'insectes, que Latreille plaçait dans le voisinage des Egialies (voy. pag. 318), nous semble avoir été mis à sa véritable place par les auteurs anglais, qui l'ont rapproché des Passales. En effet, les Chirons sont de petits insectes de forme cylindrique, dont la lèvre supérieure est plus découverte que dans les Egialies et que dans aucun autre groupe de la famille des Géotrupiens. A la vérité, les mandibules des Chirons sont saillantes, mais plates et non point relevées comme dans les Passales, ce qui les rapprocherait des Géotrupiens; mais leurs antennes terminées par trois articles beaucoup plus larges que les précédens, ont dans la forme de ces articles des rapports plus marqués avec les Passales qu'avec les Egialies. Enfin, les trois paires de pattes, dont les jambes sont dentées, ne donnent guère plus aux Chirons d'analogie avec les Egialies qu'avec les Passales, car la disposition des dentelures n'est pas la même dans les pattes postérieures des Egialies et dans celles des Chirons. Ce qui achève de donner à ces derniers insectes une physionomie toute particulière, indépendamment de

---

1. Etym. χείρων, Chiron, Centaura. — Syn. *Diasomus*, Dalmann; *Scarites, Sinodendron*, Fabricius; *Passalus*, Illiger.

la forme cylindrique de leur corps, c'est la largeur de leurs jambes de devant, qui semblent très bien organisées pour fouir, et la grosseur remarquable des cuisses sur lesquelles ces jambes prennent naissance et qui doivent renfermer des muscles très puissans.

Le genre Chiron, établi par M. Mac-Leay, ne renferme qu'un petit nombre d'espèces, dont la plus répandue se trouve au Sénégal, dans la Haute-Égypte et aux Indes-Orientales. Cette même espèce, ou une autre plus voisine, a été retrouvée dernièrement en Sicile, par M. Helfer. Tel est,

LE CHIRON DIGITÉ. (Pl. 27, fig. 6.)

Chiron digitatus. FAB. [1]

Insecte tantôt noir en dessus et tantôt d'un roux fauve uniforme. Il a deux petits tubercules sur le devant de la tête, et la surface de la tête et du corselet parsemée de points moins serrés sur le corselet que sur l'autre partie du corps. Les stries de ses élytres sont ponctuées dans toute leur longueur, et son abdomen, dont l'extrémité est obtuse et un peu renflée, est couvert de points plus profonds que tout le reste du corps.

Cet insecte est long de trois à quatre lignes, et large de trois quarts de ligne environ.

---

1. Syst. Eleuth. t. II, pag. 377. — Voyez de plus les Horæ de M. Mac-Leay ; les Mém. déjà cités de M. Westwood dans les Annales des Sciences naturelles, l'Iconographie de M. Guérin, et les Observations sur les Coléoptères des Indes-Orientales (en latin), par M. Perty.

APPENDICE.

Depuis la rédaction de ce qui a rapport à la tribu des Lamellicornes, nous avons eu connaissance de deux ouvrages récens dans lesquels on trouve des innovations dont nous n'avons pas pu tenir compte. L'un de ces ouvrages, dû à la plume de M. Kirby, renferme la description des insectes recueillis dans le nord de l'Amérique par M. Richardson, Chirurgien et Naturaliste de l'expédition du capitaine Franklin. On y trouve l'établissement de quelques genres nouveaux dont voici les noms : 1.° *Camptorhina*, que l'auteur place dans le voisinage du genre *Serica* (voir, dans la famille des Mélolonthiens, le genre Omaloplia, pag. 387); 2.° *Diplotaxis*, qui se rapproche des Cyclocéphales (voy. fam. des Scarabéiens, pag. 342); 3.° *Dichelonycha*, très voisin des Macrodactyles (voy. fam. des Mélolonthiens, pag. 389). Indépendamment de ces genres nouveaux, le même ouvrage renferme la description de quelques espèces appartenant aux genres *Ontophagus*, *Melolontha* et *Cetonia*.

L'autre ouvrage, qui a paru en Angleterre comme le précédent, est intitulé *Manuel du Coléoptériste*. L'auteur, M. Hope, commence par examiner successivement les différentes espèces de Lamellicornes que Linné comprenait dans son genre Scarabé ; il assigne ensuite le genre des auteurs modernes auquel elles se rapportent et fait suivre ce tableau d'observations diverses sur chaque espèce. Vient ensuite le tour des Lamellicornes de Fabricius, qui sont traités de la même manière. Cette revue est d'un grand intérêt et de nature à faire désirer des travaux semblables sur les autres tribus d'insectes. Elle est suivie d'un travail particulier sur les deux familles des Scarabés et des Hannetons, parmi lesquels M. Hope propose l'établissement de plusieurs nouveaux genres, formés pour la plupart sur des espèces déjà connues. Ces genres sont trop nombreux pour être mentionnés ici. Les planches qui accompagnent ce livre en représentent les caractères, et font de cet ouvrage un utile complément de celui de M. Mac-Leay sur les insectes de la même tribu.

FIN DU TOME SIXIÈME.

TABLE

DES ARTICLES

CONTENUS

DANS LE SIXIÈME VOLUME.

Suite de la troisième Tribu des Clavicornes.

FIN DE LA TABLE.

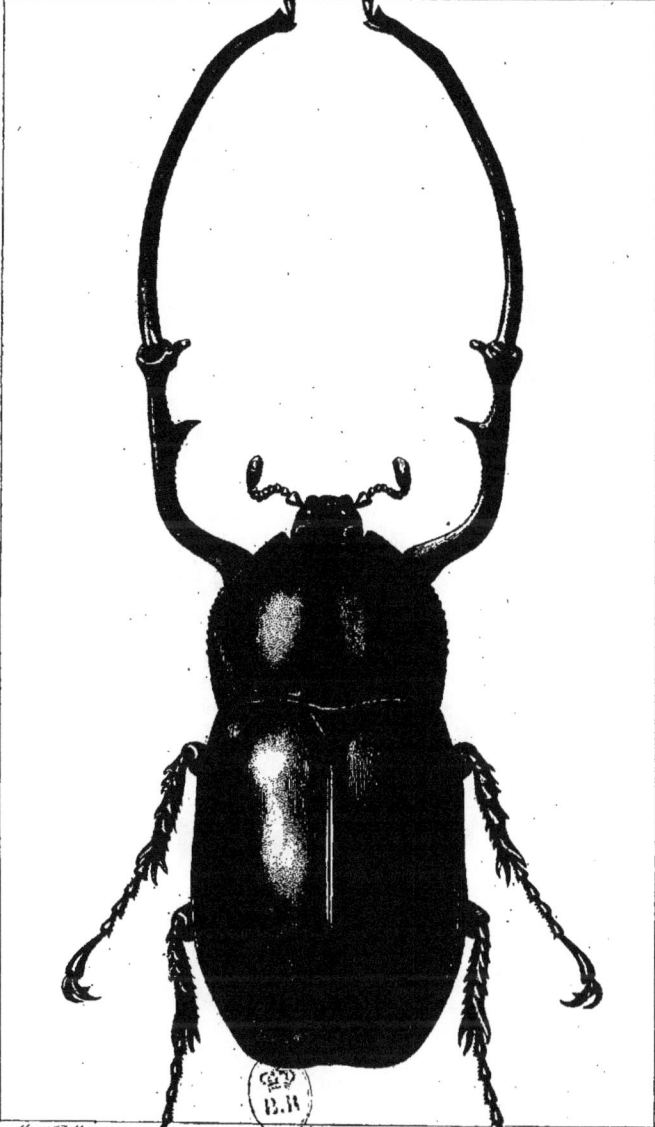

Scarabé longimane.
de grandeur naturelle.

Scarabæ.hercules; mâle
de grandeur naturelle.

Mme. Pillot pinxit et direx.

Davesne sculpt.

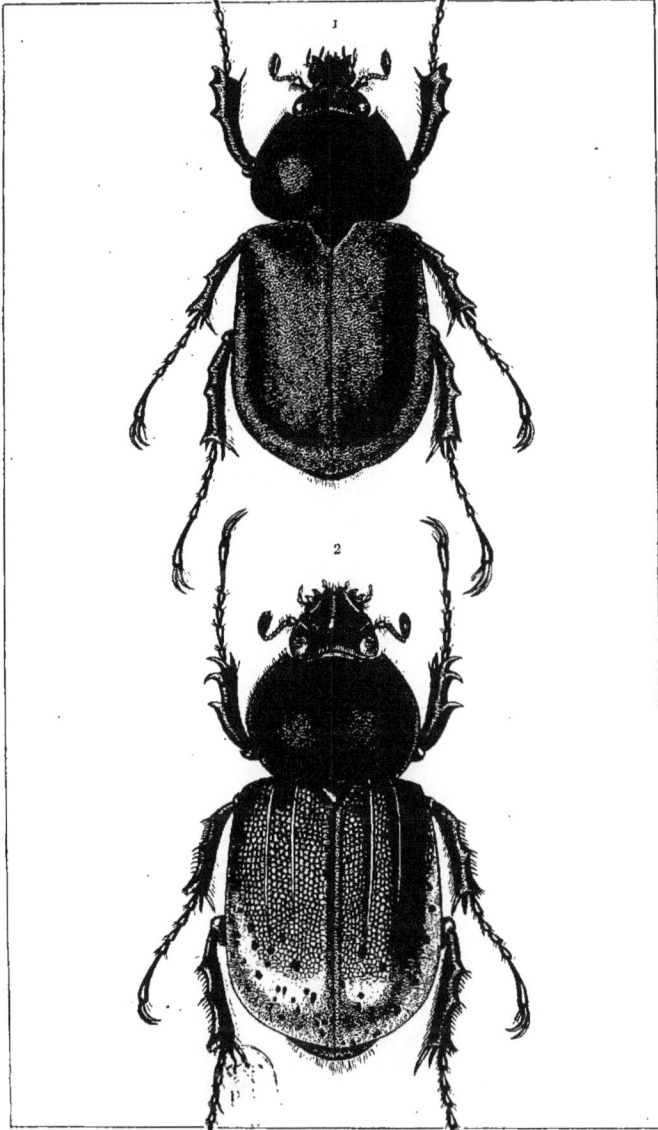

Mme Pillot pinxit et dir.   Lacour sculp.

1. Scarabé atlas femelle, de grand. nat.elle
2. Scarabé hercule femelle;   id.   id.

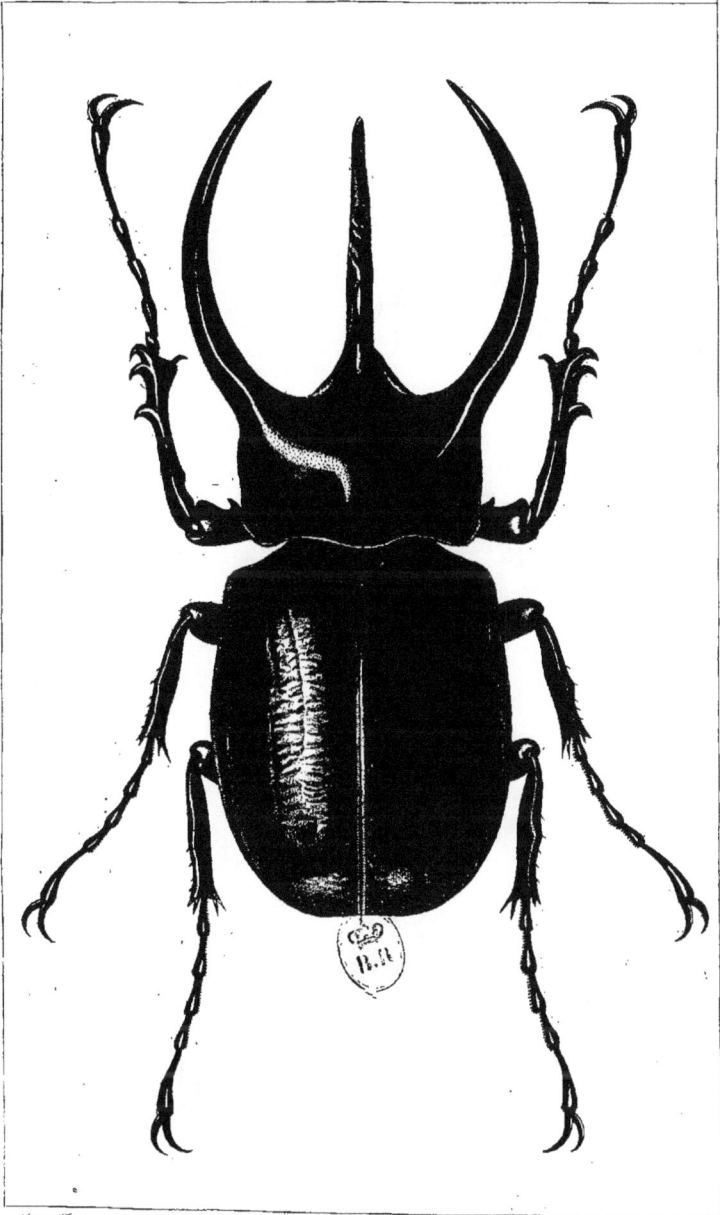

Scarabé atlas.

de Grandeur Naturelle.

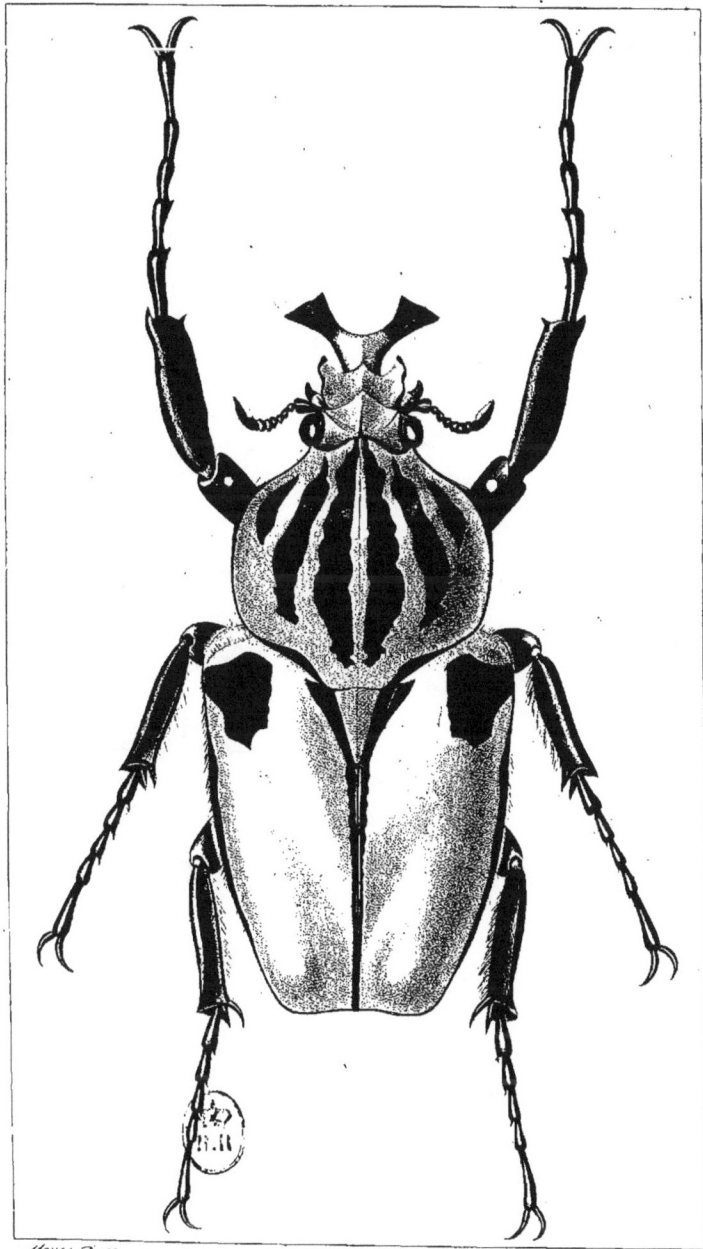

Cétoine cacique.

de Grandeur Naturelle.

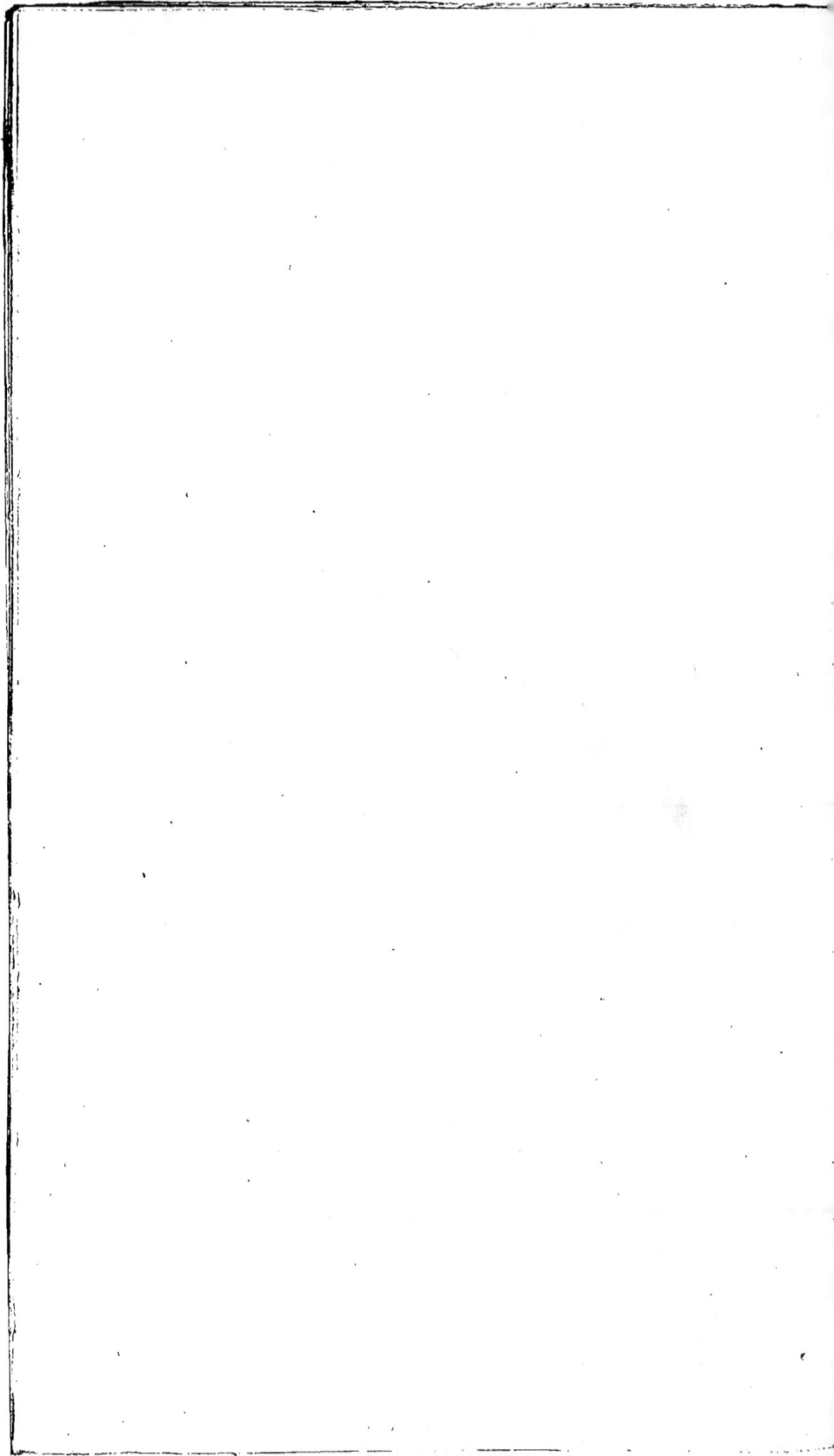